高职高专"十三五"规划教材
中国石油和化学工业优秀教材奖

建筑工程测量

第三版

卢 正 主编
李海峰 许能生 副主编
黄国斌 主审

JIANZHU GONGCHENG CELIANG

化学工业出版社
·北京·

本教材根据高等职业技术教育土建类各专业的培养目标与教学计划编写。全书共分 11 章，介绍了水准仪及水准测量、经纬仪及角度测量、距离测量和直线定向、点的坐标计算、大比例尺地形图的识读和应用、施工测量的基本工作、建筑施工控制测量、民用建筑施工测量、施工测量方案编写和案例、建筑物变形观测和竣工总平面图编绘等内容。本教材密切结合施工现场测量工作的实际情况，充分反映了施工现场测量的新技术、新方法。章末附有小结、阅读材料。

本教材主要适用于高等职业技术院校、高等专科学校、职工大学、成人教育学院大专层次土建类专业；也可以作为一般土建类工程技术人员和测绘人员自学用书。

图书在版编目（CIP）数据

建筑工程测量/卢正主编．—3 版．—北京：化学工业出版社，2019.9
高职高专"十三五"规划教材
ISBN 978-7-122-34675-9

Ⅰ.①建⋯ Ⅱ.①卢⋯ Ⅲ.①建筑测量-高等职业教育-教材 Ⅳ.①TU198

中国版本图书馆 CIP 数据核字（2019）第 119405 号

责任编辑：刘丽菲　程树珍　　　　　装帧设计：刘丽华
责任校对：王鹏飞

出版发行：化学工业出版社（北京市东城区青年湖南街 13 号　邮政编码 100011）
印　　刷：北京京华铭诚工贸有限公司
装　　订：三河市振勇印装有限公司
787mm×1092mm　1/16　印张 12¾　字数 324 千字　2019 年 11 月北京第 3 版第 1 次印刷

购书咨询：010-64518888　　　　　　售后服务：010-64518899
网　　址：http://www.cip.com.cn
凡购买本书，如有缺损质量问题，本社销售中心负责调换。

定　　价：35.00 元　　　　　　　　　　　　　　　版权所有　违者必究

教育部高职高专"土建类"专业规划教材编写委员会

主 任 委 员　吴　泽（四川建筑职业技术学院）
副主任委员　（按姓氏笔画排列）
　　　　　　　王作兴（徐州建筑职业技术学院）
　　　　　　　卢　正（四川建筑职业技术学院）
委　　　员　（按姓氏笔画排列）
　　　　　　　朱建中（武汉职业技术学院）
　　　　　　　张　健（四川电力职业技术学院）
　　　　　　　张渝敏（成都航空职业技术学院）
　　　　　　　陈红秋（泰州职业技术学院）
　　　　　　　赵　研（黑龙江建筑职业技术学院）
　　　　　　　钟芳林（邯郸职业技术学院）
　　　　　　　陶红林（徐州建筑职业技术学院）
　　　　　　　黄林青（重庆石油高等专科学校）

前言

本书的前两版均为教育部高职高专规划教材。从第一版至今已历经16载,作为高职院校建筑类专业的教材,一直深受广大读者欢迎。随着空间技术、计算机技术、信息技术等的发展及其在各行各业中的不断渗透,测绘技术的进步也日新月异。为适应学科发展,结合教育教学改革的相关成果,依据国家颁布的现行规范、技术标准,完成本书第三版的修订工作。

再版修订工作,在整体上未对上一版做大的变动,重点是内容的局部更新,应广大读者要求,特别适时增加测绘学科的新技术、新方法在建筑上的应用。修订工作仍然以"必需、够用为度"的原则,突出应用同时强化动手能力的培养。

本书共分11章。其中,四川建筑职业技术学院卢正编写了第1~3章;四川建筑职业技术学院李海峰编写了第4章;重庆石油高等专科学校谢炳科编写了第5~7章;徐州建筑职业技术学院许能生编写了第8~11章。相比第二版而言,第三版新增了由四川建筑职业技术学院范本编写的"测量工作中数据记录的规范性";郭豫宾编写的"阅读材料-电子水准仪""阅读材料-GNSS测量技术""全站仪构造及使用"和"全站仪点位测设";余金婷编写的"阅读材料-CASIO编程计算器(fx-5800P)的使用"。本教材配套学习视频发邮件至 jzgccl3@163.com 获取。

全书由四川建筑职业技术学院卢正主编,四川建筑职业技术学院李海峰、徐州建筑职业技术学院许能生为副主编,由徐州建筑职业技术学院王国斌主审。四川建筑职业技术学院李海峰完成全书的统稿。

本书在编写过程中参考了相关的书籍、期刊文献、标准规范,在此表示衷心感谢。由于作者水平有限,在编写过程中难免出现不足,敬请各位专家、同仁、广大读者批评指正。

编　者

2019年9月

第一版前言

本书是根据高等职业技术教育土建类各专业的培养目标与教学计划编写的。在教材内容上依据注重高等技术应用性人才培养的特点，基本理论以必需、够用为度；注重理论与实践相结合，着重培养学生分析与解决问题的能力。教材中涉及的技术标准和规范内容，均以现行《工程测量规范》（GB 50026—1993）和《工程测量基本术语标准》（GB/T 50228—1996）为依据，反映了建筑生产第一线正在使用和将有可能使用的新技术。

本书内容实用、新颖，语言简洁，通俗易懂；在培养学生可持续学习的能力方面有一定的特色，便于自学。

本书主要适用于高等职业技术院校、高等专科学校、职工大学、成人教育学院大专层次土建类的专业；也可以作为职业技术学校的测量教材及一般土建类工程技术人员和测绘人员自学用书。

本书由四川建筑职业技术学院卢正任主编并统稿，徐州建筑职业技术学院许能生任副主编。参编人员有：四川建筑职业技术学院卢正（第1～第4章），重庆石油高等专科学校谢炳科（第5～第7章），徐州建筑职业技术学院许能生（第8、9、10、11章）。由徐州建筑职业技术学院黄国斌主审。

在编写过程中，吸取了有关书籍和论文的最新观点，在此表示感谢。由于编者水平有限，书中难免有缺点和错误，敬请专家、同仁和广大读者批评指正。

编者

2003年1月

第二版前言

本书第一版为教育部高职高专规划教材。该教材是按照高职高专土建类各专业的人才培养目标，根据高职教育的特点，以应用性、普及性、先进性为出发点，在内容上注重高等技术应用型人才培养的特点，加强了实践与理论相结合，培养学生独立分析与解决问题的能力，密切结合建筑施工现场的实际情况，具有鲜明的特色。

本书第二版是随着现代科学技术的迅猛发展，各种先进的技术手段在施工测量中得到了广泛的应用，以及国家示范性高等职业技术学院建设的需要，对教材的先进性和适用性方面的内容做了较大的补充和调整而完成的，增加了施工测量方案编写方法和案例、GPS简介、地理信息系统（GIS）、遥感（RS）、全站仪数字测图等内容。使本书更具有先进性、实用性、普适性。

参编人员有：四川建筑职业技术学院卢正（第1～第4章）；重庆石油高等专科学校谢炳科（第5～第7章）；徐州建筑职业技术学院许能生（第8～第11章）。增加了由四川建筑职业技术学院杜文举编写的（道路施工测量），卢正、欧阳杜鹃编写的（施工测量方案编写），谢旭阳编写的[三四等水准测量、CASIO编程计算器（fx-4800P）的使用]，桂芳茹编写的[GPS简介，地理信息系统（GIS），遥感（RS）]，徐常亮编写的（全站仪数字测图）。全书由四川建筑职业技术学院卢正主编，徐州建筑职业技术学院许能生、四川建筑职业技术学院桂芳茹为副主编，由徐州建筑职业技术学院黄国斌副教授主审。

在本书编写过程中，吸取了有关书籍和论文的最新观点，在此表示感谢。由于编者水平有限，书中难免有缺点和错误，敬请专家、同仁和广大读者批评指正。

编　者
2009年4月

目录

1 概述 / 001

1.1 建筑工程测量的任务 ··· 001
1.2 地面点位置的确定 ··· 002
1.3 测量误差 ··· 004
1.4 测量常用的计量单位 ··· 006
1.5 测量工作中数据记录的规范性 ··· 007
 阅读材料　高斯平面直角坐标 ··· 008
 小结 ··· 009
 思考题 ··· 010
 习题 ··· 010

2 水准测量和水准仪 / 011

2.1 水准测量原理 ··· 011
2.2 水准测量的仪器及工具 ··· 013
2.3 水准仪的使用 ··· 016
2.4 水准测量方法 ··· 017
2.5 水准测量的成果计算 ··· 021
2.6 水准仪的检验和校正 ··· 025
2.7 三、四等水准测量 ··· 027
 阅读材料　电子水准仪 ··· 029
 小结 ··· 031
 思考题 ··· 032
 习题 ··· 033

3 角度测量和经纬仪 / 034

3.1 角度测量原理 ··· 034
3.2 光学经纬仪 ··· 035
3.3 经纬仪的使用 ··· 038
3.4 水平角测量（测回法） ··· 040
3.5 竖直角观测 ··· 041
3.6 经纬仪的检验和校正 ··· 042
 小结 ··· 045
 思考题 ··· 046

习题 ·· 047

4 距离测量和直线定向 / 048

4.1 距离测量概述 ·· 048
4.2 钢尺量距的一般方法 ·· 048
4.3 钢尺检定 ·· 051
4.4 钢尺量距的精密方法 ·· 052
4.5 直线定向 ·· 055
4.6 全站仪的构造及使用 ·· 057
小结 ·· 060
思考题 ·· 062
习题 ·· 062

5 点的坐标计算 / 064

5.1 控制测量概述 ·· 064
5.2 坐标正算 ·· 065
5.3 坐标反算 ·· 066
5.4 建筑坐标和测量坐标的换算 ·· 067
5.5 小地区控制点加密的基本方法 ·· 067
阅读材料1 GNSS测量技术 ·· 073
阅读材料2 CASIO编程计算器（fx-5800P）的使用 ·· 075
小结 ·· 085
思考题 ·· 085
习题 ·· 085

6 大比例尺地形图的识读和应用 / 087

6.1 地形图概述 ·· 087
6.2 地形图比例尺 ·· 087
6.3 地形图的图名、图号、图廓和接图表 ·· 088
6.4 地物符号 ·· 090
6.5 地貌符号 ·· 092
6.6 地形图的应用 ·· 095
6.7 地形图测绘的基本方法 ·· 102
6.8 全站仪数字测图 ·· 107
小结 ·· 112
思考题 ·· 114
习题 ·· 114

7 施工测量的基本工作 / 115

7.1 概述 ·· 115
7.2 测设的基本工作 ·· 116
7.3 测设点位的基本方法 ·· 118
7.4 全站仪点位测设 ·· 124

小结	125
思考题	126
习题	127

8 建筑施工控制测量 / 128

8.1 概述	128
8.2 建筑基线	129
8.3 建筑方格网	130
8.4 施工场地的高程控制测量	131
小结	132
思考题	132
习题	132

9 民用建筑施工测量 / 133

9.1 编写施工测量方案	133
9.2 建筑物的定位和放线	136
9.3 建筑物基础施工放线	140
9.4 墙体施工测量	141
9.5 高层建筑施工测量	142
9.6 道路施工测量	145
阅读材料 施工测量方案案例	150
小结	157
思考题	158
习题	158

10 工业建筑施工测量 / 159

10.1 概述	159
10.2 厂房矩形控制网的测设	160
10.3 厂房柱列轴线和柱基测设	161
10.4 厂房预制构件安装测量	162
阅读材料1 烟囱、水塔施工测量	164
阅读材料2 管道施工测量	166
阅读材料3 激光定位仪器在施工中的应用	170
阅读材料4 曲线形建筑物施工测量	172
小结	180
思考题	180
习题	181

11 建筑物变形观测和竣工总平面图编绘 / 182

11.1 建筑物变形观测的基本知识	182
11.2 沉降观测	183
11.3 倾斜观测	185
11.4 裂缝和位移观测	187

11.5 竣工总平面图的编绘 ……………………………………………………………… 188
 小结 ………………………………………………………………………………… 189
 思考题 ……………………………………………………………………………… 190
 习题 ………………………………………………………………………………… 190

附录 / 191

附录1 我国水准仪系列分级及主要技术参数 …………………………………… 191
附录2 我国经纬仪系列分级及主要技术参数 …………………………………… 191
附录3 建筑施工测量的主要技术要求 ………………………………………… 191

参考文献 / 193

1 概述

测量学是一门研究地球表面的形状和大小，确定地面点之间相对位置的科学。建筑工程测量是测量学的一个组成部分，其主要任务是测绘大比例尺地形图、施工放样及竣工测量和建筑物变形观测。大地水准面、水平面和铅垂线是测量的基准面和基准线。地面一个点的位置是由其高程 H 和平面直角坐标 x、y 来确定的。测量工作中应尽量减少各种误差对成果的影响并防止错误的发生。测量常用的计量单位是法定计量单位。

1.1 建筑工程测量的任务

测量学是一门研究地球表面的形状和大小、确定地面点之间相对位置的科学。它的内容包括测定和测设两部分。测定就是使用测量仪器和工具，通过测量和计算，确定地球表面的地物（房屋、道路、河流、桥梁等人工构筑物体）和地貌（山地、丘陵等地表自然起伏形态）的位置，按一定比例缩绘成地形图，供科学研究、经济建设和国防建设使用；测设是将图纸上已设计好的建筑物或构筑物的平面和高程位置在地面上标定出来，作为施工的依据。

建筑工程测量是测量学的一个组成部分。它是一门测定地面点位的科学，广泛用于建筑工程的勘测、设计、施工和管理各个阶段。其主要任务如下。

① 测绘大比例尺地形图　将地面上的地物、地貌的几何形状及其空间位置，按照规定的符号和比例尺缩绘成地形图，为建筑工程的规划、设计提供图纸和资料。

② 施工放样和竣工测量　把图纸上设计好的建（构）筑物，按照设计要求在地面上标定出来，作为施工的依据；在施工过程中，进行测量工作，保证施工符合设计要求；开展竣工测量，为工程竣工验收、日后扩建和维修提供资料。

③ 变形观测　对于一些重要的建（构）筑物，在施工和运营期间，定期进行变形观测，以了解其变形规律，确保工程的安全施工和运营。

由此可知，建筑工程测量对保证工程的规划、设计、施工等方面的质量与安全运营都具有十分重要的意义。因此，通过本课程的学习，必须掌握测量学的基本理论、基本知识和基本技能；掌握常用水准仪、经纬仪和其他测量仪器工具的使用方法；对测量新技术、新仪器有一定的了解；能在建筑施工中正确应用地形图和有关测量资料；具有一般工程建筑物的施工放线的能力。

1.2 地面点位置的确定

1.2.1 测量的基准线和基准面

(1) 基准线

地球上的任何物体都受到地球自转产生的离心力和地心吸引力的作用，这两个力的合力称为重力。重力的作用线常称为铅垂线。铅垂线是测量工作的基准线。

(2) 基准面

在测量上，确定地面点的空间位置，是采用在基准面上建立坐标系，通过对距离、角度、高差三个基本量的测量来实现的。测量工作是在地球表面上进行的。因此，选择作为测量数据处理、统一坐标计算的基准面，必须具备两个条件：这个面的形状和大小要尽可能地接近地球总的形体；要能用简单的几何形体和数学式表达。

地球的自然表面高低起伏，有高山、丘陵、平原、江河、湖泊和海洋等，是一个凹凸不平的复杂曲面。地球表面海洋面积约占71%，陆地面积约占29%。地球上自由静止的水面称为水准面，它是一个处处与铅垂线正交的曲面。与水准面相切的平面称为该切点处的水平面。水准面有无数个，其中一个与平均海水面重合并延伸到大陆内部包围整个地球的水准面，称为大地水准面。大地水准面可作为地面点计算高程的起算面，高程起算面也叫做高程基准面。由大地水准面所包围的形体叫大地体，由于地球内部物质分布不均匀，引起地面各点的铅垂线方向不规则变化，所以大地水准面是一个有微小起伏的不规则曲面，不能用数学公式来表述。因此，测量上选用一个和大地水准面总形非常接近的，并能用数学公式表达的面作为基准面。这个基准面是一个以椭圆绕其短轴旋转的椭球面，称为参考椭球面，它包围的形体称为参考椭球体或称参考椭球，如图1-1所示。

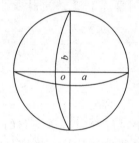

图 1-1 参考椭球体

中国目前采用的参考椭球体的参数值为

长半轴 $a = 6378140\text{m}$

短半轴 $b = 6356755\text{m}$

扁率 $\alpha = \dfrac{a-b}{a} = \dfrac{1}{298.257}$

由于参考椭球的扁率很小，所以当测区面积不大时，可把这个参考椭球近似看作半径为6371km 的圆球。

测量工作就是以参考椭球面作为计算的基准面，并在这个面上建立大地坐标系，从而确定地面点的位置。

1.2.2 确定地面点位置的方法

确定地面点的位置是测量工作的基本任务。一点的位置，需要用三个量来确定。其中两个量用来确定点的平面位置，另一个量用来确定点的高程位置。

(1) 地面点的高程

① 绝对高程 地面上任意一点到大地水准面的铅垂距离，称为该点的绝对高程，简称

高程，用字母 H 表示，如图 1-2 中的 H_A、H_C，分别表示 A 点的高程和 C 点的高程。

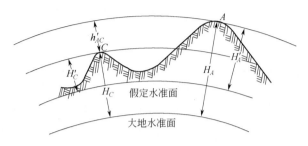

图 1-2　地面点的高程

中国在青岛设立验潮站，长期观测黄海海水面的高低变化，取其平均值作为大地水准面的位置（其高程为零），并作为全国高程的起算面。为了建立全国统一的高程系统，在青岛验潮站附近的观象山埋设固定标志，用精密水准测量方法与验潮站所求出的平均海水面进行联测，测出其高程为 72.289m，它的高程作为全国高程的起算点，称为水准原点。根据这个面起算的高程称为"1956 年黄海高程系统"。

从 1987 年开始中国采用新的高程基准，采用青岛验潮站 1952—1979 年潮汐观测资料计算的平均海水面为国家高程起算面，称为"1985 年国家高程基准"。根据新的高程基准推算的青岛水准原点高程为 72.260m，比"1956 年黄海高程系统"的高程小 0.029m。

② 相对高程　局部地区采用绝对高程有困难或者为了应用方便，也可不用绝对高程，而是假定某一水准面作为高程的起算面。地面点到假定水准面的铅垂距离称为该点的相对高程，如图 1-2 中的 H_A'、H_C'。

③ 建筑标高　在建筑设计中，每一个独立的单项工程都有它自身的高程起算面，叫做 ±0.00。一般取建筑物首层室内地坪标高为 ±0.00，建筑物各部位的高程都是以 ±0.00 为高程起算面的相对高程，称为建筑标高。例如某建筑物 ±0.00 的绝对高程为 40.00m，一层窗台比 ±0.00 高 0.90m，通常说窗台标高是 0.90m，而不再写窗台标高是 40.90m。

±0.00 的绝对高程是施工放样时测设 ±0.00 位置的依据。

④ 高差　两个地面点之间的高程之差称为高差，常用 h 表示。图 1-2 中 C 点相对于 A 点的高差，即

$$h_{AC}=H_C-H_A=H_C'-H_A' \tag{1-1}$$

C 点比 A 点高时，高差 h_{AC} 为正，反之为负。

例如，已知 A 点高程 $H_A=27.236$m，C 点高程 $H_C=18.547$m，则 C 点相对于 A 点的高差 $h_{AC}=18.547-27.236=-8.689$m，$C$ 点低于 A 点；而 A 点相对于 C 点的高差应为 $h_{CA}=27.236-18.547=8.689$m，$A$ 点高于 C 点。

由此可见

$$h_{AC}=-h_{CA} \tag{1-2}$$

(2) 地面点的坐标

① 地理坐标　当研究整个地球的形状或进行大区域范围的测量工作时，可采用图 1-3 所示的球面坐标系统来确定点的位置，例如 P 点的坐标可用经度 λ 和纬度 φ 表示。经度 λ 和纬度 φ 称为点的地理坐标。地理坐标是用天文测量方法测定的。例如北京某点 P 的地理坐标为东经 116°28′，北纬 39°54′。

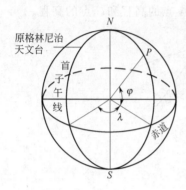

图 1-3 球面坐标系

② 平面直角坐标 在小区域的范围内,将大地水准面作水平面看待,由此而产生的误差不大时,便可以用平面直角坐标来代替球面坐标。

根据研究分析,在以 10km 为半径的范围内,可以用水平面代替水准面,由此产生的变形误差对一般测量工作而言,可以忽略不计。因此,在进行一般工程项目的测量工作时,可以采用平面直角坐标系统,即将小块区域直接投影到平面上进行有关计算。在平面上进行计算要比曲面上计算简单得多,且又不影响测量工作的精度。

图 1-4 所示为一平面直角坐标系统。规定坐标纵轴为 x 轴且表示南北方向,向北为正,向南为负;规定横轴为 y 轴且表示东西方向,向东为正,向西为负。为了避免测区内的坐标出现负值,可将坐标原点选择在测区的西南角上。坐标象限按顺时针方向编号如图 1-5 所示,其编号顺序与数学上直角坐标系的象限编号顺序相反,且 x、y 两轴线与数学上直角坐标系的 x、y 轴互换,这是为了使测量计算时可以将数学中的公式直接应用到测量中来,而无需作任何修改。

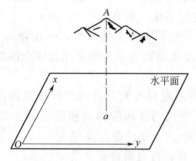

图 1-4 平面直角坐标系统

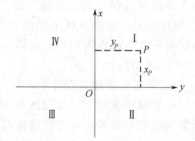

图 1-5 直角坐标系的象限

③ 高斯平面直角坐标 如果测区范围较大,就不能把水准面当作水平面,必须采用高斯投影的方法,建立高斯平面直角坐标系,在本章阅读材料中将介绍这一坐标系统。

如前所述,地面点的空间位置是以投影平面上的坐标(x,y)和高程 H 决定的,而点的坐标一般是通过水平角测量和水平距离测量来确定的,点的高程是通过测定高差来确定的。所以,测角、量距和测高差是测量的三项基本工作。

1.3 测量误差

1.3.1 误差及其表示方法

(1) 误差

在测量工作中,对某量的观测值与该量的真值间存在着必然的差异,这个差异称为误差。但有时由于人为的疏忽或措施不周也会造成观测值与真值之间的较大差异,这不属于误差而是粗差。误差与粗差的根本区别在于前者是不可避免的,而后者是有可能避免的。

(2) 误差的表示方法

① 绝对误差 不考虑被观测量自身的大小,只描述该量的观测值与其真值之差大小的

误差称为绝对误差（亦称为真误差）。绝对误差用下式求得，即
$$\Delta = l - X \tag{1-3}$$
式中　Δ——绝对误差；
　　　l——观测值；
　　　X——被观测量的真值（当真值不可求得时，用多次观测值的算术平均值作为真值的近似值）。

② 相对误差　对某量观测的绝对误差与该量的真值（或近似值）之比称为相对误差。相对误差能够确切描述观测量的精确度。相对误差用下式求得，即
$$K = \frac{|\Delta|}{X} \tag{1-4}$$
式中　K——相对误差。

相对误差一般化成分子为1的分数表示。

③ 中误差　若对某量等精度进行了 n 次观测，按式(1-3)可计算出 n 个真误差 Δ_1、Δ_2、…、Δ_n。将各真误差的平方和的均值再开方即为中误差 m，即
$$m = \pm\sqrt{\frac{[\Delta\Delta]}{n}} \tag{1-5}$$
$$[\Delta\Delta] = \Delta_1^2 + \Delta_2^2 + \cdots + \Delta_n^2$$
式中　m——观测值的中误差；
　　　n——观测次数。

④ 容许误差　亦称限差，在实际工作中，《工程测量规范》要求在观测值中不容许存在较大的误差，故常以两倍或三倍的中误差作为最大容许值。在测量中以容许误差检验评定观测质量，并根据观测误差是否超出容许误差而决定观测成果的取舍。

1.3.2　测量误差产生的原因

通过测量实践可以发现，无论使用的测量仪器多么精密，观测多么仔细，对同一个量进行多次的观测，其结果总存在着差异。例如，对两点间的高差进行重复观测，测得的高差往往不相等而有差异；观测三角形三个内角，其和往往不等于理论值180°。这些现象之所以产生，是由于观测结果中存在着测量误差。

在测量中产生误差的原因一般有以下三个方面。

① 仪器、工具的影响　由于仪器或工具制造不够精密，校正不可能十分完善，从而使观测结果产生误差。

② 人的影响　观测人员的生理、习性，观测者感觉器官的鉴别能力有限、观测习惯各异。

③ 外界环境的影响　测量过程中外界自然环境，如温度、湿度、风力、阳光照射、大气折光、磁场等因素会给观测结果带来影响，而且外界条件随时发生变化，由此对观测结果的影响也随之变化。这必然会使观测结果带有误差。

仪器、人本身和外界环境这三方面是引起观测误差的主要因素，总称为"观测条件"。由上述可知，观测结果不可避免地含有测量误差。测量误差越小，则测量成果的精度越高。因此，在测量工作中，必须对测量误差进行研究，以便对不同性质的误差采取不同的措施，提高观测成果的质量，满足各类工程建设的需要。

1.3.3 测量误差的分类

真误差按其性质可分为系统误差和偶然误差两类。

(1) 系统误差

在相同的观测条件下,对某量进行一系列观测,如果观测误差的数值大小和正负号按一定的规律变化,或保持一个常数,这种误差称为系统误差。

系统误差有下列特点:

ⅰ. 系统误差的大小(绝对值)为一常数或按一定规律变化;

ⅱ. 系统误差的符号(正、负)保持不变;

ⅲ. 系统误差具有累积性,即误差大小随单一观测值的倍数累积。

系统误差对测量结果的影响,可以通过分析找出规律,计算出某项系统误差的大小,然后对观测结果加以修正,或者用一定的观测程序和观测方法来消除系统误差的影响,把系统误差的影响尽量从观测结果中消除。

(2) 偶然误差

在相同的观测条件下,对某量进行一系列的观测,其观测误差的大小和符号都各不相同,且从表面上看没有一定的规律性,这种误差称为偶然误差。

偶然误差有下列特点:

ⅰ. 在一定的观测条件下,偶然误差的绝对值不会超过一定的界限;

ⅱ. 绝对值大的误差比绝对值小的误差出现的概率要小;

ⅲ. 绝对值相等的正误差和负误差出现的概率相等;

ⅳ. 偶然误差的算术平均值,随着观测次数的无限增加而趋于零。

实践证明,偶然误差不能用计算修正或用一定的观测方法简单地加以消除,只能根据偶然误差的特性来改进观测方法并合理地处理数据,以减少偶然误差对测量成果的影响。

1.3.4 测量错误

测量过程中,有时由于人为的疏忽或措施不周可能出现错误。例如,读数错误,记录时误听、误记,计算时弄错符号、点错小数点等。

在一定的观测条件下,误差是不可避免的。而产生错误的主要原因是工作中的粗心大意造成的,显然,观测结果中不容许存在错误,并且,错误是可以避免的。

如何及时发现错误,并把它从观测结果中清除掉,除了测量人员加强工作责任感,认真细致地工作外,通常还要采取各种校核措施,防止产生观测错误,使在最终成果中发现并剔除它。

1.4 测量常用的计量单位

在测量中,常见有长度、面积和角度三种计量单位。

1.4.1 长度单位

国际通用长度单位为 m(米),中国规定采用米制。

$$1m=100cm(厘米)=1000mm(毫米)$$
$$1000m(米)=1km(公里)$$

1.4.2 面积单位

面积单位为 m^2(平方米),大面积用 km^2(平方公里)。

1.4.3 角度单位

测量上常用到的角度单位有三种：60进位制的度，100进位制的新度和弧度。

(1) 60进位制的度

$$1 圆周角 = 360° （度）$$
$$1°（度） = 60'（分）$$
$$1'（分） = 60''（秒）$$

(2) 100进位制的新度

$$1 圆周角 = 400g （新度）$$
$$1g（新度） = 100c （新分）$$
$$1c（新分） = 100cc （新秒）$$

(3) 弧度

角度按弧度计算等于弧长与半径之比。与半径相等的一段弧长所对的圆心角作为度量角度的单位，称为1弧度，用 ρ 表示。按度分秒表示的弧度为

$$1 圆周角 = 2\pi\rho （弧度） = 360° （度）$$

$$\rho° = \frac{360°}{2\pi} = 57.3° （度）$$

$$\rho' = \frac{180°}{\pi} \times 60' = 3438' （分）$$

$$\rho'' = \frac{180°}{\pi} \times 60' \times 60'' = 206265'' （秒）$$

1.5 测量工作中数据记录的规范性

测量工作中需要记录及计算的测量数据较多，在实际工作中，一般都会采用一定格式的记录表格（手簿）以便于记录及计算检核。

为保证测量数据的原始性，数据记录需遵循以下原则和要求。

（1）一切外业观测值和记录项目，应在现场直接记录，不得转抄、追记成果。
（2）一般要求使用铅笔填写，且记录完整。
（3）观测记录的数字与文字力求清晰、整洁，不得潦草。
（4）按测量顺序记录，不空栏、不空页、不撕页。
（5）不得涂改、就字改字；不得用橡皮擦、刀片刮。
（6）观测记录的错误数字与文字应单横线正规划去，在其上方写上正确的数字与文字，并在备注栏注明原因："测错"或"记错"，计算错误不必注明原因；不得连环涂改。

不同的测量项目，对数据的划改要求也不尽一致。

① 水准测量测高差：所有观测数据不能划改毫米位，同一方向的基础读数和辅助读数不能同时划改。

② 角度测量：水平角观测角度记录手簿中秒值读记错误应重新观测，度、分读记错误可在现场更正，但同一方向盘左、盘右不得同时更改相关数字，即不得连环涂改；竖直角观测度、分的读数，在各测回中不应连环涂改。

③ 距离测量：距离测量的厘米和毫米读记错误应重新观测，分米以上（含）数的读记错误可在现场更正。

（7）超限成果应当正规划去，超限重测的应在备注栏注明"超限"，重测的数据应在备注栏注明"重测"。

阅读材料　高斯平面直角坐标

地理坐标是球面坐标，不便于直接进行各种计算。在小区域的范围内，可将大地水准面作水平面看待，使用平面直角坐标方便计算。在进行较大地区或全国范围的地形测量时，需将局部小地区的地形图拼接起来，形成统一坐标的地形图，这就需要将局部小地区的平面直角坐标的轴线和大地区球面坐标轴线统一连接起来。高斯平面直角坐标就可以满足这种要求，它是中国采用的国家平面直角坐标系统。

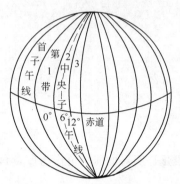

图 1-6　地球分带

如图 1-6 所示，设想将地球的参考椭球体沿子午线划分成经度差为 6°（或 3°）的瓜瓣形地带，称为高斯投影带。高斯投影的 6°带是自首子午线起每隔 6°为一带，自西向东依次编为第 1、2、…、60 带。位于每个带中央的子午线称为中央子午线，其经度相应为 3°、9°、…。位于各带边上的子午线称为分带子午线。

投影时每带独立进行，将投影平面与中央子午线相切，按中央子午线投影为直线且长度不变形、赤道投影为直线的条件进行投影。投影后，展开投影面，即高斯投影面。在高斯平面上，除中央子午线与赤道的投影构成两条相互垂直的直线外 [图 1-7(a)]，其余子午线均为对称于中央子午线的曲线，而且距离中央子午线越远，长度变形越大，如分带子午线的变形就大于带内其他的子午线。为了控制变形，满足大比例尺测图和精密测量的需要，也可采用 3°带。3°带是从东经 1.5°开始，自西向东每隔 3°为一带，带号依次编为 1～120。

采用分带投影后，取各带的中央子午线为 x 轴（纵轴），赤道为 y 轴（横轴），其交点为原点，则组成了高斯平面直角坐标系统，如图 1-7(a) 所示。将高斯平面直角坐标系的 6°带一个个拼接起来，即为图 1-8 的图形。

中国位于北半球，所以 x 坐标均为正值。为了避免 y 坐标出现负值，将坐标原点向西移 500km，例如，图 1-7(b) 中 A 点横坐标为 $y_A = +154687 \text{m}$，B 点的横坐标为 $y_B = -76882 \text{m}$，坐标原点西移后，A 点横坐标为 $y_A = 500000 \text{m} + 154687 \text{m} = 654687 \text{m}$，$B$ 点

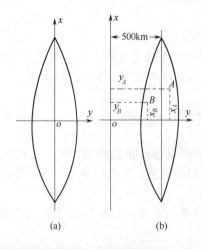

图 1-7　高斯平面直角坐标系统

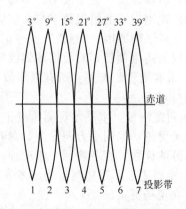

图 1-8　高斯投影

的横坐标为 $y_B = 500000\text{m} - 76882\text{m} = 423118\text{m}$。为了能从点的坐标知道它属于哪一带，在点的横坐标前要冠以带号。如 $y_A = 20654687\text{m}$，$y_B = 20423118\text{m}$，其中 20 是带号。

小 结

（1）定义
测量学是一门研究地球表面的形状和大小、确定地面点之间相对位置的科学。

（2）建筑工程测量的主要任务

阶 段	任 务	内 容
勘测	测图	地形图
设计	用图	地形图的综合应用
施工	放样	定位、放线、变形观测

（3）基准面

名 称	定 义	性 质	用 途
水准面	自由平静的水面	处处与重力方向线正交	作假定高程的起算面
大地水准面	自由平静的平均海水面	同上	能代表地球形状和大小，作高程基准面
高程基准面	地面点高程的起算面	随选择的面不同而异	作高程计算的零点
参考椭球面	以椭圆绕其短轴旋转的球面	处处与法线正交	充当地球的数学模型，作测量数据处理的基准面

（4）坐标轴系

名 称	定 义	方 式	用 途
地理坐标	用经纬度表示地面点位的球面坐标	首子午面向东、向西 0°～180° 为东经、西经；由赤道面向北向南 0°～90° 为北纬、南纬	适用于全球性的球面坐标系；确定点的绝对位置
平面直角坐标	用平面上的长度值表示地面点位的直角坐标	以南北方向纵轴为 x 轴，自坐标原点向北为正，向南为负。以东西方向横轴为 y 轴，自坐标原点向东为正，向西为负。象限按顺时针编号	适用于小范围的平面直角坐标系；确定点的相对位置

（5）高程
① 绝对高程　地面上任意一点到大地水准面的铅垂距离，称为该点的绝对高程，简称高程。
② 相对高程　地面点到假定水准面的铅垂距离称为该点的相对高程。
③ 建筑标高　建筑物各部位的高程以 ±0.00 作为高程起算面的相对高程，称为建筑标高。
④ 高差　两个地面点之间的高程之差称为高差。

（6）误差
① 误差　在测量工作中，对某量的观测值与该量的真值间存在的差异，这个差异称为误差。
② 产生误差的原因　仪器、工具的影响；人的影响；外界环境的影响。
③ 绝对误差　不考虑被观测量自身的大小，只描述该量观测值与真值之差大小的误差称为绝对误差。

④ 相对误差　对某量观测的绝对误差与该量的真值（或近似值）之比称为相对误差。

⑤ 中误差　若对某量等精度进行了 n 次观测，可计算出 n 个真误差，将各真误差的平方和的均值再开方即为中误差 m，用下式表示，即

$$m = \pm \sqrt{\frac{[\Delta\Delta]}{n}}$$

⑥ 容许误差　容许误差亦称限差，是《工程测量规范》规定的误差最大容许值。

⑦ 系统误差　在相同的观测条件下，对某量进行一系列观测，如果观测误差的数值大小和正负号按一定的规律变化，或保持一个常数，这种误差称为系统误差。

⑧ 偶然误差　在相同的观测条件下，对某量进行一系列的观测，其观测误差的大小和符号都各不相同，且从表面上看没有一定的规律性，这种误差称为偶然误差。

思考题

1. 建筑工程测量的主要任务是什么？
2. 测量的基准面有哪些？各有什么用途？
3. 什么叫绝对高程、相对高程、建筑标高和高差？
4. 试述测量平面直角坐标系统与数学上的直角坐标系统的异同点。
5. 误差的产生原因、表示方法及其分类是什么？
6. 试述弧度与角度的关系。

习　题

1. 根据"1956 年黄海高程系统"计算 A 点高程为 38.135m，B 点高程为 17.423m。若改用"1985 年国家高程基准"，这两点的高程应是多少？
2. 某建筑物，其室外地面建筑标高－1.200m，屋顶建筑标高为＋24.000m，而首层±0.000 的绝对高程为 424.135m，试问室外地面和屋顶的绝对高程各为多少？
3. 已知 H_A＝63.105m，H_B＝71.563m，求 h_{AB} 和 h_{BA}。
4. 已知一直角三角形的两直角边分别为 87.123m 和 0.055m，问该直角三角形的锐角是多少？
5. 试计算 32.135×87.623 的值，保留数字到小数点后两位。

2 水准测量和水准仪

> **导 读**
>
> 水准测量是高程测量中精度较高的方法,因而广泛应用于建筑施工中。水准测量的原理是利用水准仪提供的水平视线,测定出两点间的高差来计算出待定点的高程。水准仪主要由望远镜、水准器、基座三部分组成。水准测量的常用工具是水准尺和尺垫。水准仪的操作包括粗平、照准、精平、读数四个步骤。水准测量的校核分测站校核和水准路线校核。为保证水准测量成果的正确性,必须经常对水准仪进行检验和校正。

测定地面上各点高程的工作称为高程测量。按使用的仪器和施测方法的不同,高程测量可分为水准测量、三角高程测量和气压高程测量。水准测量方法精确度较高,是测定高程的主要方法,建筑施工中通常采用水准测量来测定点位的高程。

2.1 水准测量原理

水准测量的原理是利用水准仪提供的一条水平视线,测出两地面点之间的高差,然后根据已知点的高程和高差,推算出另一个点的高程。

2.1.1 高差法

如图 2-1 所示,已知地面上 A 点的高程为 H_A,欲测定 B 点的高程 H_B,需要先测出 A、B 两点间的高差 h_{AB},为此在 A、B 之间安置一台水准仪,再在 A、B 两点上各竖立一根水准尺。根据仪器的水平视线,分别读取 A、B 尺上的读数 a 和 b,则 B 点对于 A 点的高差为

$$h_{AB} = a - b \tag{2-1}$$

如果水准测量是由 A 到 B 进行的,如图 2-1 中的箭头所示,则 A 点尺上的读数称为后视读数,记为 a;B 点为待定高程点,B 点尺上的读数称为前视读数,

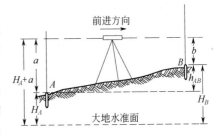

图 2-1 水准测量原理

记为 b；两点间的高差等于后视读数减去前视读数，即 $h_{AB}=a-b$。若 a 大于 b，则高差为正，B 点高于 A 点；反之高差为负，则 B 点低于 A 点。因为水准仪提供的水平视线可认为与大地水准面平行，由图 2-1 可知

$$H_B = H_A + h_{AB} = H_A + (a-b) \tag{2-2}$$

由式(2-2)，根据高差推算待定点高程的方法叫做高差法。

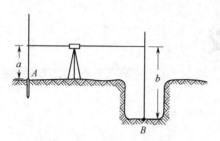

图 2-2 高差法测量点的高程

【例 2-1】 图 2-1 中已知 A 点高程 $H_A=452.623$m，后视读数 $a=1.571$m，前视读数 $b=0.685$m，求 B 点高程。

解 B 点对于 A 点高差

$$h_{AB}=1.571-0.685=0.886 \text{ (m)}$$

B 点高程为

$$H_B=452.623+0.886=453.509 \text{ (m)}$$

【例 2-2】 图 2-2 中，已知 A 点桩顶标高为 ± 0.00，后视 A 点读数 $a=1.217$m，前视 B 点读数 $b=2.426$m，求 B 点标高。

解 B 点对于 A 点高差

$$h_{AB}=a-b=1.217-2.426=-1.209 \text{ (m)}$$

B 点高程

$$H_B=H_A+h_{AB}=0+(-1.209)=-1.209 \text{ (m)}$$

2.1.2 视线高法

如图 2-1 所示，B 点高程也可以通过仪器视线高程 H_i 求得。

视线高程 $\qquad H_i = H_A + a \tag{2-3}$

待定点高程 $\qquad H_B = H_i - b \tag{2-4}$

由式(2-4)通过视线高推算待定点高程的方法称为视线高法。

【例2-3】 图 2-3 中已知 A 点高程 $H_A=423.518$m，要测出相邻 1、2、3 点的高程。先测得 A 点后视读数 $a=1.563$m，接着在各待定点上立尺，分别测得读数 $b_1=0.953$m，$b_2=1.152$m，$b_3=1.328$m。

解 先计算出视线高程

$H_i = H_A + a = 423.518 + 1.563 = 425.081$ (m)

各待定点高程分别为

$H_1 = H_i - b_1 = 425.081 - 0.953 = 424.128$ (m)

$H_2 = H_i - b_2 = 425.081 - 1.152 = 423.929$ (m)

$H_3 = H_i - b_3 = 425.081 - 1.328 = 423.753$ (m)

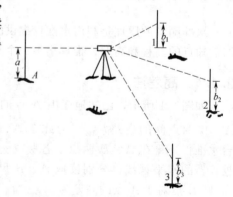

图 2-3 视线高法测量点的高程

高差法和视线高法的测量原理是相同的，区别在于计算高程时次序上的不同。在安置一次仪器需求出几个点的高程时，视线高法比高差法方便，因而视线高法在建筑施工中被广泛采用。

2.2 水准测量的仪器及工具

水准测量所使用的仪器和工具有水准仪、水准尺和尺垫。

水准仪按精度高低可分为普通水准仪和精密水准仪，建筑工程测量中一般使用 DS3 型微倾式水准仪，D、S 分别为"大地测量"和"水准仪"的汉语拼音第一个字母，数字 3 表示该仪器精度，即每公里往返测量高差中数的中误差为 ±3mm。本章着重介绍 DS3 水准仪。

2.2.1 DS3 水准仪的构造

水准仪主要由望远镜、水准器和基座三部分构成。

DS3 水准仪的外形和各部件名称见图 2-4。

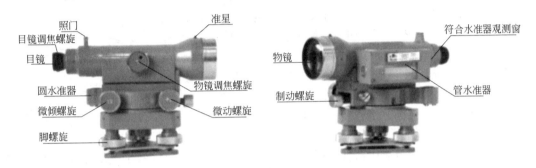

图 2-4 DS3 微倾水准仪

(1) 望远镜

望远镜是构成水平视线、瞄准目标和在水准尺上读数的主要部件。它主要由物镜、目镜、调焦透镜和十字丝分划板等构成，见图 2-5。

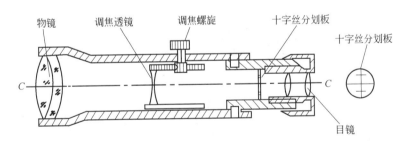

图 2-5 望远镜的构造

物镜装在望远镜筒前面，其作用是和调焦透镜一起将远处的目标成像在十字丝分划板上，形成缩小的实像；目镜装在望远镜筒的后面，其作用是将物镜所成的像和十字丝一起放大。

十字丝分划板是一块刻有分划线的玻璃薄片，分划板上互相垂直的两条长丝称为十字丝，纵丝亦称为竖丝，横丝亦称为中丝，竖丝与横丝是用来照准目标和读数用的。在横丝的上下各有一根短丝称为视距丝，可用来测定距离。

十字丝的交点和物镜光心的连线称为望远镜的视准轴，如图 2-5 中 C—C 所示。视准轴的延长线就是望远镜的观测视线。

（2）水准器

水准器是测量人员判断水准仪安置是否正确的重要装置。水准仪上通常装置有圆水准器和管水准器（简称水准管）两种。

① 圆水准器　装在仪器的基座上，用来对水准仪进行粗略整平。如图 2-6 所示，圆水准器内有一个气泡，它是将加热的酒精和乙醚的混合液注满后密封，液体冷却后收缩形成一个空间，亦即形成了气泡。圆水准器顶面的内表面是一球面，其中央有一圆圈，圆圈的圆心叫做水准器的零点，连接零点与球心的直线称为圆水准器轴，当圆水

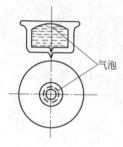

图 2-6　圆水准器

准器气泡中心与零点重合时，表示气泡居中，此时圆水准器轴处于铅垂位置。圆水准器的气泡每移动 2mm，圆水准器轴相应倾斜的角度 τ 称为圆水准器分划值，一般在 $8'\sim10'$，由于它的精度低，故圆水准器一般作粗略整平之用。

② 水准管　如图 2-7 所示，水准管的玻璃管内壁为圆弧，圆弧的中心点称为水准管的零点。通过零点与圆弧相切的切线 LL 称为水准管的水准管轴。当气泡中心与零点重合时称为气泡居中，此时水准管轴 LL 处于水平位置。水准管内壁弧长 2mm 所对应的圆心角 τ 称为水准管的分划值，DS3 水准仪的水准管分划值为 $20''$。水准管分划值越小，灵敏度越高，用来整平仪器精度也越高。因此水准管的精度比圆水准器的精度高，适用于仪器的精确整平。

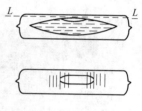

图 2-7　水准管

为了提高水准管气泡居中精度，DS3 水准仪在水准管的上方安装了一组复合棱镜，如图 2-8(a) 所示。这样可使水准管气泡两端的半个气泡的影像通过棱镜的几次折射，最后在目镜旁的观察小窗内看到。当两端的半个气泡像错开时［图 2-8(b)］，表示气泡没有居中，需转动微倾螺旋使两端的半个气泡影像符合一致，则表示气泡居中［图 2-8(c)］。这种具有棱镜装置的水准管称为符合水准器，它能提高气泡居中的精度。

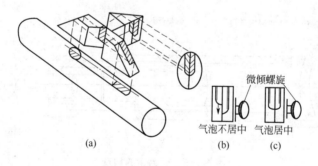

图 2-8　符合水准器

（3）基座

基座主要由轴座、脚螺旋、底板和三角压板构成。基座的作用是支撑仪器上部，即将仪器的竖轴插入轴座内旋转。基座上有三个脚螺旋，用来调节圆水准使气泡居中，从而使竖轴处于竖直位置，将仪器粗略整平。底板通过连接螺旋与下部三脚架连接。

2.2.2　水准尺和尺垫

（1）水准尺

水准尺是水准测量的重要工具，其质量好坏直接影响水准测量的成果。水准尺常用的有

塔尺和双面水准尺两种，如图 2-9 所示。

塔尺[图 2-9(a)]通常制成 3~5m，以铝合金或玻璃钢材料为多。塔尺可以伸缩，携带方便，但用旧后接头处容易损坏，影响尺的长度。水准尺上的分划一般是区格式，即 1cm 一格，黑白或红白相间，每 0.1m 注一数字注记。因望远镜有正像和倒像两种，所以水准尺注记也有正写和倒写两种。立尺时应注意将尺的零点接触立尺点。

双面水准尺[图 2-9(b)]一般选用干燥的优质木材制成。它两面都有刻划，一面为黑白格相间，称为黑面尺（主尺），另一面为红白格相间，称为红面尺（副尺）。黑面尺分划的起始数字为零，而红面尺起始数字则为 4.687m 或 4.787m。在一根尺上的同一高度，红黑两面的刻划之差为一常数，即 4.687m 或 4.787m。

(2) 尺垫

如图 2-10 所示，尺垫一般由生铁铸成，下部有三个尖足点，可以踩入土中固定尺垫；中部有突出的半球体，作为临时转点的点位标志供竖立水准尺用。尺垫是水准测量的另一重要工具，在水准测量中，尺垫踩实后再将水准尺放在尺垫顶面的半球体上，可防止水准尺下沉。

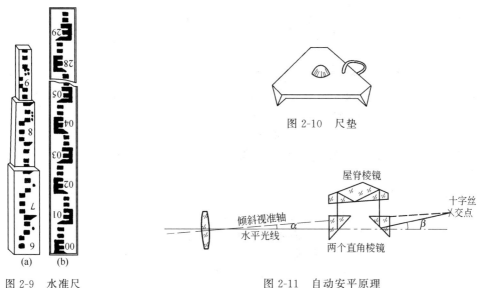

图 2-9 水准尺

图 2-10 尺垫

图 2-11 自动安平原理

2.2.3 自动安平水准仪

在建筑工程施工测量中，自动安平水准仪的应用也较为广泛。自动安平水准仪是利用自动补偿器代替水准管，观测时只用圆水准器进行粗平，照准后不需要精平，然后借助自动补偿器自动地把视准轴置平，即可读出视线水平时的读数。使用自动安平水准仪不仅简化了操作，提高了速度，同时对由于水准仪整置不当、地面有微小的震动或脚架的不规则下沉等原因的影响，也可以由补偿器迅速调整而得到正确的读数，从而提高了观测的精度。

(1) 自动安平原理

如图 2-11 所示，自动安平水准仪的补偿器安装在调焦透镜和十字丝分划板之间，它的构造是在望远镜筒内装有固定屋脊透镜，两个直角棱镜则由交叉的金属丝受重力作用自由悬吊在屋脊棱镜架上。

当视准轴倾斜一个 α 角时，直角棱镜在重力作用下并不产生倾斜而处于正确位置，水平光线进入补偿器后，经第一个直角棱镜反射到屋脊棱镜，在屋脊棱镜中经三次反射后到第二个直角棱镜，从第二个直角棱镜中反射出来后与水平视线成 β 角，从而使水平光线最后恰好通过十字丝交点，达到补偿的目的。因此，当仪器粗平后，视线倾斜的范围较小时，仪器的视线就自动水平了。

(2) 使用方法

图 2-12 所示为国产 AL-32 型自动安平水准仪的外形。其操作程序为：粗平-照准-读数。应当注意的是，自动安平水准仪的补偿范围是有限的，当视线倾斜较大时，补偿器将会失灵。因此，在使用前应对圆水准器进行检校。在使用、携带和运输的过程中，要严禁剧烈振动，防止补偿器失灵。

图 2-12　AL-32 型自动安平水准仪

2.3　水准仪的使用

使用微倾水准仪的基本操作程序为安置仪器和粗略整平（简称粗平）、调焦和照准、精确整平（简称精平）和读数。

2.3.1　安置水准仪和粗平

先选好平坦、坚固的地面作为水准仪的安置点。然后张开三脚架使之高度适中，架头大致水平，再用连接螺旋将水准仪固定在三脚架头上，将脚架踩实。调整三个脚螺旋，使圆水准气泡居中称为粗平。粗平后，仪器竖轴大致铅垂，视准轴也已大致水平。

圆水准器整平方法如下。

如图 2-13 所示，当气泡不在中心而偏在 a 处时，可先用双手按箭头指示的方向转动脚螺旋 1 和 2，使气泡移到 b 处，然后转动第 3 个螺旋使气泡从 b 处移动到圆圈的中心。气泡移动方向的规律是与左手大拇指移动的方向一致。此为整平气泡的左手法则。

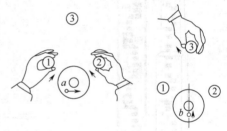

图 2-13　圆水准器整平的左手法则

2.3.2　调焦和照准

水准仪整平后，先将望远镜对向白色目标，转动目镜调焦螺旋，使十字丝清晰。再用望远镜上的准星瞄准水准尺，随即以制动螺旋固定望远镜。然后从望远镜中观察，转动物镜调焦螺旋，使目标成像清晰，最后转动水平微动螺旋，使十字丝竖丝对准水准尺。

瞄准目标后，眼睛可在目镜处作上下移动，如发现十字丝与目标影像有相对移动，读数随眼睛的移动而改变，这种现象称为视差。产生视差的原因是目标影像与十字丝分划板不重合，它将影响读数的正确性。消除视差的办法是先调目镜调焦螺旋看清十字丝，再继续认真地进行物镜调焦，以消除视差。当眼睛在目镜处移动时，十字丝交点不离开目标影像上的固定点位，即读数不变，则说明没有视差现象。

2.3.3　精平

如图 2-14 所示，转动微倾螺旋，同时察看水准管气泡观察窗，当符合水准器气泡成像吻合时，表明气泡已精确整平。此时与水准管轴平行的视准轴处于水平状态。

2.3.4 读数

视准轴水平后，用十字丝中丝在水准尺上读数。亦即读出水准尺零点到十字丝中丝的高度。不论使用的水准仪是正像或是倒像，读数总是由注记小的一端向大的一端读出。通常读数应保持四位数字，米、分米、厘米可由尺上刻划直接读出，毫米数则由估计而读得。如图 2-15 所示读数为 1.540，以米为单位。读数后再检查一下气泡是否移动了，否则需重新用微倾螺旋调整气泡使之符合后再次读数。

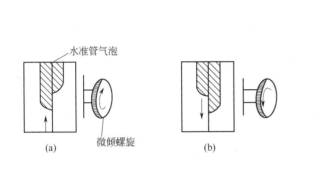

图 2-14　调整符合气泡

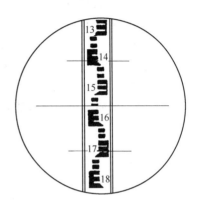

图 2-15　水准尺的读数

2.4　水准测量方法

2.4.1　水准点

为了统一全国高程系统和满足科研、测图、国家建设的需要，测绘部门在全国各地埋设了许多固定的测量标志，并用水准测量的方法测定了它们的高程，这些标志称为水准点（bench mark），常用 BM 表示。

水准点有永久点和临时点两种。

永久点一般用石料或混凝土制成，深埋在地面冻土线以下，如图 2-16 所示，其顶面嵌入一金属或瓷质的水准标志，标志中央半球形的顶点表示水准点的高程位置。有的永久点埋设在稳固建筑物的墙脚上，如图 2-17 所示，称为墙上水准点。

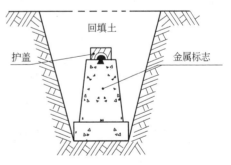

图 2-16　永久水准点

建筑工地上的永久水准点一般用混凝土制成。顶部嵌入半球状金属标志，其形状如图 2-18(a) 所示。临时点常用大木桩打入地下，桩顶钉入一半球状头部的铁钉，以示高程位置，如图 2-18(b) 所示。

为了便于以后的寻找和使用，每一水准点都应绘制水准点附近的地形草图，标明点位到附近两处明显、稳固地物点的距离，便于使用时寻找，水准点应注明点号、等级、高程等情况，这称为点之记。

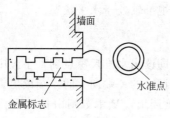
图 2-17　墙上水准点

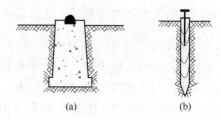
图 2-18　建筑工地上的水准点

2.4.2　水准测量的方法

当高程待定点离开已知点较远或高差较大时，仅安置一次仪器进行一个测站的工作就不能测出两点之间的高差。这时需要在两点间加设若干个临时立尺点，分段连续多次安置仪器来求得两点间的高差。这些临时加设的立尺点是作为传递高程用的，称为转点，一般用符号 TP 表示。

如图 2-19 所示，水准点 A 的高程为 $27.354m$，要测定 B 点的高程。观测时临时加设了 3 个转点，共进行了四个测站的观测，每个测站观测时的程序相同，其观测步骤、记录、计算说明如下。

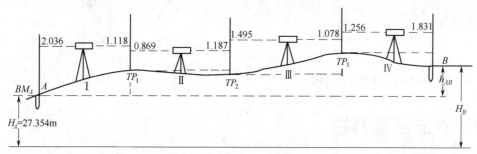

图 2-19　水准测量方法

作业时，先在水准点 BM_A 上立尺，作为后视尺，再沿着水准路线方向，选择一测站点安置仪器，同时选择适当位置踩实尺垫，作为转点 TP_1，然后在尺垫上立前视尺，接着进行观测。选择转点时应注意水准仪至前、后视标尺的距离应尽可能相等。视线长度最长不应超过 100m。

在第一测站上的观测程序为：

ⅰ．安置仪器，使圆水准器气泡居中。

ⅱ．照准后视（A 点）尺，并转动微倾螺旋使水准管气泡精确居中，用中丝读后视尺读数 $a_1=2.036$，记录员复诵后记入手簿，见表 2-1。

表 2-1　水准测量手簿

测站	测点	水准尺读数		高差/m		高程/m	备注
		后视(a)	前视(b)	+	-		
Ⅰ	BM_A	2.036		0.918		27.354	已知水准点高程
	TP_1		1.118				
Ⅱ	TP_1	0.869			0.318		
	TP_2		1.187				
Ⅲ	TP_2	1.495		0.417			
	TP_3		1.078				
Ⅳ	TP_3	1.256			0.575	27.796	
	B		1.831				
计算校核		Σ5.656 -5.214 +0.442	Σ5.214	Σ1.335 -0.893 +0.442	Σ-0.893	27.849 -27.354 +0.442	

ⅲ. 照准前视（即转点 TP_1）尺，精平，读前视尺读数 $b_1=1.118$，记录员复诵后记入手簿，并计算出 A 点与转点 TP_1 之间的高差，即

$$h_1=2.036-1.118=+0.918$$

填入表 2-1 中高差栏。

第一个测站观测完后转点 TP_1 处的尺垫和水准尺保持不动，将仪器移到Ⅱ处安置，选择转点 TP_2 将 A 点处水准尺转移到 TP_2 尺垫上，继续进行第二站的观测、记录、计算，用同样的工作方法一直到达 B 点。

显然，每安置一次仪器，就测得一个高差，即

$$h_1=a_1-b_1$$
$$h_2=a_2-b_2$$
$$\vdots$$
$$h_4=a_4-b_4$$

将各式相加，得 $\qquad \sum h = \sum a - \sum b \qquad$ (2-5)

B 点的高程 $\qquad H_B = H_A + \sum h \qquad$ (2-6)

式(2-5)表达了后视读数总和 $\sum a$，前视读数总和 $\sum b$ 与高差总和 $\sum h$ 之间的关系，式(2-6)表达了待求点 B 的高程 H_B 与已知点 H_A 和高差总和 $\sum h$ 间的关系。利用这些相互关系可对表 2-1 中的计算作校核，如表 2-1 的计算校核所示，说明表中整个计算是正确的。应该注意，校核计算只能检查计算是否正确，并不能发现观测、记录过程中有无差错。

2.4.3 水准测量注意事项

由于测量误差是不可避免的，无法完全消除其影响。但是可采取一定的措施减弱其影响，以提高测量成果的精度。同时应绝对避免在测量成果中存在错误，因此在进行水准测量时，应注意以下各点。

ⅰ. 观测前对所用仪器和工具，必须认真进行检验和校正。

ⅱ. 在野外测量过程中，水准仪及水准尺应尽量安置在坚实的地面上，三脚架和尺垫要踩实，以防仪器和尺子下沉。

ⅲ. 前、后视距离应尽量相等，以消除视准轴不平行水准管轴的误差和地球曲率与大气折光的影响。

ⅳ. 前、后视距离不宜太长，一般不要超过 100m，视线高度应使上、中、下三丝都能在水准尺上读数以减少大气折光影响。

ⅴ. 水准尺必须扶直不得倾斜，使用过程中，要经常检查和清除尺底泥土。塔尺衔接处要卡住，防止二、三节塔尺下滑。

ⅵ. 读数前必须使复合水准器气泡精确吻合，并消除视差；读数时一定要从小数向大数读，并要估读到毫米；读完数后应再次检查气泡是否仍然吻合，否则应重读。

ⅶ. 记录员要复诵读数，以便核对，记录要整洁、清楚端正，如果有错，不能用橡皮擦去而应在需改正处划一横，在旁边注上改正后的数字。

ⅷ. 在烈日下作业要撑伞遮住阳光避免气泡因受热不均而影响其稳定性。

2.4.4 水准测量的检核方法

2.4.4.1 测站检核

由式(2-7)可以看出，待定点 B 的高程是根据 A 点和沿线各测站所测的高差计算出来的，为了确保观测高差正确无误，须对各测站的观测高差进行检核，这种检核称为测站检

核。常用的检核方法有两次仪器高法和双面尺法两种。

(1) 两次仪器高法

两次仪器高法是在同一测站上用两次不同的仪器高度，两次测定高差。即测得第一次高差后，改变仪器高度约 10cm 以上，再次测定高差。若两次测得的高差之差未超过 6mm，则取其平均值作为该测站的观测高差，否则需重测。

(2) 双面尺法

双面尺法是在一测站上，仪器高度不变，分别用双面水准尺的黑面和红面两次测定高差。若两次测得高差之差未超过 6mm，则取其平均值作为该测站的高差，否则需要重测。

2.4.4.2 路线检核

虽然每一测站都进行了检核，但一条水准路线是否有错还是没有保证。例如，在前、后视某一转点时，水准尺未放在同一点上，利用该转点计算的相邻两站的高差虽然精度符合要求，但这一条水准路线却含有错误，因此必须进行路线检核。水准路线检核方法一般有以下三种。

(1) 附合水准路线

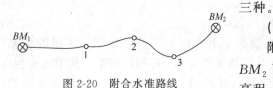

图 2-20 附合水准路线

附合水准路线如图 2-20 所示，附近有 BM_1、BM_2 两个已知水准点，现需求得1、2、3三个点的高程。水准路线从已知水准点 BM_1（起始点）出发，沿着待定点1、2、3进行水准测量，最后从3点测到已知水准点 BM_2（终点），这样的水准路线称为附合水准路线。路线中各段高差的代数和，理论上应等于两个水准点之间的高差，即

$$\sum h_{理} = H_{终} - H_{始} \tag{2-7}$$

由于观测误差不可避免，实测的高差与已知高差一般不可能完全相等，其差值称为高差闭合差 f_h。

$$f_h = \sum h_{测} - (H_{终} - H_{始}) \tag{2-8}$$

(2) 闭合水准路线

闭合水准路线如图2-21所示，由 BM_3 出发，沿环线进行水准测量，最后回到原水准点 BM_3 上，称为闭合水准路线。显然，式(2-7)中的 $H_{终} - H_{始} = 0$，则路线上各点之间高差的代数和应等于零，即

$$\sum h_{理} = 0 \tag{2-9}$$

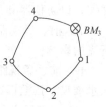

图 2-21 闭合水准路线

如不等于零，则高差闭合差为

$$f_h = \sum h_{测} \tag{2-10}$$

(3) 支水准路线

图 2-22 支水准路线

支水准路线如图2-22所示，图中的1和2两点，由一水准点 BM_A 出发，既不附合到其他水准点上，也不自行闭合，称为支水准路线。支水准路线要进行往返观测，往测高差与返测高差观测值的代数和 $\sum h_{往} + \sum h_{返}$ 理论上应为零。如不等于零，则高差闭合差为

$$f_h = \sum h_{往} + \sum h_{返} \tag{2-11}$$

各种路线形式的水准测量，其高差闭合差均不应超过容许值，否则即认为观测结果不符合要求。

根据偶然误差特性："在一定的观测条件下，偶然误差的绝对值不会超过一定的界限"，

所以可以根据高差闭合差的大小检核观测高差中是否存在错误。

以上三种水准路线校核方式中，附合水准路线方式校核最可靠，它除了可检核观测结果有无差错外，还可以发现已知点是否有抄错结果、用错点位等问题。支水准路线仅靠往返观测校核，若起始点的高程抄录错误和该点的位置搞错，是无法发现的。因此，应用此法应注意检查。

2.5 水准测量的成果计算

2.5.1 水准测量的精度要求

在测量工作中，由于种种原因，如仪器不够完善，观测、读数带有误差，以及外界条件的影响（如在大气折光，温度变化等），使得观测结果总是存在误差。虽然测量误差是不可避免的，但经过实践检验和科学分析，人们找出了有关测量误差的规律，从而规定了一定观测条件下观测误差的容许范围，作为区分误差和错误的界限。当观测误差小于容许误差时，认为测量成果合格，可供使用；若大于容许误差，一般说明发生了差错，应该查明原因，予以重测。

建筑工程中对水准测量的精度要求，一般规定为

$$平地 \quad f_{h容} = \pm 40\sqrt{L} \tag{2-12}$$

$$山地 \quad f_{h容} = \pm 12\sqrt{n} \tag{2-13}$$

式中　$f_{h容}$——高差闭合差的容许值，mm；
　　　L——水准路线长度，km；
　　　n——水准路线测站数。

当地形起伏较大，每 1km 水准路线超过 16 个测站时按山地计算容许闭合差。

2.5.2 水准测量成果计算

2.5.2.1 附合水准路线成果计算

A、B 为两个已知水准点，A 点高程为 421.326m，B 点高程为 425.062m，其观测成果如图 2-23 所示，计算 1、2、3 各点的高程。

将图中各数据按高程计算顺序列入表 2-2 进行计算。

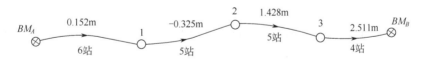

图 2-23　附合水准路线观测成果

计算步骤如下。

(1) 计算实测高差

$$\sum h_{测} = 3.766 \text{m}$$

(2) 计算已知高差

$$H_B - H_A = 425.062 - 421.326 = 3.736 \text{（m）}$$

(3) 计算高差闭合差

$$f_h = \sum h_{测} - (H_B - H_A) = +30 \text{mm}$$

(4) 计算容许闭合差

$$f_{h容} = \pm 12\sqrt{n} = \pm 12\sqrt{20} = \pm 54 \text{（mm）}$$

因为 $|f_h| \leqslant |f_{h容}|$，故其精度符合要求，可做下一步计算。

表 2-2 附合水准测量成果计算

点 号	测站数 n_i /站	实测高差 h_i /m	高差改正数 v_i /m	改正后高差 $h_{改}$ /m	高程 H /m	备 注
BM_A					421.326	已知点
	6	0.152	−0.008	0.144		
1					421.470	
	5	−0.325	−0.008	−0.333		
2					421.137	
	5	1.428	−0.008	1.420		
3					422.557	
	4	2.511	−0.006	2.505		
B					425.062	已知点
∑	20	3.766	−0.030	3.736		

(5) 计算高差改正数

在同一条水准路线上，使用相同的仪器工具和相同的测量方法，可以认为各测站产生误差的机会是相等的，因此，高差闭合差可按与测段的测站数 n_i（或按距离 L_i）反号成正比例分配到各测段的高差中。即

$$v_i = -\frac{f_h}{\sum n} n_i \text{ 或 } v_i = -\frac{f_h}{\sum L} L_i$$

本例各测段改正数 v_i 计算如下，即

$$v_1 = -\frac{f_h}{\sum n} n_1 = -\frac{30}{20} \times 6 = -9 \text{（mm）}$$

$$v_2 = -\frac{f_h}{\sum n} n_2 = -\frac{30}{20} \times 5 = -8 \text{（mm）}$$

$$\vdots$$

改正数凑整到毫米，但凑整后的改正数总和必须与闭合差绝对值相等，符号相反。这是计算中的一个检核条件，即

$$\sum v = -f_h = -0.031 \text{m}$$

若 $\sum v \neq -f_h$，存在凑整后的余数，且计算中无错误，则可在测站数最多或测段长度最长的路线上多（或少）改正 1mm。

(6) 计算改正后高差

各测段观测高差 h_i 分别加上相应的改正数 v_i，即得改正后高差。

$$h_{1改} = h_1 + v_1 = 0.152 - 0.008 = 0.144 \text{（m）}$$

$$h_{2改} = h_2 + v_2 = -0.325 - 0.008 = -0.333 \text{（m）}$$

$$\vdots$$

改正后的高差代数和，应等于高差的理论值（$H_B - H_A$），即

$$\sum h_{改} = H_B - H_A = 3.736 \text{m}$$

如不相等，说明计算中有错误存在。

(7) 高程计算

测段起点高程加测段改正后高差，即得测段终点高程，以此类推。最后推出的终点高程

应与已知的高程相等。即

$$H_1 = H_A + h_{1改} = 421.326 + 0.144 = 421.470 \text{（m）}$$
$$H_2 = H_1 + h_{2改} = 421.470 - 0.333 = 421.137 \text{（m）}$$
$$\vdots$$
$$H_{B(算)} = H_{B(已知)} = 425.062 \text{m}$$

计算中应注意各项检核的正确性。

2.5.2.2 闭合水准路线成果计算

闭合水准路线的计算步骤与符合水准路线基本相同，计算时应当注意高差闭合差的公式为

$$f_h = \sum h_{测} \tag{2-14}$$

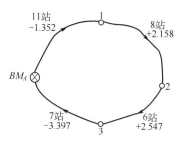

图2-24 闭合水准路线观测成果

以图2-24为例，A 为已知水准点，A 点高程为51.732m，其观测成果如图中所示，计算1、2、3各点的高程。

将图中各数据按高程计算顺序列入表2-3进行计算。

表2-3 闭合水准测量成果计算

点　号	测站 n_i /站	实测高差 h_i /m	高差改正数 v_i /m	改正后高差 $h_{i改}$ /m	高程 H /m	备　注
BM_A	11	-1.352	0.006	-1.346	51.732	已知点
1	8	2.158	0.004	2.162	50.386	
2	6	2.574	0.003	2.577	52.548	
3	7	-3.397	0.004	-3.393	55.125	
BM_A					51.732	已知点
$\sum$	32	-0.017	0.017	0		

计算步骤如下。

（1）计算实测高差之和

$$\sum h_{测} = -0.017 \text{m} = -17 \text{mm}$$

（2）计算高差闭合差

$$f_h = \sum h_{测} = -0.017 \text{m} = -17 \text{mm}$$

（3）计算容许闭合差

$$f_{h容} = \pm 12\sqrt{n} = \pm 12\sqrt{32} = \pm 68 \text{（mm）}$$

因为 $|f_h| \leqslant |f_{h容}|$，故其精度符合要求，可做下一步计算。

（4）计算高差改正数

高差闭合差的调整方法和原则与符合水准路线的方法一样。本例各测段改正数 v_i 计算如下，即

$$v_1 = -\frac{f_h}{\sum n}n_1 = -\frac{-17}{32} \times 11 = +6 \text{（mm）}$$

$$v_2 = -\frac{f_h}{\sum n}n_2 = -\frac{-17}{32} \times 8 = 4 \text{（mm）}$$

$$\vdots$$

检核 $\sum v = -f_h = 17\text{mm}$

(5) 计算改正后高差

各测段观测高差 h_i 分别加上相应的改正数后 v_i，即得改正后高差，即

$$h_{1改} = h_1 + v_1 = -1.352 + 0.006 = -1.346 \text{ (m)}$$
$$h_{2改} = h_2 + v_2 = 2.158 + 0.004 = 2.162 \text{ (m)}$$
$$\vdots$$

改正后的高差代数和，应等于高差的理论值 0，即

$$\sum h_{改} = 0$$

如不相等，说明计算中有错误存在。

(6) 高程计算

测段起点高程加测段改正后高差，即得测段终点高程，以此类推。最后推出的终点高程应与起始点的高程相等。即

$$H_1 = H_A + h_{1改} = 51.732 - 1.346 = 50.386 \text{ (m)}$$
$$H_2 = H_1 + h_{2改} = 50.386 + 2.162 = 52.548 \text{ (m)}$$
$$\vdots$$
$$H_{A(算)} = H_{A(已知)} = 51.732 \text{m}$$

计算中应注意各项检核的正确性。

2.5.2.3 支水准路线成果计算

图 2-25 为一支水准路线。支水准路线应进行往、返观测。已知水准点 A 的高程为 68.254m，往、返测站共 16 站。

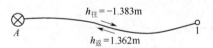

图 2-25 支水准路线观测成果

计算步骤如下。

(1) 计算高差闭合差

$$f_h = |h_{往}| - |h_{返}| = |-1.383| - |1.362| = 0.021 \text{ (m)} = 21 \text{ (mm)}$$

(2) 计算容许闭合差

$$f_{h容} = \pm 12\sqrt{n} = \pm 12\sqrt{16} = \pm 48 \text{ (mm)}$$

因为 $|f_h| \leq |f_{h容}|$，故其精度符合要求，可做下一步计算。

(3) 计算改正后高差

支水准路线往、返测高差的平均值即为改正后高差，其符号以往测为准。即

$$h_{A1改} = \frac{h_{往} - h_{返}}{2} = \frac{-1.383 - 1.362}{2} = -1.372 \text{ (m)}$$

(4) 计算 1 点高程

起点高程加改正后高差，即得 1 点高程，即

$$H_1 = H_A + h_{A1改} = 68.254 - 1.372 = 66.882 \text{ (m)}$$

必须指出，若起始点的高程抄录错误，其计算出的高程也是错误的。因此，应用此法应注意检查。

2.6 水准仪的检验和校正

2.6.1 水准仪应满足的几何条件

为了保证仪器提供一条水平视线，水准仪的四条主要轴线：望远镜视准轴 CC、水准管轴 LL、圆水准器轴 $L'L'$ 和仪器竖轴 VV（见图 2-26），应满足以下条件：

ⅰ. 圆水准器轴 $L'L'$ 应平行于竖轴 VV；
ⅱ. 水准管轴 LL 应平行于视准轴 CC；
ⅲ. 十字丝横丝应垂直于仪器竖轴 VV。

仪器出厂前都经过严格检查，均能满足条件，但经过长期使用或某些振动，轴线间的关系会受到破坏。为此，测量之前必须对仪器进行检验校正。

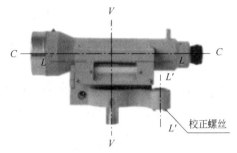

图 2-26 水准仪的轴线

2.6.2 水准仪的检验和校正

2.6.2.1 圆水准器轴的检验和校正

目的 满足条件 $L'L'//VV$，使圆水准气泡居中时，竖轴基本铅直，视准轴粗平。

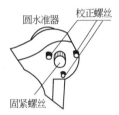

图 2-27 圆水准器轴校正

检验 安置仪器后，用脚螺旋粗平使气泡居中，然后将望远镜绕竖轴转 180°，如气泡仍居中，表明条件满足；如气泡不居中，则需校正。

校正

ⅰ. 转动脚螺旋使气泡退回偏离值的一半。
ⅱ. 松开圆水准器背面中心固紧螺丝，如图 2-27 所示，按照圆水准器粗平的方法，用校正针拨动相邻两个校正螺丝，再拨动另一个校正螺丝，使气泡居中。
ⅲ. 按这种方法反复检校，直到转到任何方向，气泡均居中为止，校正即可结束。最后，将中心固紧螺丝拧紧。

2.6.2.2 十字丝横丝的检验和校正

目的 使十字丝横丝垂直于竖轴。当竖轴铅直时，横丝处于水平，横丝上任何位置读数均相同。

检验

ⅰ. 用十字丝横丝一端对准远处一明显点状标志 M，如图 2-28(a) 所示。拧紧制动螺旋。
ⅱ. 旋转微动螺旋，使望远镜视准轴绕竖轴转动，如果 M 点沿着横丝移动，如图 2-28(b) 所示，则表示十字丝横丝与竖轴垂直；不需校正。
ⅲ. 如果 M 点明显偏离横丝，如图 2-28(c)、(d) 所示，则表示十字丝横丝不垂直于竖轴，需要校正。

校正

ⅰ. 松开十字丝分划板座的固定螺丝，如图 2-29 所示，转动整个目镜座，使十字丝横丝与 M 点轨迹一致，再将固定螺丝拧紧。

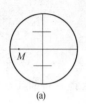 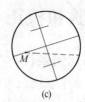

图 2-28 十字丝横丝的检验

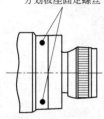

图 2-29 十字丝横丝的校正

ii. 当 M 点偏离横丝不明显时，一般不进行校正，在作业中可利用横丝的中央部分读数。

2.6.2.3 水准管轴的检验和校正

目的 满足条件 $LL // CC$，使水准管气泡居中时，视准轴处于水平位置。

检验 设水准管轴不平行于视准轴，它们之间的交角为 i（图 2-30）。当水准管气泡居中，视准轴不水平而产生 i 角误差 Δ；当仪器至尺子的前后视距离相等时，则在两根尺子上的 i 角误差 Δ 也相等，因此计算时将不会影响所求的高差。

检验步骤如下。

i. 选择一平坦地面，相距 80m 左右各打一木桩 A、B，将仪器置于中点 C，并使 $AC=BC$，如图 2-30 所示。

ii. 将水准仪安置于中点 C 处，在 A、B 两点竖立水准尺。用两次仪高法两次测定 A 至 B 点的高差。当两次高差的较差不大于 3mm 时，取两次高差的平均值 h_{AB} 作为两点高差的正确值。

iii. 将仪器安置于 C' 处即距 B 点 2～3m 处，精平仪器后，读出 B 点尺上的读数 b_2。由于 i 角较小，仪器离 B 点近，引起读数 b_2 的误差可忽略不计，可视为水平视线的读数。于是，可根据已知高差 h_{AB} 反算求得视线水平时的后视应读数 a_2，即

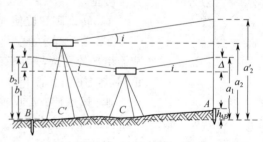

图 2-30 水准管轴的检验

$$a_2 = b_2 + h_{AB}$$

iv. 将望远镜照准 A 点标尺，精平后读得的读数为 a_2'。若 $a_2' = a_2$，说明两轴平行。否则，存在 i 角，其值为

$$i = \frac{a_2' - a_2}{D_{AB}} \rho'' \tag{2-15}$$

式中 D_{AB}——A、B 两点间的平距。

校正 DS3 水准仪当 i 角大于 $20''$ 时则仪器必须校正。

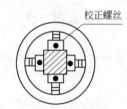

图 2-31 水准管轴的校正

i. 管水准器的校正螺丝在观察镜旁的圆孔内，共有上下左右四个，如图 2-31 所示。校正时，先调节望远镜微倾螺旋使望远镜横丝对准 A 点标尺的读数 a_2，此时视准轴处于水平位置，而水准管气泡却偏离了中心。

ⅱ．用校正针拨动左右两个校正螺丝，再一松一紧调节上下两校正螺丝，使水准管气泡居中（符合），最后旋紧左右两校正螺丝。

ⅲ．此项检验校正要反复进行，直至达到要求为止。

2.7 三、四等水准测量

三、四等水准测量除用于国家高程控制网的加密外，还常用作小地区的首级高程控制，以及工程建设地区内工程测量和变形观测的基本控制。

2.7.1 三、四等水准测量的技术要求

三、四等水准测量起算点的高程一般引自国家一、二等水准点，若测区附近没有水准点，也可建立独立的水准网，这样起算点的高程应采用假设高程。

三、四等水准网布设时，如果是作为测区的首级控制，一般布设成闭合环线；如果是进行加密，则多采用附合水准路线或支水准路线。三、四等水准路线一般沿公路、铁路或管线等坡度较小，便于施测的路线布设。其点位应选在地基稳固，能长久保存标志和便于观测的地点。水准点的间距一般为1～2km，山岭重丘地区可根据需要适当加密，一个测区一般至少埋设三个以上的水准点。三、四等水准测量的精度要求较普通水准测量高，其精度要求见表2-4。

表2-4 三、四等水准测量的精度要求

等级	每公里高差中误差/mm	附合路线长度/km	水准仪的型号	水准尺	观测次数		往返较差，附合或环线闭合差/mm	
					与已知点联测	附合或环线	平地	山地
三等	±6	50	S1	因瓦	往返各一次	往一次	$±12\sqrt{L}$	$±4\sqrt{n}$
			S3	双面		往返各一次		
四等	±10	16	S3	双面	往返各一次	往一次	$±20\sqrt{L}$	$±6\sqrt{n}$

注：L为往返测段，附合或环线的水准路线长度，km；n为测站数。

2.7.2 三、四等水准测量的施测方法

三、四等水准测量的外业工作包括：观测、记录、计算和校核等内容。三等与四等水准测量只是在观测顺序上有微小的差别。三、四等水准测量一般采用双面尺法，且应采用一对水准尺。为保证其测量精度，每一站的技术要求见表2-5。

表2-5 三、四等水准测量技术要求

等级	水准仪型号	视线长度/m	前后视距较差/m	前后视距累积差/m	视线离地面最低高度/m	红黑面读数差/mm	红黑面高差之差/mm
三等	DS1	100	2	5	0.3	1.0	1.5
	DS3	75				2.0	3.0
四等	DS3	100	3	10	0.2	3.0	5.0

2.7.2.1 一个测站的观测顺序

ⅰ．后视黑面尺，读上、下、中三丝读数，填入表2-6中为（1）、（2）、（3）；

ⅱ. 前视黑面尺，读中、上、下三丝读数，填入表2-6中为（4）、（5）、（6）；

ⅲ. 前视红面尺，读中丝读数，填入表2-6中为（7）；

ⅳ. 后视红面尺，读中丝读数，填入表2-6中为（8）。

上述这四步观测，简称为"后-前-前-后（黑-黑-红-红）"，这样的观测步骤可削弱仪器或尺子沉降误差。对于四等水准测量，允许采用"后-后-前-前（黑-红-红-黑）"的观测步骤，这种步骤比上述的步骤要简便些。记录见表2-6，表中括号内的数字表示读数和计算次序。

表 2-6   三、四等水准测量记录计算表

自：_____ 测至：_____   天气：_____ 观测者：_____
时间：_____   成像：_____ 记录者：_____

测站编号	视准点号	后视 上丝 下丝 后视距/m 视距差 d	前视 上丝 下丝 前视距/m Σ视距差Σd	方向及尺号	水准尺读数/m 黑面	水准尺读数/m 红面	黑+K-红/mm	平均高差/m	备注
		（1）	（5）	后	（3）	（8）	（14）		
		（2）	（6）	前	（4）	（7）	（13）	（18）	
		（9）	（10）	后-前	（15）	（16）	（17）		
		（11）	（12）						
1	BM_1 — ZD_1	1.804 1.446 35.8 −0.8	1.180 0.814 36.6 −0.8	后9 前10 后-前	1.625 0.997 0.628	6.412 5.684 0.728	0 0 0	0.628	
2	ZD_1 — ZD_2	2.102 1.466 63.6 −0.5	1.532 0.891 64.1 −1.3	后10 前9 后-前	1.784 1.211 0.573	6.472 5.997 0.475	−1 +1 −2	0.574	黑红面零点差 $K9=4.787$ $K10=4.687$
3	ZD_2 — ZD_3	1.007 0.314 69.3 +2.1	1.307 0.635 67.2 +0.8	后10 前10 后-前	0.660 0.971 −0.311	5.449 5.657 −0.208	−2 +1 −3	−0.3095	
4	ZD_3 — ZD_4	1.819 1.069 75.0 +0.2	1.376 0.628 74.8 +1.0	后10 前9 后-前	1.444 1.002 0.442	6.130 5.789 0.341	+1 0 +1	0.4415	
计算校核		Σ（9）=243.7 $-\Sigma$（10）=242.7 +1.0 Σ（15）+（16）=2.668	Σ[（3）+（8）]=29.976 $-\Sigma$[（4）+（7）]=27.308 2.668				Σ（18）=1.334 2.668/2=1.334		

2.7.2.2 计算、检核

(1) 视距的计算与检核

后视距（9）=［（1）−（2）］×100m

后视距（10）=［（5）−（6）］×100m   三等≥75m, 四等≥100m

前后视距差(11)=(9)－(10)　　　　　　　　三等≯2m,四等≯3m
前后视距累积差(12)=本站(11)＋上站(12)　　三等≯5m,四等≯10m

(2) 水准尺读数的检核

同一根水准尺黑面与红面中丝读数之差：

前尺黑面与红面中丝读数之差(13)=(4)＋K－(7)

后尺黑面与红面中丝读数之差(14)=(3)＋K－(8)　　三等≯2mm,四等≯3mm

（上式中的 K 为红面尺的起点读数，一般为 4.687m 或 4.787m）

(3) 高差的计算与检核

黑面测得的高差(15)=(3)－(4)

红面测得的高差(16)=(8)－(7)

校核：黑红面高差之差(17)=(15)－[(16)±0.100]

　　　或(17)=(14)－(13)　　　　　　　　三等≯3mm,四等≯5mm

高差的平均值(18)=[(15)＋(16)±0.100]/2

在测站上，当后尺红面起点为 4.687m，前尺红面起点为 4.787m 时，取+0.100，反之取－0.100

(4) 每页计算检核

① 高差部分　在每页上，后视红黑面读数总和与前视红黑面读数总和之差，应等于红黑面高差之和。

对于测站数为偶数的页：

$$\sum[(3)+(8)]-\sum[(4)+(7)]=\sum[(15)+(16)]=2\sum(18)$$

对于测站数为奇数的页：

$$\sum[(3)+(8)]-\sum[(4)+(7)]=\sum[(15)+(16)]=2\sum(18)\pm0.100$$

② 视距部分　在每页上，后视距总和与前视距总和之差应等于本页末站视距累积差与上页末站累积视距差之差。校核无误后，可计算水准路线的总长度。

$$\sum(9)-\sum(10)=\text{本页末站}(12)-\text{上页末站}(12)$$

$$\text{水准路线总长}=\sum(9)+\sum(10)$$

2.7.3 成果整理

三、四等水准测量的闭合路线或附合路线的成果整理，首先其高差闭合差应满足表 2-4 的要求。然后对高差闭合差进行调整，调整方法可参见第 2 章水准测量部分，最后按调整后的高差计算各水准点高程。

阅读材料　电子水准仪

电子水准仪又称数字水准仪，其构成主要由基座、水准器、望远镜及数据处理系统组成。电子水准仪是以自动安平水准仪为基础，在望远镜光路中增加分光镜和探测器（CCD），采用条纹编码标尺和图像处理电子系统构成的光机电一体化测量仪器。

1. 发展简史

20 世纪 40 年代已经出现电磁波测距技术、光电技术、计算机技术以及精密机械技术。在 1963 年，Fennel 厂研制出编码经纬仪，到 80 年代已开始普遍使用电子测角和电子测距技术。为现实水准仪读数数字化，经过多年尝试，如蔡司 RENI 002A 已使测微器读数能自动完成。1990 年威特厂首先研制出数字水准仪 NA2000。可以说，从 1990 年起，大地测量仪器完成了从精密光机仪器向光机电测一体化的高技术产品的过渡,攻克了大地测量仪器中水准仪数字化读数的这一最后难关。1994 年蔡司研制出了电子水准仪 DiNi10/20,同年拓普康也研制出了电子水准仪 DL101/102。

2. 电子水准仪的基本原理

电子水准仪由传感器识别条形码水准尺上的条形码分画,经信息转换处理获得观测值,并以数字形式显示在显示窗口上或存储在处理器内。仪器的结构如图 2-32 所示,仪器由自动安平补偿器,补偿范围为 $\pm 12'$。与仪器配套的水准尺为条纹编码尺——玻璃纤维塑料或钢尺。水准标尺为双面分划,其分划形式为条纹码和厘米分划。条纹码分划供电子水准仪观测时电子扫描用,标尺另一面的厘米分划可供光学水准仪观测时使用。

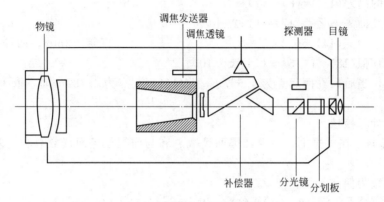

图 2-32　电子水准仪构造

它所采用的条码标尺,由于各厂家标尺编码的条码图案不同,导致标尺不能互换使用。目前照准标尺和调焦仍需目视进行。人工完成照准和调焦之后,标尺条码一方面成像在望远镜分化板上,供目视观测,另一方面通过望远镜的分光镜,标尺条码又被成像在光电传感器(又称探测器)上,即线阵 CCD 器件上,供电子读数。因此,电子水准仪又可以像普通自动安平水准仪一样使用,不过测量精度低于电子测量精度。

当前电子水准仪采用了原理上相差较大的三种自动电子读数方法:①相关法(徕卡 NA3002/3003);②几何法(蔡司 DiNi10/20);③相位法(拓普康 DL101C/102C)。

观测时,经自动调焦和自动整平后,水准尺条纹码分划影像映射到分光镜上,并将它分为两部分,一部分是可见光,通过十字丝和目镜,供照准用;另一部分是红外光射向探测器,并将望远镜接收到的光图像信息转换成电影像信号,并传输给信息处理器,与机内原有的关于水准尺的条纹码源信息进行匹配处理,得出水准尺上水平视线处的读数。

3. 电子水准仪工作原理

电子水准仪改变了传统的野外高差测量靠人工读数和手工记录的现实。电子水准仪采用 REC 模块存储数据和信息,将模块插入水准仪的插槽中,自动记录外业观测数据,采用阅读器读取内容并与外设(计算机、打印机)设备进行数据交换。

4. 电子水准仪的特点

(1) 读数客观。不存在误记问题,没有人为读数误差。

(2) 精度高。视线高和视距读数是采用大量条码分划图像经处理后取平均得出来的,因此削弱了标尺分划误差的影响。多数仪器都有进行多次读数取平均的功能,可以削弱外界条件影响。不熟练的作业人员也能进行高精度测量。

(3) 速度快。由于省去了现场计算时间以及人为出错的重测次数,测量时间与传统仪器相比节省 1/3 左右。

(4) 效率高。只需调焦就可以自动读数,减轻了劳动强度。视距还能自动记录、检核、处理。数据可以输入电子计算机进行后处理,可实现内外业一体化。

5. 注意事项

(1) 不要将镜头对准太阳,将仪器直接对准太阳会损伤观测员眼睛及损坏仪器内部电子元件。在太阳较低或阳光直接射向物镜时,应用伞遮挡。

(2) 条纹编码尺表面应保持清洁,不能擦伤。仪器是通过读取尺子黑白条纹来转换成电信号的,如果尺子表面粘上灰尘、污垢或擦伤,会影响测量精度或根本无法测量。

小 结

(1) 水准测量的原理

利用水准仪提供的一条水平视线,测出两地面点之间的高差,然后根据已知点的高程和高差,推算出另一个点的高程。

(2) 水准仪的作用

提供一条水平视线。

(3) 高差法

根据高差推算待定点高程的方法叫做高差法。

(4) 视线高法

通过视线高推算待定点高程的方法称为视线高法。

(5) 水准仪的结构组成

由望远镜、水准器、基座三部分构成。

① 望远镜 它主要由物镜、目镜、调焦透镜和十字丝分划板等构成,物镜光心与十字丝交点的连线为视准轴 CC。用来照准不同距离的目标。

② 水准器 水准仪上通常装置有圆水准器和管水准器(简称水准管)两种。

水准管由两端封闭的玻璃管,纵向内壁磨成圆弧制成,管内有一气泡;过水准管零点的切线为水准管轴 LL。其作用是使仪器精平。

圆水准器,由一玻璃圆盒、顶面磨成球面制成,内有一气泡;过水准管零点的法线为圆水准器轴 $L'L'$。用来对水准仪进行粗略整平。

③ 基座 主要由轴座、脚螺旋、底板和三角压板构成。基座的作用是支撑仪器上部,即将竖轴插入轴座。

(6) 水准仪的操作方法

① 粗平 圆水准气泡居中(竖轴大致铅直,视准轴粗平)。

② 照准 望远镜照准目标。

③ 精平 管水准气泡居中(视准轴精确水平)。

④ 读数 用望远镜中心十字丝横丝截取标尺读数。

(7) 水准测量的方法

当高程待定点离已知点较远或高差较大时,需要加设转点,分段连续多次安置仪器来求得两点间的高差。

(8) 一个测站的操作程序

安置-粗平-照准-精平-读数-记录

(9) 水准点

测绘部门在全国各地埋设固定的测量标志，并用水准测量的方法测定了它们的高程，这些标志称为水准点。

(10) 水准测量的检核方法

① 测站检核　常用的检核方法有两次仪器高法和双面尺法两种。

② 路线检核　有闭合水准路线、符合水准路线、支水准路线三种。

(11) 成果计算

① 高差闭合差的计算

闭合水准路线　$f_h = \sum h_{测}$

符合水准路线　$f_h = \sum h_{测} - (H_{终} - H_{始})$

支水准路线　$f_h = \sum h_{往} + \sum h_{返}$

② 容许闭合差计算　$f_{h容} = \pm 40\sqrt{L}$ (mm) 或 $f_{h容} = \pm 12\sqrt{n}$ (mm)

③ 测段高差改正数的计算　$v_i = -\dfrac{f_h}{\sum n} n_i$ 或 $v_i = -\dfrac{f_h}{\sum L} l_i$

④ 改正数的计算检核　$\sum v = -f_h$

⑤ 改正后高差的检核

闭合水准路线　　　　　　　　$\sum h_{改} = 0$

符合水准路线　　　　　　　　$\sum h_{改} = H_B - H_A$

支水准路线　　　　　　　　$h_{A1改} = \dfrac{h_{往} - h_{返}}{2}$

(12) 水准仪应满足的几何条件

ⅰ. 圆水准器轴 $L'L'$ 应平行于竖轴 VV；

ⅱ. 水准管轴 LL 应平行于视准轴 CC；

ⅲ. 十字丝横丝应垂直于仪器竖轴 VV。

(13) 水准仪的检验与校正

检校项目	检验方法	校正方法
$L'L' // VV$	(1) 粗平 (2) 转望远镜 180°，如气泡居中表明条件满足，否则应校正	(1) 转动脚螺旋使气泡退回偏离值一半 (2) 用校正针拨校正螺丝使气泡居中为止
十字丝横丝 $\perp L'L'$	(1) 粗平 (2) 用十字丝交点照准一固定目标，调节微动螺旋，如目标在交点左右始终沿横丝移动，表明条件满足，否则应校正	(1) 用交点对准原目标，固定望远镜 (2) 转动十字丝环，使横丝水平，直至满足条件为止
$LL // CC$	(1) 用两次仪器高法测定正确高差 h_{AB} (2) 将仪器于 B 点附近，再次测定高差，读前、后视读数，若 i 小于 20″ 则不需校正，否则需校正	(1) 调节微倾螺旋使横丝交点处截取 A 尺视线水平时的读数 (2) 调节上下两个校正螺丝至管水准气泡符合为止

思考题

1. 试绘图说明水准测量的基本原理。

2. 什么叫高差法、视线高法?
3. 简述望远镜的主要部件及各部件的作用,何谓视准轴?
4. 什么叫视差?产生视差的原因是什么?怎样消除视差?
5. 什么叫圆水准器轴和水准管轴?圆水准器和水准管在水准测量中各起什么作用?何谓水准管分划值?
6. 什么叫水准点?水准测量时,为什么要求前、后视距离应该大致相等?
7. 何谓转点?转点在水准测量中起什么作用?
8. 简述水准测量一个测站的操作程序。
9. 水准测量的检核方法有哪些?如何进行?
10. 水准仪应满足的几何条件是什么?其中哪个是主要条件?

习 题

1. 设 A 点为后视点,B 点为前视点,A 点高程为 56.215m。当后视读数为 1.158m,前视读数为 1.762m 时,A、B 两点的高差是多少?并绘图说明。

2. 将图 2-33 中水准测量观测数据,填入水准测量手簿,并进行计算检核,求出各点的高程。

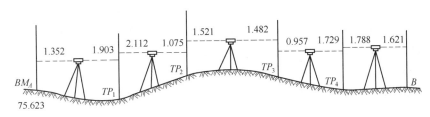

图 2-33 水准测量观测成果

3. 图 2-34 为一附合水准路线观测成果,已知 $H_A=416.023\text{m}$,$H_B=416.791\text{m}$,求各点高程。

图 2-34 附合水准测量观测成果

4. 图 2-35 为一闭合水准路线观测成果,已知 $H_A=45.215\text{m}$,求各点高程。

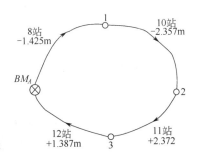

图 2-35 闭合水准测量观测成果

5. 已知一支水准路线的起始点为水准点 A,$H_A=423.658\text{m}$,由 A 点的往测高差为 -3.256m,返测高差为 $+3.278\text{m}$,支线单程长度为 1.7km。求终点 B 的高程。

6. 设 A、B 两点相距 80m,水准仪安置在中点 C,用两次仪器高法测得 $h_{AB}=+0.347\text{m}$,仪器搬至 B 点附近处,测得 $b_2=1.456\text{m}$,A 尺读数 $a_2=1.752\text{m}$。求仪器的 i 角。

3 角度测量和经纬仪

> **导读**
>
> 水平角和竖直角的观测是测量的基本工作,统称为角度测量。角度测量的常用仪器是经纬仪。经纬仪主要由照准部、水平度盘和基座三部分组成。经纬仪的使用方法包括对中、整平、照准、读数四个步骤。水平角和竖直角测量的常用方法是测回法。为保证角度测量的正确性,必须经常对经纬仪进行检验和校正。

3.1 角度测量原理

角度测量是测量的三项基本工作之一,常用的测角仪器是经纬仪,用它可以测量水平角和竖直角。水平角测量用于确定地面点的平面位置,竖直角测量用于确定两点间的高差或将倾斜距离转换成水平距离。

3.1.1 水平角及测量原理

地面上一点到两目标的方向线,垂直投影在水平面上所成的角称为水平角。如图 3-1 所示,A、O、B 为地面上任意三点,将三点沿铅垂线方向投影到水平面 H 上,得到相应的 A'、O'、B' 点,则水平面上的夹角 β 即为地面 OA、OB 两方向线间的水平角。

为了测量水平角值,可在角顶点 O 的铅垂线上水平放置一个有刻度的圆盘,圆盘上有顺时针方向注记的 0°~360°刻度,圆盘的中心在 O 点的铅垂线上。另外,应该有一个能瞄目标的望远镜,望远镜不但可以在水平面内转动,而且还应能在竖直面内转动。通过望远镜可分别瞄准高低和远近不同的目标 A 和 B,并可在圆盘得相应的读数 a 和 b,则水平角 β 即为两个读数之差。即

$$\beta = b - a \tag{3-1}$$

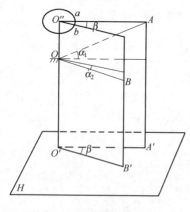

图 3-1 水平角测量原理

3.1.2 竖直角及测量原理

同一铅垂面内,一点到观测目标的方向线与水平线之间的夹角称为竖直角,又称为倾角或竖角,通常用 α 表示。其角值从 0°~±90°,一般将目标视线在水平线以上的竖直角称为仰角,角值为正,如图 3-1 中的 $α_1$,目标视线在水平线以下的竖直角称为俯角,角值为负,如图 3-1 中 $α_2$。

为了测定竖直角,可在过目标点的铅垂面内装置一个刻度盘,称为竖直度盘或简称竖盘。通过望远镜和读数设备可分别获得目标视线和水平视线的读数,则竖直角为

$$α = 目标视线读数 - 水平视线读数 \tag{3-2}$$

对于某一种仪器来说,水平视线方向的竖盘读数是一个固定值,如 0°、90°、180°、270°。测角前可以根据竖盘的位置来确定。所以测量竖直角时,只要瞄准观测目标,读出竖盘读数,就可计算出竖直角。

3.2 光学经纬仪

经纬仪的发展经历了游标经纬仪、光学经纬仪直到目前的电子经纬仪等阶段。游标经纬仪由于精度低,现在已经不使用了,而电子经纬仪观测角值可自动显示,使用方便。目前,建筑施工测量中最常用的是光学经纬仪。

光学经纬仪按其精度分为 DJ07、DJ1、DJ2、DJ6、DJ15 等五个等级。D、J 分别是"大地测量"和"经纬仪"的汉语拼音第一个字母,07、1、2、6、15 表示该仪器能达到的测量精度,例如:6 表示该仪器测量一测回所得方向值的中误差不大于 6″。建筑施工测量中常用 DJ6 和 DJ2 经纬仪。图 3-2 所示为北京光学仪器厂生产的 DJ6 光学经纬仪。

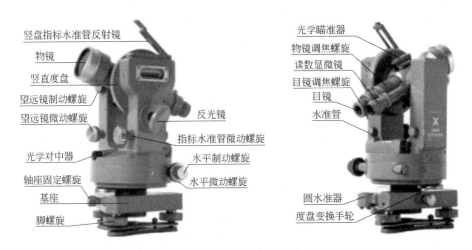

图 3-2 DJ6 光学经纬仪

3.2.1 DJ6 光学经纬仪的构造

经纬仪一般由基座、水平度盘、照准部三部分组成,如图 3-3 所示。

(1) 基座

基座包括轴座、脚螺旋和连接板。轴座是将仪器竖轴与基座连接固定的部件,轴座上有一个固定螺旋,放松这个螺旋,可将经纬仪水平度盘连同照准部从基座中取出,所以平时此螺旋必须拧紧,防止仪器坠落损坏。脚螺旋用来整平仪器。连接板用来将仪器稳固地连接在

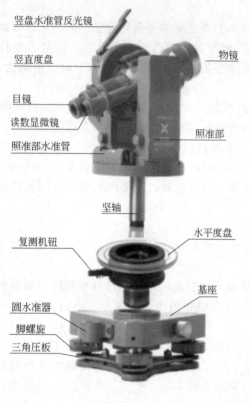

图 3-3 DJ6 光学经纬仪的构造

三脚架上。

(2) 水平度盘

水平度盘是一个光学玻璃圆盘,边缘顺时针方向刻有 0°~360°刻划。水平度盘轴套又称外轴,在外轴下方装有一个金属圆盘,称为复测盘,用以带动水平度盘的转动。有些型号的仪器没有复测装置,而装有度盘变换手轮,测量时可利用度盘变换手轮将度盘转到所需的位置上。

(3) 照准部

主要由望远镜、旋转轴、支架、横轴、竖盘装置、读数设备等组成。望远镜的构造与水准仪基本相同,主要用来照准目标,仅十字丝分划板稍有不同,如图 3-4 所示。照准部的旋转轴即为仪器的纵轴,纵轴插入基座内的纵轴轴套中旋转。照准部在水平方向的转动,由水平制动螺旋和水平微动螺旋来控制。望远镜的旋转轴称为水平轴(也叫横轴),它架于照准部的支架上。放松望远镜制动螺旋后,望远镜绕水平轴在竖直面内自由旋转;旋紧望远镜制动螺旋后,转动望远镜微动螺旋,可使望远镜在竖直面内做微小的

上、下转动,制动螺旋放松时,转动微动螺旋不起作用。照准部上有照准部水准管,用以置平仪器。竖直度盘固定在望远镜横轴的一端,随同望远镜一起转动。竖盘读数指标与竖盘指标水准管固连在一起,不随望远镜转动。竖盘指标水准管用于安置竖盘读数指标的正确位置,并借助支架上的竖盘指标水准管微动螺旋来调节。读数设备包括读数显微镜、测微器及光路中一系列光学棱镜和透镜。有的仪器安有光学对中器,它用于调节仪器使水平度盘中心与地面点处于同一铅垂线上。

图 3-4 十字丝分划板

3.2.2 光学经纬仪的读数方法

(1) DJ6 光学经纬仪的读数方法

光学经纬仪采用了显微放大装置和测微装置以提高光学经纬仪的读数精度。DJ6 经纬仪的测微装置一般有分微尺测微器和单平行玻璃板测微器两种类型,现分别介绍其读数方法。

① 分微尺测微器类型的读数方法　图 3-5 是读数显微镜中所看到的读数窗口,有"水平"字样的小框是水平度盘分划线及其分微尺的像,有"竖直"字样的小框是竖直度盘分划线及其分微尺的像。取度盘上 1°间隔的放大像为单位长,将其分成 60 小格,此时每小格便代表 1′,每 10 小格处注上数字,表示 10′的倍数,以便于读数,这就是分微尺。测量水平角时在水平度盘读数窗读取数值,测量竖直角时应在竖直度盘读数窗读取数值。读数时先看分微尺注记 0 与 6 之间夹了哪一根度数刻划线,这根分划线的注记数就是应读的度数,所以图中所示水平角可首先读出 178°,然后以该度数刻划线为指标,看分微尺注记 0 刻划到已读出

的度数刻划之间共有多少格,此即为应读的分数,不足一格的量估读至 0.1′,图中所示共 7.0 格,整个读数即为 178°07.0′,记为 178°07′00″。同样,竖直角读数为 62°54′30″。

② 单平行玻璃板测微器类型的读数方法 图 3-6 所示为这种类型测微器读数装置的度盘和测微分划尺影像。在视场中可看到三个窗口,上面一个是测微分划像;中间一个是竖直度盘成像;下面一个是水平度盘成像。从水平度盘及竖直度盘成像可见,度盘上 1°间隔又分刻为 2 格,所以度盘刻划到 30′,度盘窗口中的双线是读数指标线。上面窗口测微尺共分 30 大格,每大格又分成 3 个小格。转动测微

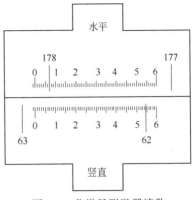

图 3-5 分微尺测微器读数

轮,度盘分划移动 1 格(30′)时,测微尺的分划刚好移动 30 大格,所以分微尺上 1 大格的格值为 1′,1 小格的格值则为 20″,若估读到 1/4 格,即可估读到 5″。分微尺窗口中的长单线是读数指标线。

当望远镜瞄准目标时,度盘指标线一般不可能正好夹住某个度数线,所以进行水平度盘读数时,先要转动测微轮,使度盘刻划线位于指标双线正中央,读出该刻划的读数,然后在测微尺上以单指标线读出小于度盘格值(30′)的分秒数,一般估读至 1/4 格,即 5″,两读数相加即得度盘完整读数。如图 3-6(a)所示,此时水平度盘读数为 125°30′,分微尺指标线此时可读出 12′30″,所以整个水平度盘读数应是两数相加,即 125°42′30″。竖直度盘竖直度盘如图 3-6(b)所示,读数应是 257°06′40″。

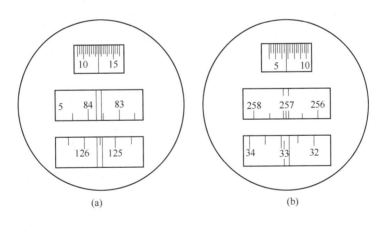

图 3-6 单平行玻璃板测微器读数

(2) DJ2 光学经纬仪的读数方法

DJ2 光学经纬仪的构造与 DJ6 光学经纬仪大致相同,主要的差别是读数设备不同。它采用的是对径分划符合法读数,相当于取度盘对径相差 180°处的两个读数的平均值,可以提高读数精度。DJ2 经纬仪在读数显微镜中只能看到水平或竖直度盘的一种影像,通过转动换像手轮,可以使其分别出现。图 3-7 中(a)所示为竖直度盘影像,(b)所示为水平度盘影像。

在度盘影像中被一横线隔开的正字像(简称正像)和倒字像(简称倒像),如图 3-7 所示。图中,大窗为度盘的影像,每隔 1°注一数字,度盘分划值为 20′。小窗为测微尺的影

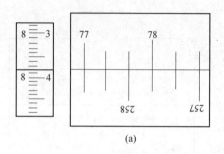 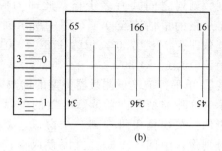

(a)　　　　　　　　　　　　　　　　(b)

图 3-7　DJ2 光学经纬仪的读数方法

像，左边注记数字从 0 到 10 以分为单位，右边注记数字以 10″为单位，最小分划为 1″，估读到 0.1″。当转动测微轮时，使测微尺由 0′移动到 10′时，度盘正倒像的分划线向相反方向各移动半格（相当于 10′）。

读数时，先转动测微轮，使正、倒像的度盘分划线精确重合，然后找出邻近的正、倒像相差 180°的两条分划线，并注意正像应在左侧，倒像在右侧，正像分划的数字就是度盘的度数；再数出正像分划线与倒像分划线间的格数，乘以度盘分划值的一半（因正、倒像相对移动），即得度盘上应读取的 10′数；不足 10′的分数和秒数，应从左边小窗中的测微尺上读取。如图 3-7（a）中，竖直度盘上读数为 77°，整 10′数为 50′，测微尺上的分、秒数为 8′38″.0，以上三数之和 77°58′38″.0 即为度盘的整个读数。同法，图 3-7（b）中的水平度盘读数为 166°03′02″.0。

近年来生产的 DJ2 光学经纬仪，读数原理与上述相同，所不同者是采用了数字化的读数，如图 3-8 和图 3-9 所示。图 3-8 中右下侧的小窗为度盘对径分划线重合后的影像，没有注记，上面的小窗为度盘读数和整 10′的注记（图中为 74°40′），左下侧的小窗为分和秒数（图中为 7′16″.0）。度盘的整个读数为 74°47′16″.0。图 3-9 所示为中国统一设计的 DJ2 光学经纬仪度盘对径分划重合后读数的图像，读数为 25°36′15″.6。

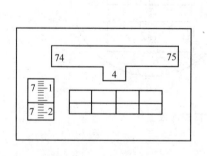 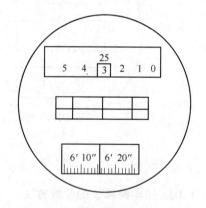

图 3-8　DJ2 光学经纬仪的　　　　图 3-9　DJ2 光学经纬仪的
　　　　数字化读数方法 1　　　　　　　　　数字化读数方法 2

3.3　经纬仪的使用

经纬仪的使用包括对中、整平、照准和读数四个操作步骤。对中的目的是使仪器中心（即度盘中心）与测站上的标志点位于同一铅垂线上。整平的目的是使经纬仪的纵轴铅垂，水平度盘和横轴处于水平位置，竖直度盘位于铅垂面内。

3.3.1 用垂球对中及经纬仪整平的方法

(1) 垂球对中

垂球对中可按下述步骤操作。先打开三脚架放在测站上，脚架长度要适当，以便于观测；三脚架架头应大致水平。把脚架上的连接螺旋放在架头中心位置，挂上垂球，移动脚架使垂球尖大致对准测站点，同时保持脚架头大致水平。从箱中取出仪器放到三脚架上，旋紧连接螺旋使仪器与脚架连接。此时再细心观察垂球是否偏离标志中心，如偏离可略放松连接螺旋，用手轻移仪器，使垂球尖准确对准测站点，再旋紧连接螺旋。

(2) 整平

整平是先转动仪器照准部，使水准管平行于任意两个脚螺旋，再按整平气泡的左手法则同时旋转这两个脚螺旋使气泡居中。然后将仪器照准部旋转90°，旋转另一个脚螺旋，使气泡居中。按上述方法反复进行几次，直到仪器旋到任何位置时，气泡都居中为止。

3.3.2 用光学对中器对中及经纬仪整平的方法

光学对中器是装在仪器纵轴中的小望远镜，中间装有一个直角反射棱镜，使铅垂方向的光线折成水平方向，以便观察。使用光学对中器时，对中、整平这两项操作实际是互相影响、交替进行的，应反复进行，直到两个目的都达到为止。

使用光学对中器对中、整平时可按下述步骤操作。

ⅰ．目估初步对中，并使三脚架架头大致水平。

ⅱ．转动和推拉对中器目镜调焦，使地面标志点成像清晰，且分划板上中心圆圈也清晰可见。

ⅲ．转动仪器脚螺旋，使地面标志点影像位于圆圈中心。

ⅳ．伸缩调节三脚架架腿，使圆水准器气泡居中。

ⅴ．按用垂球安置仪器的整平方法进行精确整平。

ⅵ．检查光学对中器，此时若标志点位于圆圈中心则对中、整平完成；若仍有偏差，可稍松动连接螺旋，在架头上移动仪器，使其准确对中，然后重新进行精确整平。直到对中和整平均达到要求为止。

3.3.3 照准

① 目镜调焦　将望远镜对向明亮的背景，转动目镜调焦螺旋，使十字丝清晰。

② 粗瞄目标　松开望远镜水平、竖直制动螺旋，通过望远镜上的粗瞄器对准目标，然后拧紧制动螺旋。

③ 物镜调焦　转动望远镜物镜调焦螺旋，使目标成像清晰。注意消除视差现象。

④ 准确瞄准目标　转动水平微动及竖直微动螺旋，使十字丝竖丝与目标成单线平分或双丝夹准，并且使十字丝交点部分对准目标的底部，如图3-10所示。

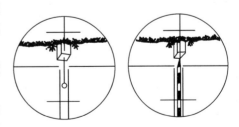

图3-10　准确瞄准目标方法

3.3.4 读数

打开反光镜，调整其位置，使读数窗内进光明亮均匀。然后进行读数显微镜调焦，使读数窗内分划清晰。读数方法如 3.2.2 所述。

3.4 水平角测量（测回法）

测回法是建筑工程施工测量中常用的水平角测量的方法。

3.4.1 测回法测水平角

如图 3-11 所示，测回法测水平角其操作步骤如下。

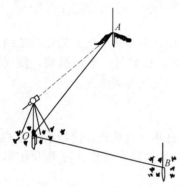

图 3-11 水平角观测

i. 在 O 点安置好经纬仪，盘左位置（目镜端朝观测者时，竖盘位于望远镜左边）瞄准左目标 A 得读数 $a_{左}$（$0°02'48''$）；为了计算方便，将起始目标的读数调至 $0°00'$ 附近。

ii. 松开照准部制动螺旋，瞄准右目标 B，得读数 $b_{左}$（$81°34'24''$）；则盘左位置所得上半测回角值为
$$\beta_{左}=b_{左}-a_{左}=81°34'24''-0°02'48''=81°31'36''$$

iii. 竖直面内转动望远镜成盘右位置（竖盘在望远镜右边），再次瞄准右目标 B，得读数 $b_{右}$（$261°33'54''$）。

iv. 盘右再次瞄准左目标 A，得读数 $a_{右}$（$180°02'30''$）；则盘右位置所得下半测回角值为
$$\beta_{右}=b_{右}-a_{右}=261°33'54''-180°02'30''=81°312'24''$$

利用盘左、盘右两个位置观测水平角，可以抵消仪器误差对测角的影响，同时也可以检核观测中有无错误存在。对于 DJ6 光学经纬仪，如果 $\beta_{左}$ 与 $\beta_{右}$ 的差数不超过 $±40''$，则可取上、下半测回平均值作为最后结果，即

$$\beta=\frac{1}{2}(\beta_{左}+\beta_{右})=\frac{1}{2}×(81°31'36''+81°31'24'')=81°31'30''$$

将各读数和计算值记录在表 3-1 中。

表 3-1 水平角观测手簿

测站	目标	竖盘位置	水平度盘读数 /(° ′ ″)	半测回角值 /(° ′ ″)	一测回角值 /(° ′ ″)	备注
O	A	左	0 02 48	81 31 36	81 31 30	
	B		81 34 24			
	A	右	180 02 30	81 31 24		
	B		261 33 54			

在计算水平角值时，由于水平度盘刻划是顺时针方向注记，所以应总是以右边方向（观测者面向角度张开方向）的读数减去左边方向读数。如发生不够减情况时，可在右边方向读数上加 360° 再减去左边方向读数。

在水平角观测中，当测角精度要求较高时，需要观测多个测回，为了减小度盘分划误差的影响，各测回间应按 $180°/n$ 的差值变换度盘起始位置，其中 n 为测回数。用 DJ6 光学经纬仪观测时，各测回间水平角值之差应不超过 $±40''$。

3.4.2 水平角观测注意事项

i. 仪器高度要与观测者的身高相适应，三脚架要踩实，中心连接螺旋要拧紧，操作时

不要用手扶三脚架，使用各螺旋时用力要轻。

ⅱ. 要精确对中，边长越短，对中误差影响越大。

ⅲ. 照准标志要竖直，尽可能用十字丝交点附近去瞄准标志底部。

ⅳ. 应该边观测、边记录、边计算，发现错误，立即重测。

ⅴ. 水平角观测过程中，不得再调整照准部水准管。如气泡偏离中央超过一格时，须重新整平仪器，重新观测。

3.5 竖直角观测

3.5.1 竖直度盘构造及竖直角计算公式

光学经纬仪的竖直度盘组成结构包括：竖盘、竖盘读数指标及竖盘指标水准管和竖盘指标水准管微动螺旋。竖盘固定安装在横轴的一端，其中心与横轴中心一致，望远镜在竖直面内转动时，竖盘跟随望远镜一起转动，而读数指标则是不动的。竖盘读数指标与竖盘水准管连接在一起，当旋转指标水准管微动螺旋使指标水准管气泡居中时，指标便处于正确的位置。

根据竖直角的测量原理，竖直角 α =目标视线读数-水平视线读数，其中水平视线方向的读数对于某一种仪器来说是一个固定值，如图3-12所示，盘左为90°，盘右为270°。因此，在测量竖直角时，只要用望远镜瞄准目标，读取竖盘读数，就能计算出竖直角。

竖直度盘刻划注记有不同的形式，所以计算竖直角的公式也随之不同。因此在观测竖直角之前，先要检查一下竖盘读数，确定竖直角与竖盘读数之间的关系。方法是：将望远镜大致放在水平位置，观测一下竖盘读数，就可知道水平视线的应有读数（一般是90°的整倍数），然后将望远镜上仰，得到的竖直角是一个仰角，应该为正值；此时看读数是增大还是减小。若读数增大，则竖直角等于瞄准目标时的读数减去视线水平时的读数；若读数减小，则竖直角等于视线水平时的读数减去瞄准目标时的读数。

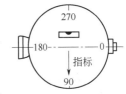

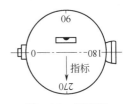

图3-12 竖直度盘刻划注记

图3-12所示为DJ6经纬仪采用较多的一种竖盘注记形式，上图是盘左，下图是盘右时的情形。这种竖盘在盘左位置视线水平时读数为90°，望远镜向上仰时读数减小，所以，盘左时竖直角 α_L 的计算式为

$$\alpha_L = 90° - L \tag{3-3}$$

式中，L 为盘左瞄准目标时的竖盘读数。同样，盘右位置视线水平时读数为270°，盘右时竖直角 α_R 的计算式为

$$\alpha_R = R - 270° \tag{3-4}$$

式中，R 为盘右瞄准目标时的竖盘读数。

利用盘左、盘右两个位置观测竖直角，可以抵消仪器误差对测角的影响，同时也可以检核观测中有无错误存在。因此，取盘左、盘右的平均值作为最后结果，即

$$\alpha = \frac{1}{2}(\alpha_L + \alpha_R) \tag{3-5}$$

3.5.2 竖直角观测

设 C 为测站，A、B 分别为仰、俯角目标，仪器的竖盘注记如图 3-12 所示，观测步骤如下。

ⅰ. 将仪器安置在 C 点，整平、对中后，按 3.5.1 所述方法，判断仪器的竖直角计算公式。

ⅱ. 盘左位置瞄准目标 A，瞄准时应使十字丝横丝切于目标的顶端（或目标的某一位置），转动竖盘指标水准管微动螺旋，使指标水准管气泡居中，读取盘左读数 L（$85°43'24''$），记入表 3-2。根据式(3-3)，盘左半测回角值应为

$$\alpha_L = 90° - L = 90° - 85°43'24'' = +4°16'36''$$

ⅲ. 倒镜，盘右位置再瞄准 A 目标原位置，使指标水准管气泡居中后，读取竖盘读数 R（$274°16'06''$），记入表 3-2。根据式(3-4)，盘右半测回角值应为

$$\alpha_R = R - 270° = 274°16'06'' - 270° = +4°16'06''$$

ⅳ. 按式(3-5)计算竖直角 α。

$$\alpha = \frac{1}{2}(\alpha_L + \alpha_R) = \frac{1}{2} \times (4°16'36'' + 4°16'06'') = 4°16'21''$$

ⅴ. 计算指标差 x。指标差 x 是经纬仪在指标水准管气泡居中后竖盘指标与正确位置偏差的一个值，其计算公式为

$$x = \frac{1}{2}(\alpha_R - \alpha_L) \tag{3-6}$$

本例的指标差为

$$x = \frac{1}{2}(4°16'06'' - 4°16'36'') = -15''$$

指标差可以反映观测成果的质量。竖直角观测时的指标差互差：DJ2 经纬仪不得超过 $\pm15''$；DJ6 经纬仪不得超过 $\pm25''$。

按同法观测 B 目标，其结果见表 3-2。

表 3-2 竖直角观测手簿

测站	目标	竖盘位置	竖盘读数 /(° ′ ″)	半测回角值 /(° ′ ″)	指标差 /(″)	一测回角值 /(° ′ ″)	备注
C	A	左	85 43 24	+4 16 36	−15	+4 16 21	
		右	274 16 06	+4 16 06			
C	B	左	94 21 12	−4 21 12	−6	−4 21 18	
		右	265 38 36	−4 21 24			

3.6 经纬仪的检验和校正

3.6.1 经纬仪应满足的几何条件

由测角原理可知，观测角度时，经纬仪水平度盘必须水平，竖盘必须铅直，望远镜上下转动的视准轴应在一个铅垂面内。如图 3-13 所示，经纬仪应满足下列条件：

ⅰ. 水准管轴应垂直于竖轴（$LL \perp VV$）；

ⅱ. 十字丝纵丝应垂直于水平轴；

ⅲ. 视准轴应垂直于水平轴（$CC \perp HH$）；

ⅳ. 水平轴应垂直于竖轴（$HH \perp VV$）；
ⅴ. 竖盘指标差应为 0；
ⅵ. 光学对中器的视准轴应与仪器竖轴重合。

仪器出厂前都经过严格检查，均能满足条件，但经过长期使用或某些振动，轴线间的关系会受到破坏。为此，测量之前必须对经纬仪进行检验校正。

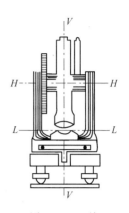

图 3-13　经纬仪的轴线

3.6.2　经纬仪的检验和校正

（1）照准部水准管轴的检验和校正

目的　满足条件 $LL \perp VV$，气泡居中时，竖轴应铅直，水平度盘应水平。

检验

ⅰ. 将仪器大致整平，转动照准部使水准管与两个脚螺旋连线平行。

ⅱ. 转动脚螺旋使水准管气泡居中，此时水准管轴水平。

ⅲ. 将照准部旋转 180°，若气泡仍然居中，表明条件满足；若气泡不居中，则需进行校正。

校正

ⅰ. 转动与水准管平行的两个脚螺旋，使气泡向中央移动偏离值的一半；

ⅱ. 用校正针拨动水准管校正螺丝（注意应先放松一个，再旋紧另一个），使气泡居中，此时水准管轴处于水平位置，竖轴处于铅直位置，即 $LL \perp VV$；

ⅲ. 此项检验校正需反复进行，直至照准部旋转到任何位置，气泡偏离最大不超过半格时为止。

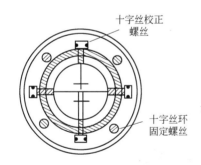

图 3-14　十字丝校正

（2）十字丝纵丝的检验和校正

目的　满足纵丝垂直于水平轴。

检验

ⅰ. 整平仪器，用纵丝照准任一点 P。

ⅱ. 将望远镜上下微动，如该点始终不离开纵丝，则说明纵丝垂直于水平轴。否则，需进行校正。

校正

ⅰ. 卸下目镜处的十字丝护盖，如图 3-14 所示。

ⅱ. 松开四个十字丝环固定螺丝，微微转动十字丝环，使纵丝与 P 点重合，直到望远镜上下微动时，该点始终在纵丝上为止。

ⅲ. 旋紧四个十字丝环固定螺丝，装上十字丝护盖。

（3）视准轴的检验和校正

目的　满足条件 $CC \perp HH$，使望远镜视准轴绕水平轴旋转时扫出的面是一竖直平面而不是圆锥面。

检验

ⅰ. 选择一平坦场地，如图 3-15 所示，在 A、B 两点（相距约 100 m）的中点 O 安置仪器，在 A 点竖立一标志，在 B 点横放一根水准尺或毫米分划尺，使其尽可能与视线 OA 垂直。标志与水准尺的高度大致与仪器同高。

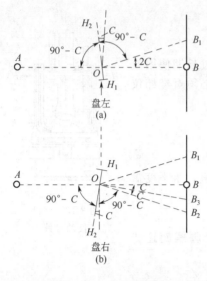

ii．于盘左位置照准 A 点，固定照准部，然后纵转望远镜成盘右位置，在 B 尺上读数，得 B_1，见图 3-15（a）。

iii．盘右位置再照准 A 点，固定照准部，纵望远镜成盘左位置，在 B 尺上读数，得 B_2，见图 3-15（b）。若 B_1、B_2 两点重合，表明条件满足；否则需校正。

视准轴不垂直于水平轴而相差一个 C 角，称为视准误差。B_1 反映了盘左 $2C$ 误差，B_2 反映了盘右 $2C$ 误差，B_1、B_2 为 $4C$ 误差。

校正

i．如图 3-15 所示，由 B_2 点向 B 点量取 $\dfrac{\overline{B_1 B_2}}{4}$ 的长度，定出 B_3 点。

ii．用校正针拨动图 3-14 中左右两个校正螺丝，使十字丝交点与 B_3 点重合。

图 3-15 视准轴的检验

iii．此项检验校正需反复进行，直至满足条件为止。

（4）水平轴应垂直于竖轴的检验和校正

目的　满足条件 $HH\perp VV$，使视准轴绕水平轴旋转时扫出的面是一铅垂面而不是倾斜面。

检验

i．如图 3-16 所示，在离墙 10～30m 处安置经纬仪。

ii．盘左瞄准高处一点 P（$\alpha>30°$），旋紧照准部制动螺旋。然后，将望远镜放至大致水平位置，用十字丝交点在墙上定出一点 P_1。

iii．倒镜，用盘右位置再瞄准高处 P 点，同法在墙上又定得一点 P_2；如果 P_1、P_2 两点重合，说明条件满足；若不重合，则需要校正。

光学经纬仪的横轴是密封的，测量人员只需进行检验，校正则由仪器检修人员进行。

（5）竖盘指标差的检验和校正

目的　满足指标差为 0，当指标水准管气泡居中时，指标处于正确位置。

检验

i．仪器整平后，用横丝盘左、盘右瞄准同一目标，在竖盘指标水准管气泡居中时分别读取竖盘读数 L、R。

ii．用式(3-6)计算出指标差 x，对于 DJ6 经纬仪，若指标差超过 $1'$ 时，则需进行校正。

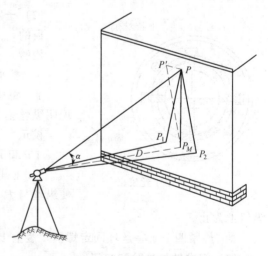

图 3-16 水平轴的检验

校正

i．计算盘右的正确读数，根据分析，无论盘左还是盘右的正确读数都应等于读得的竖盘读数减去指标差。即盘右的正确读数 R_0 为 $R_0=R-x$。

ii．在盘右位置转动竖盘指标水准管微动螺旋，使竖盘读数对准正确读数 R_0，此时，指标水准管气泡不再居中。

ⅲ. 拨动指标水准管的校正螺丝，使气泡居中即可。此项检验也应反复进行，直到满足要求为止。

（6）光学对中器（图 3-17）**的检验和校正**

目的 使光学对中器的视准轴与仪器竖轴重合。

检验

ⅰ. 在平坦的地面上严格整平仪器，在脚架的中央地面上固定一张白纸。对中器调焦，将刻划圆圈中心投影于白纸上得 P_1。

ⅱ. 转动照准部 180°，得刻划圆圈中心投影 P_2，若 P_1 与 P_2 重合，则条件满足；否则，需校正。

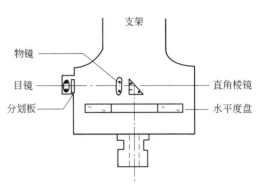

图 3-17 光学对中器的构造

校正

ⅰ. 取 P_1、P_2 的中点 P，校正直角棱镜或分划板，使刻划圆圈中心对准 P 点。

ⅱ. 重复检验校正的步骤，直到照准部旋转 180°后对中器刻划圆圈中心与地面点无明显偏离为止。

小 结

（1）水平角

一点至两目标方向线在水平面上投影的夹角。$\beta=$ 右目标读数－左目标读数。

（2）竖直角

在同一竖直面内一点至目标倾斜线与水平线所夹的锐角。

$$\alpha = 目标读数 - 视线水平时读数$$

（3）视准误差

视准轴不垂直于水平轴而相差一个 C 角，称为视准误差。

（4）指标差 x

经纬仪在指标水准管气泡居中后竖盘指标与正确位置偏差的一个值称指标差。

（5）DJ6 光学经纬仪的构成

由基座、水平度盘和望远镜组成。

基座　由轴座、轴座固定螺旋和脚螺旋构成。

水平度盘　由水平度盘、离合器或度盘换位轮构成。

照准部　由望远镜、旋转轴、支架、横轴、竖盘装置、读数设备等组成。

（6）使用方法

经纬仪的使用方法：对中、整平、照准、读数。

（7）角度观测方法

项目	程　序
水平角	(1)安置仪器，对中，整平 (2)盘左照准左目标 A 读数 $a_左$，照准右目标 B 读数 $b_左$，$\beta_左=b_左-a_左$ (3)盘右照准右目标 B 读数 $b_右$，照准左目标 A 读数 $a_右$，$\beta_右=b_右-a_右$ (4)取平均值 $\beta=\dfrac{\beta_左+\beta_右}{2}$（$\Delta\beta=\beta_左-\beta_右$ 不超过 $\pm40''$）

续表

项目	程 序
竖直角	(1) 安置仪器，对中、整平 (2) 盘左观测，照准目标 A，指标水准管气泡居中，读数 L，$a_左=(90°-L)$ (3) 盘右观测，照准目标 A，指标水准管气泡居中，读数 R，$a_右=(R-270°)$ (4) 取平均值 $\alpha=\dfrac{a_左+a_右}{2}$（测回间的角值互差不大于±15″）

（8）经纬仪的检验与校正

项　目	检　验	校　正
$LL\perp VV$	(1) 置水准管平行于一对脚螺旋连线，以相对方向转动这对脚螺旋使气泡居中 (2) 将照准部旋转180°，若气泡仍居中表示条件满足，否则应进行校正	(1) 转动原平行于水准管的一对脚螺旋使气泡退回偏离值一半 (2) 用校正针拨动水准管端头的校正螺丝，直至气泡居中
十字丝纵丝$\perp VV$	(1) 整平仪器 (2) 用纵丝照准任一点，并上下微动望远镜，如该点不偏离纵丝表示条件满足，否则应进行校正	(1) 卸下十字丝护盖 (2) 松开十字丝压环螺丝，转动十字丝环，直至该点不偏离纵丝为止
$CC\perp HH$	(1) 仪器置于线段 AB 中点，盘左照准 A 点，倒镜在 B 点横尺上读数为 B_1 (2) 盘右照准 A 点倒镜在 B 点尺上读数 B_2；若 $B_1=B_2$ 表示条件满足，否则应进行校正	(1) 由 B_2 读数点向 B 读数点量取 $\dfrac{\overline{B_1B_2}}{4}$ 长度定出 B_3 点 (2) 用校正针拨动十字丝左右两个校正螺丝使交点与 B_3 重合
$HH\perp VV$	(1) 于墙上盘左望远镜高瞄（$\alpha>30°$）一点 P，大致放平望远镜在墙上定出 P_1 (2) 盘右照准 P，放平望远镜定出 P_2；若 P_2 与 P_1 重合表示条件满足，否则应进行校正	由仪器检修人员进行
指标差 $x=0$	用盘左、盘右照准同一目标，读取竖盘读数 L、R。 计算 $x=\dfrac{\alpha_L-\alpha_R}{2}$，如 $x=0$ 表示条件满足，否则应进行校正	(1) 仍用盘右位置照准原目标，转动指标水准管微动螺旋使指标对准竖盘读数 $(R-x)$ (2) 拨动指标水准管的校正螺丝，使气泡居中
光学对中器视准轴应与竖轴重合	(1) 严格整平仪器，在脚架的中央地面上固定一张白纸。对中器调焦，将刻划圆圈中心投影于白纸上得 P_1 (2) 转动照准部180°，得刻划圆圈中心投影 P_2，若 P_1 与 P_2 重合，则条件满足；否则，需校正	取 P_1、P_2 的中点 P，校正直角棱镜或分划板，使刻划圆圈中心对准 P 点

思考题

1. 什么叫水平角、竖直角？其取值范围和符号有什么不同？
2. 观测水平角时，为什么要整平、对中？
3. 观测竖直角时，竖盘指标水准管气泡为什么一定要居中？

4. 什么叫视准误差、指标差？
5. 简述水平角的观测方法步骤。测多个测回时，如何变换度盘每个测回的起始位置？
6. 简述竖直角的观测方法步骤。如何判断竖直角的计算公式？
7. 经纬仪各轴线应满足哪些几何条件？如何进行检验校正？

习 题

1. 设在 O 点安置经纬仪观测一水平角，盘左瞄准左目标 A 得读数 $0°01'24''$；瞄准右目标 B 得读数 $78°57'06''$；盘右位置瞄准右目标 B 得读数 $258°56'54''$；瞄准左目标 A 得读数 $180°01'36''$；试在水平角观测手簿中记录观测数据、计算水平角值。

2. 设在 O 点安置经纬仪观测一竖直角，盘左瞄准目标 A 得读数 $92°13'42''$，盘右瞄准目标 A 得读数 $267°47'12''$。试在竖直角观测手簿中记录观测数据、计算竖直角值（设仪器竖盘盘左位置视线水平时读数为 $90°$，望远镜上仰读数增大）。

4 距离测量和直线定向

> **导 读**
>
> 距离测量是测量的基本工作之一。建筑施工中最常用的距离测量方法是钢尺量距。钢尺量距的方法分为一般方法和精密方法。钢尺量距的精度用量距相对误差 K 来表示。经过检定的钢尺其长度用尺长方程式来表示。直线定向是确定直线与标准方向之间的水平夹角的工作。测量工作中常用方位角和象限角来表示直线的方向。

4.1 距离测量概述

距离测量是确定地面点位时的基本测量工作之一。常用的距离测量方法有卷尺（皮尺和钢尺）量距、视距测量和电磁波测距等。

卷尺量距使用卷尺沿地面丈量，属于直接量距。卷尺丈量工具简单，但易受地形限制，适合平坦地区的测距。

视距测量是利用经纬仪或水准仪望远镜中的视距丝及水准尺按几何光学原理进行测距，所以，视距测量属于间接量距。它不受地形限制，工作简便，但其测量精度较低，且距离越长，精度越低，通常适用于地形图测量或土石方测量的量距工作。

电磁波测距是用仪器发射及接收光波或微波，按其传播速度及时间测定距离，所以，电磁波测距属于间接测距。电磁波测距仪器先进，工作方便，测距精度高、测程远，适合于高精度要求时的量距工作。

各种测距方法适合于不同情况、不同精度要求，应视需要选择测距方法。

建筑工程施工测量中，常采用钢尺量距方法，本章主要介绍这种方法。

4.2 钢尺量距的一般方法

4.2.1 丈量工具

距离丈量常用的工具有钢尺、标杆（花杆）、测钎及垂球等。

钢尺又称钢卷尺，是用钢制成的带状尺，尺的长度通常有 15m、30m、50m 等几种。钢尺卷放在金属尺架上，如图 4-1 所示。钢尺的基本分划为毫米，每米处、分米处、厘米处都有数字注记。由于尺上零点位置的不同，有端点尺和刻线尺之分见图（4-2）。

图 4-1　钢卷尺

钢尺抗拉强度高，不易拉伸，但其性脆易折，使用时要避免扭折和受潮。

标杆又称花杆，多用木料制成，直径约 3cm，长度为 2~3m，其上面每隔 20cm 涂以红、白漆，用来标定直线的方向，如图 4-3 所示；测钎用于标定尺段的起点和终点位置，如图 4-3 所示；垂球用于不平坦地面丈量时投点定位。

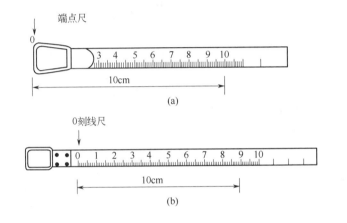

图 4-2　钢尺的分划

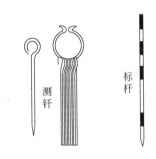

图 4-3　测钎与标杆

4.2.2　直线定线

当地面上两点之间距离超过钢尺的全长时，用钢尺一次不能量完，量距前就需要在直线方向上标定若干个分段点，并竖立标杆或测钎以标明方向，这项工作称为直线定线。

直线定线通常可分为目估定线和经纬仪定线两种方法。一般情况下常用目估定线；当量距精度要求高时，可采用经纬仪定线。

（1）目估定线

目估定线如图 4-4 所示，当要测定 A、B 间距离时，可先在 A、B 两点分别竖立标杆，一人站在 A 点标杆后 1~2 m 处，由 A 瞄向 B，同时指挥另一持标杆的人左、右移动，使所持标杆与 A、B 标杆完全重合为止，此时立标杆的点就在 A、B 两点间的直线上，在此位置上竖立标杆或插上测钎，作为定点标志。同法可定出直线上的其他点。定线时相邻点之间要小于或等于一个整尺段，定点一般按由远而近进行。

图 4-4　目估定线方法

(2) 经纬仪定线

经纬仪定线是在直线的一个端点安置经纬仪后,对中、整平,用望远镜十字丝竖丝瞄准另一个端点目标,固定照准部。观测员指挥另一测量员持测钎由远及近,将测钎按十字丝纵丝位置垂直插入地下,即得到各分段点。

(3) 平坦地面上的丈量方法

在钢尺一般量距中目估定线与尺段丈量可以同时进行,如图4-5所示,丈量步骤如下。

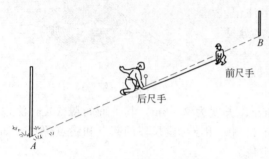

图 4-5 钢尺丈量方法

ⅰ. 后尺手持尺的零点端位于 A 点,前尺手携带一束测钎,同时手持尺的末端沿 AB 方向前进,到一整尺段处停下。

ⅱ. 由后尺手指挥,使钢尺位于 AB 方向线上,这时后尺手将尺的零点对准 A 点,两人同时用力将钢尺拉平,前尺手在尺的末端处插一测钎作为标记,确定分段点。

ⅲ. 然后,后尺手与前尺手一起抬尺前进,依次丈量第二、第三、……、第 n 个整尺段,到最后不足一整尺段时,后尺手以尺的零点对准测钎,前尺手用钢尺对准 B 点并读数 q,则 AB 两点之间的水平距离为

$$D = nl + q \tag{4-1}$$

式中 n——整尺段数;

  l——钢尺的整尺长度;

  q——不足一整尺段的余长。

上述由 $A \rightarrow B$ 的丈量工作称为往测,其结果称为 $D_{往}$。

ⅳ. 为防止错误和提高测量精度,需要往、返各丈量一次。同法,由 $B \rightarrow A$ 进行返测,得到 $D_{返}$。

ⅴ. 计算往、返测平均值。

ⅵ. 计算往、返丈量的相对误差 K,把往返丈量所得距离的差数除以该距离的平均值,称为丈量的相对精度。如果相对误差满足精度要求,则将往、返测平均值作为最后的丈量结果。

$$K = \frac{|D_{往} - D_{返}|}{D_{平均}} = \frac{1}{D_{平均}/|D_{往} - D_{返}|} \tag{4-2}$$

相对误差 K 是衡量丈量结果精度的指标,常用一个分子为1的分数表示。相对误差的分母越大,说明量距的精度高。钢尺量距的相对误差一般不应超过 1/3000,在量距较困难地区不应超过 1/1000。

例如,用钢尺丈量 A、B 两点间的距离,往测值为 165.423m,返测值为 165.454m,则 AB 距离

$$D = \frac{1}{2}(165.423 + 165.454) = 165.439 \text{ (m)}$$

相对误差

$$K = \frac{|165.423 - 165.454|}{165.439} = \frac{0.031}{165.439} \approx \frac{1}{5300}$$

相对误差的分母计算时收舍至百位。该例量距精度合格,则可取往、返结果的平均值作为两点间的水平距离。

4.2.3 倾斜地面的距离丈量

(1) 平量法

在倾斜地面丈量距离，当尺段两端的高差不大但地面坡度变化不均匀时，一般都将钢尺拉平丈量。如图4-6，丈量由 A 向 B 进行，后尺手立于 A 点，指挥前尺手将尺拉在 AB 方向线上，后尺手将尺的零点对准 A 点，前尺手将尺子抬高并目估使尺子水平，然后用垂球将尺的某一刻划投于地面上，插以测钎。用此法进行丈量，从山坡上部向下坡方向丈量比较容易，因此，丈量时两次均由高到低进行。

(2) 斜量法

当倾斜地面的坡度比较均匀时，可以在斜坡丈量出 AB 的斜距 L，测出地面倾角 α，或 A、B 两点高差 h，如图4-7所示，然后可以计算出 AB 的水平距离 D，即

$$D = L\cos\alpha \tag{4-3}$$

$$D = \sqrt{L^2 - h^2} \tag{4-4}$$

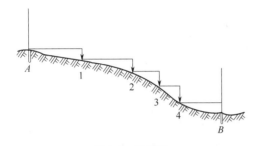

图 4-6 平量法

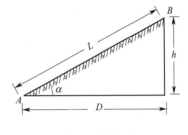

图 4-7 斜量法

4.2.4 钢尺量距的注意事项

ⅰ. 应用经过检定的钢尺量距。

ⅱ. 前、后尺手动作要配合好，定线要直，尺身要水平，尺子要拉紧，用力要均匀，待尺子稳定时再读数或插测钎。

ⅲ. 用测钎标志点位，测钎要竖直插下。前、后尺所量测钎的部位应一致。

ⅳ. 读数要细心，小数要防止错把9读成6或将21.041读成21.014等。

ⅴ. 记录应清楚，记好后及时回读，互相校核；

ⅵ. 钢尺性脆易折断，防止打折、扭曲、拖拉，并严禁车碾、人踏，以免损坏。钢尺易锈，用毕需擦净、涂油。

4.3 钢尺检定

钢尺因材料和刻划误差、拉力不同及温度的影响，使钢尺尺面注记长度与实际长度不相等，因此用这样的钢尺测量，其结果会包含一定的误差，所以就必须进行钢尺检定，计算出钢尺在标准温度和标准拉力下的实际长度，并给出钢尺的尺长方程式，以便于对钢尺的丈量结果进行改正，计算出丈量结果的实际长度。

4.3.1 尺长方程式

通常将钢尺在标准拉力下（30m钢尺100N，50m钢尺150N）的实际长度随温度而变化的函数式，称为钢尺的尺长方程式。其一般形式为

$$l_t = l_0 + \Delta l + l_0 \alpha (t - t_0) \tag{4-5}$$

式中　l_t——钢尺在温度 t 时的实际长度；

　　　l_0——钢尺的名义长度；

　　　Δl——整尺段的尺长改正数；

　　　α——钢尺的膨胀系数，一般取 $\alpha = 1.25 \times 10^{-5}$；

　　　t_0——标准温度 20℃；

　　　t——丈量距离时钢尺的温度。

4.3.2　钢尺的检定方法

钢尺的检定一般有两种方法。一种方法是在两固定标志的检定场地进行检定，检定时要用弹簧秤（或挂重锤）施加标准拉力，同时还要测定钢尺的温度。通常需要在两标志间测量三个测回（往、返一次为一测回），求其平均值作为名义长度，最后通过计算给出钢尺的尺长方程式。建筑施工单位一般可委托专业测绘部门或测量仪器销售商代为检定，得到所需要钢尺的尺长方程式。

第二种方法是用检定过的钢尺作为标准尺来进行检定。选择一平坦、庇荫的地面，将被检定的钢尺和标准尺并排放在地面上，加上标准拉力，把两根钢尺的末端对齐，在零分划处读出两尺的差数 Δ，检定尺长于标准尺时 Δ 取正，反之取负。这样就可以根据标准尺的尺长方程式来确定被检定的钢尺尺长方程式。

例如，将一检定过的钢尺作为标准尺，标准尺的尺长方程式为

$$l_{t标} = 30\text{m} + 0.006\text{m} + 1.25 \times 10^{-5} \times 30 \times (t - 20℃)\text{m}$$

被检定的钢尺名义长度是 30m，两尺末端对齐时，被检定尺对准标准尺零分划的 0.004m 处。即两尺长的差值 Δ 为 -0.004m，根据比较结果可得出

$$l_{t检} = l_{t标} - 0.004\text{m}$$

将标准尺的尺长方程式代入上式得

$$l_{t检} = 30\text{m} + 0.006\text{m} + 1.25 \times 10^{-5} \times 30 \times (t - 20℃)\text{m} - 0.004\text{m}$$

则被检定钢尺的尺长方程式为

$$l_{t检} = 30\text{m} + 0.002\text{m} + 1.25 \times 10^{-5} \times 30 \times (t - 20℃)\text{m}$$

4.4　钢尺量距的精密方法

钢尺量距的一般方法，精度不高，相对误差一般只能达到 $\frac{1}{5000} \sim \frac{1}{1000}$。但在建筑工地，例如测设建筑基线、建筑方格网的主要轴线，精度要求达到 $\frac{1}{10000}$ 以上，钢尺量距的一般方法其精度不能达到要求。采用精密量距的方法精度可达到 $\frac{1}{40000} \sim \frac{1}{10000}$。具体做法分别叙述如下。

4.4.1　外业工作

(1) 清理场地

在欲丈量的两点方向线上清除障碍物，适当平整场地，使钢尺在每一尺段中不因地面高

低起伏而产生挠曲。

（2）直线定线

用经纬仪定线。如图4-8所示，首先安置经纬仪于A点，照准B点，固定照准部，沿AB方向用钢尺进行概量，按稍短于一尺段长的位置打下木桩，桩顶高出地面约10～20cm。再用经纬仪精确定出AB直线方向，并在顶面划上十字细线，其中一条线的方向与视线方向一致，十字线的交点作为丈量时的标志。

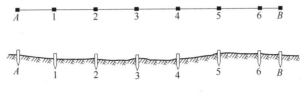

图4-8　经纬仪直线定线方法

（3）测相邻桩顶间高差

为使沿桩顶丈量的倾斜距离换算成水平距离，应用水准仪按双面尺法或往、返测法测出各相邻桩顶间高差。相邻桩顶间两次高差不大于10mm，可取两次高差的平均值作为相邻桩顶间的高差。

（4）量距

精密量距用检定过的钢尺进行，一般由两人拉尺，两人读数，一人测温度兼记录。丈量时，两人同时拉紧钢尺，把钢尺有刻划的一侧贴切于木桩顶十字线交点，待弹簧秤指示到钢尺检定的标准拉力并达到平衡。钢尺稳定时，前、后同时读取读数，读数应估读至0.5mm，记录员依次记入手簿，见表4-1，并计算尺段长度。前、后移动钢尺2～3cm，同法再次丈量。每一尺段要读三组读数，由三组读数算得的长度之差应小于2mm，否则应重新丈量。如在限差之内，取三次结果的平均值，作为该尺段的观测成果。每一尺段应该记温度一次，估读至0.5℃。如此继续丈量至终点，即完成一次往测。完成往测后，应立即返测。

表4-1　精密量距记录表

钢尺号 No:8　　　钢尺膨胀系数:0.000012　　　钢尺检定时温度t_0:20℃

钢尺名义长度l_0:30m　　　钢尺检定长度l':30.006m　　　钢尺检定时拉力:100N

尺段编号	实测次数	前尺读数/m	后尺读数/m	尺段长度/m	温度/℃	高差/m	温度改正数/mm	倾斜改正数/mm	尺长改正数/mm	改正后尺段长/m
A～1	1	29.5420	0.0310	29.5110	+26.5	+0.28	+2.3	−1.3	+5.9	29.5177
	2	350	235	115						
	3	125	025	100						
	平均			29.5108						
1～2	1	29.7250	0.0700	29.6550	+26.0	+0.24	+2.1	−1.0	+5.9	29.6620
	2	425	870	555						
	3	500	955	545						
	平均			29.6550						
…	…	…	…	…	…	…	…	…	…	…

续表

| 钢尺号 No:8 | | 钢尺膨胀系数:0.000012 | | | | 钢尺检定时温度 t_0:20℃ | | | |
| 钢尺名义长度 l_0:30m | | 钢尺检定长度 l':30.006m | | | | 钢尺检定时拉力:100N | | | |

尺段编号	实测次数	前尺读数/m	后尺读数/m	尺段长度/m	温度/℃	高差/m	温度改正数/mm	倾斜改正数/mm	尺长改正数/mm	改正后尺段长/m
6~B	1	10.8345	0.0630	10.7715	+25.5	+0.48	+0.7	−10.7	+2.2	10.7634
	2	580	880	700						
	3	705	985	720						
	平均			10.7712						
总 和				186.8461			+14.3	−20.9	+37.4	186.8769

4.4.2 成果整理

外业测量完成后,应对这些数据进行整理,将每一尺段丈量结果经过尺长改正、温度改正和倾斜改正化算成水平距离,并求总和,得到直线的全长。计算时取位至 0.1mm。往、返测结果符合精度要求后,取往、返测平均值作为最后成果。

(1) 尺长改正

设钢尺在标准温度、标准拉力下的检定长度为 l',钢尺的名义长度为 l_0,两者之差 $\Delta l = l' - l_0$ 为整尺段的尺长改正数。则每尺段的尺长改正数为

$$\Delta L_l = \frac{\Delta l}{l_0} L \tag{4-6}$$

例如,表 4-1 中 $A\sim 1$ 段

$$\Delta l = l' - l_0 = 30.006 - 30 = 0.006 \text{ (m)}$$

$$\Delta L_l = \frac{0.006}{30} \times 29.5108 = 0.0059 \text{ (m)} = 5.9 \text{ (mm)}$$

(2) 温度改正

设钢尺检定时的温度为标准温度 t_0,丈量时的温度为 t,钢尺的膨胀系数为 α ($\alpha = 1.25 \times 10^{-5}$),则温度改正数为

$$\Delta L_t = \alpha(t - t_0)L \tag{4-7}$$

例如,表 4-1 中 $A\sim 1$ 段

$$\Delta L_t = 0.000012 \times (26.5 - 20) \times 29.5108 = +2.3 \text{ (mm)}$$

(3) 倾斜改正

设尺段两端点的高差为 h,则倾斜改正数为

$$\Delta L_h = -\frac{h^2}{2L} \tag{4-8}$$

例如,表 4-1 中 $A\sim 1$ 段

$$\Delta L_h = -\frac{0.28^2}{2 \times 29.5108} = -0.0013 \text{ (m)} = -1.3 \text{ (mm)}$$

(4) 尺段水平距离

$$D = L + \Delta L_l + \Delta L_t + \Delta L_h \tag{4-9}$$

例如,表 4-1 中 $A\sim 1$ 段

$$D = 29.5108 + 0.0059 + 0.0023 - 0.0013 = 29.5177 \text{ (m)}$$

(5) 计算尺段全长

将各尺段改正后的水平距离相加即得到尺段全长。

(6) 计算丈量结果

利用往、返测的全长 $D_{往}$、$D_{返}$ 按式(4-2) 计算相对误差为

$$K = \frac{|D_{往} - D_{返}|}{D_{平均}} = \frac{1}{D_{平均}/|D_{往} - D_{返}|}$$

例如，表 4-1 中，往测总和 $D_{往} = 186.8769\mathrm{m}$，设 $D_{返} = 186.8812\mathrm{m}$，则

$$D_{平均} = \frac{186.8769 + 186.8812}{2} = 186.8790 \text{（m）}$$

$$K = \frac{|186.8769 - 186.8812|}{186.8790} = \frac{1}{43500}$$

相对误差满足精度要求，则往、返测平均值即为最后的丈量结果。

4.5 直线定向

确定地面上两点的相对位置时，仅知道两点之间的水平距离还不够，通常还必须确定此直线与标准方向之间的水平夹角。测量上把确定直线与标准方向之间的角度关系称为直线定向。

4.5.1 标准方向

(1) 真子午线方向

过地球南北极的平面与地球表面的交线叫真子午线。通过地球表面某点的真子午线的切线方向，称为该点的真子午线方向。指向北方的一端叫真北方向，如图 4-9 所示。真子午线方向是用天文测量方法确定的。

(2) 磁子午线方向

磁子午线方向是磁针在地球磁场的作用下，自由静止时磁针轴线所指的方向，指向北端的方向称为磁北方向，如图 4-9 所示，可用罗盘仪测定。

(3) 坐标纵轴方向

在平面直角坐标系中，是以测区中心某点的真子午线方向或磁子午线方向作为坐标纵轴方向，指向北方的一端称为轴北或坐标北，即为 X 轴方向，如图 4-9 所示。

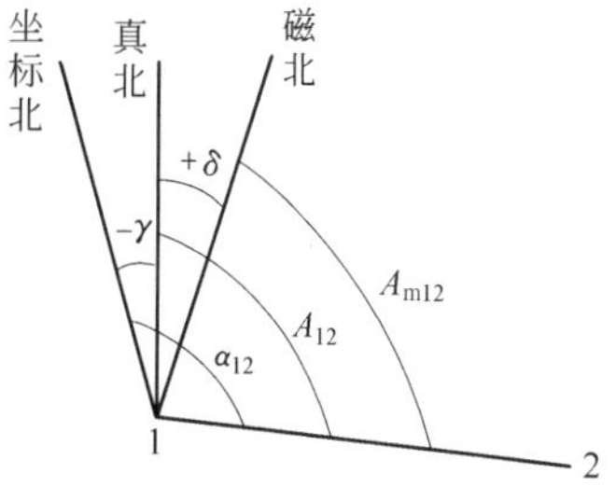

4.5.2 方位角

由标准方向北端起，顺时针方向量至某直线的夹角称为该直线的方位角。方位角取值范围是 $0° \sim 360°$。

图 4-9 三种方位角之间的关系

(1) 方位角的种类

根据标准方向不同有三种：若标准方向为真子午线方向，则其方位角称为真方位角，用 A 表示；若标准方向为磁子午线方向，则其方位角称为磁方位角，用 A_m 表示；若标准方向是坐标北，则称其为坐标方位角，用 α 表示。

测量工作中，一般采用坐标方位角表示直线的方向，并将坐标方位角简称为方位角。

(2) 三种方位角之间的关系

由于地球的南北两极与地球的南北两磁极不重合，所以地面上同一点的真子午线方向与磁子午线方向是不一致的，两者之间的夹角称为磁偏角，用 δ 表示；过同一点的真子午线方向与坐标纵轴方向的夹角称为子午线收敛角，用 γ 表示。磁子午线北端和坐标纵轴方向偏于真子午线以东叫东偏，δ、γ 为正；偏于西侧叫西偏，δ、γ 为负。不同点的 δ、γ 值一般

是不相同的。

由图 4-9 可知，直线的三种方位角之间的关系如下，即

$$A = A_m + \delta \tag{4-10}$$
$$A = \alpha + \gamma \tag{4-11}$$
$$\alpha = A_m + \delta - \gamma \tag{4-12}$$

4.5.3 正、反坐标方位角

如图 4-10 所示，1、2 是直线的两个端点，1 为起点，2 为终点。过这两个端点可分别作坐标纵轴的平行线，把图中 α_{12} 称为直线 12 的正坐标方位角；把 α_{21} 称为直线 12 的反坐标方位角。同理，若 2 为起点，1 为终点，则把图中 α_{21} 称为直线 21 的正坐标方位角；把 α_{12} 称为直线 21 的反坐标方位角。显然，正反方位角相差 180°，图 4-10 中 $\alpha_{21} = \alpha_{12} + 180°$，即

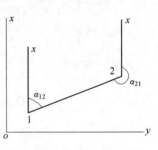

图 4-10 正、反坐标方位角

$$\alpha_\text{正} = \alpha_\text{反} + 180° \tag{4-13}$$

4.5.4 坐标方位角的推算

实际测量工作中，并不是直接确定各边的坐标方位角，而是通过与已知坐标方位角的直线连测，并测量出各边之间的水平夹角，然后根据已知直线的坐标方位角，推算出各边的方位角值。

如图 4-11 所示，1、2 为已知的起始边，它的坐标方位角已知为 α_{12}，观测了水平角 β_2、β_3。则从图中可以看出

$$\alpha_{23} = \alpha_{21} - \beta_2 = \alpha_{12} + 180° - \beta_2$$
$$\alpha_{34} = \alpha_{32} + \beta_3 = \alpha_{23} + 180° + \beta_3$$

由于 β_2 在推算路线前进方向的右侧，则称其为右角；β_3 在左侧，则称其为左角。经过归纳可得出坐标方位角推算的一般公式为

$$\alpha_\text{前} = \alpha_\text{后} + 180° \pm \beta_\text{右}^\text{左} \tag{4-14}$$

在计算中，β 为左角取加号，右角取减号；如果 $\alpha_\text{前} > 360°$，应减去 360°；如果 $\alpha_\text{后} + 180° < \beta_\text{右}$，应先加 360°再减 $\beta_\text{右}$。

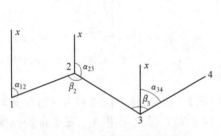

图 4-11 坐标方位角的推算

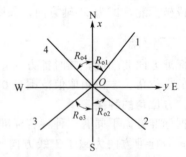

图 4-12 坐标象限角

4.5.5 象限角

从坐标纵轴的北端或南端顺时针或逆时针起转至直线的锐角称为坐标象限角，用 R 表示，其角值变化从 0°～90°，如图 4-12 所示。为了表示直线的方向，应分别注明北偏东、北偏西或南偏东、南偏西。如北东 85°，南西 47°等。显然，如果知道了直线的方位角，就可以换算出它的象限角，反之，知道了象限也就可以推算出方位角。

坐标方位角与象限角之间的换算关系，见表 4-2。

表 4-2　坐标方位角与象限角的换算关系

直线方向	象限	象限角与方位角的关系	直线方向	象限	象限角与方位角的关系
北东	I	$\alpha=R$	南西	III	$\alpha=180°+R$
南东	II	$\alpha=180°-R$	北西	IV	$\alpha=360°-R$

4.6　全站仪的构造及使用

全站仪，即全站型电子测距仪（Electronic Total Station），是集水平角、垂直角、距离（斜距、平距）、高差测量和数据存储单元等组成的三维坐标测量系统，测量结果自动显示，并能与外围设备交换信息的多功能测量仪器。由于全站型电子速测仪实现了测量和处理过程的电子化和一体化，所以通常称之为全站型电子速测仪或称全站仪。

全站仪采用电磁波测距。它是以电磁波作为载波，传输光信号来测量距离的一种方法。它的基本原理是利用仪器发出的光波（光速 c 已知），通过测定出光波在测线两端点间往返传播的时间 t 来测量距离 S，即

$$S=\frac{1}{2}ct$$

式中，乘以 1/2 是因为光波经历了两倍的路程。

4.6.1　全站仪构造

（1）全站仪组成

电子全站仪主要由电源部分、测角系统、测距系统、数据处理部分、通信接口、显示屏及键盘等组成。

① 采集数据的专用设备主要有电子测角系统、电子测距系统、数据存储系统及自动补偿设备等。

② 过程控制机包括与测量数据相连接的外围设备及进行计算、产生指令的微处理机。它主要用于有序地实现每一专用设备的功能。

（2）全站仪的分类

全站仪根据系统组合不同分为组合式和整体式两类。

① 组合式　也称积木式，它是指电子经纬仪和测距仪既可以分离也可以组合。用户可以根据实际工作的要求，选择测角、测距设备进行组合。

② 整体式　也称集成式，它是指将电子经纬仪和测距仪集成为一个整体，共用一个望远镜，外壳内还装有包括数据储存器和微处理器在内的电子器（组）件。这类仪器使用非常方便，一次瞄准就能同时测出方向和距离，其结果自动显示和记录，避免了人为读数差错。精度好、效率高，几乎是同时获得平距、高差和点的坐标。

20 世纪 90 年代以来，全站仪基本上都发展为集成式全站仪。随着计算机技术和电子技术不断发展，全站仪不尽满足了不同用户的特殊要求，而且伴随在其他工业技术应用的同时，使之进入一个新的发展时期，其在各项测绘工作中发挥着越来越大的作用。

（3）全站仪各部件名称及其功能

① 部件名称（图 4-13）

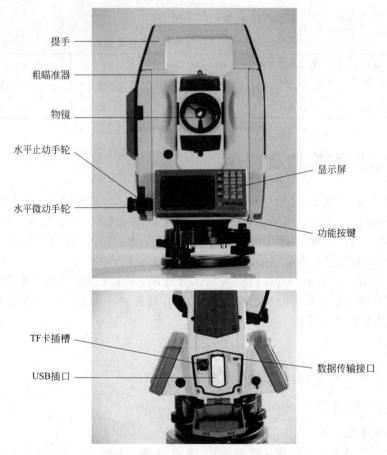

图 4-13　ATS-320 海星达全站仪

② 键盘功能（图 4-14）

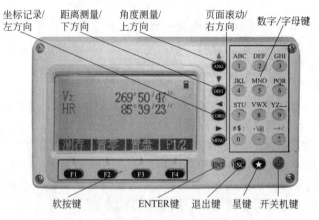

图 4-14　ATS-320 海星达全站仪键盘功能信息

表 4-3 为 ATS-320 海星达全站仪各功能介绍。角度测量采用绝对编码数字角度测量系统，角度显示最小读数为 $1''$，测角精度 $2''$。测距精度为 $\pm(2mm+2ppm)$❶，最小读数

---

❶　ppm 为非法定计量单位，1ppm=1mm/km=10^{-6}，即测量 1km 的距离有 1mm 的比例误差。

1mm，测量时间 2.4s。

表 4-3　ATS-320 海星达全站仪键盘符号信息

按键	名称	功　能
ANG	角度测量	基本测量功能中进入角度测量模式,在其他模式下,光标上移或向上选取选择项
DIST	距离测量	基本测量功能中进入距离测量模式,在其他模式下,光标下移或向下选取选择项
CORD	坐标测量	基本测量功能中进入坐标测量模式,其他模式中,光标左移、向前翻页或辅助字符输入
MENU	菜单键	基本测量功能中进入菜单模式,其他模式中,光标右移、向后翻页或辅助字符输入
ENT	回车键	接受并保存对话框的数据输入并结束对话,在基本测量模式下具有打开关闭直角蜂鸣的功能
ESC	退出键	结束对话框,但不保存其输入
开关键	电源开关	控制电源的开/关
F1~F4	软键	显示屏最下一行与这些键正对的反转显示字符指明了这些按键的含义
0~9	数字键	输入数字和字母或选取菜单项
·~-	符号键	输入符号、小数点、正负号
★	星键	用于仪器若干常用功能的操作,凡有测距的界面,星键都进入显示对比度、夜照明、补偿器开关、测距参数和文件选择对话框

4.6.2　全站仪的认识与使用

(1) 安置仪器

将仪器安装在三脚架上，精确整平和对中，以保证测量成果的精度（应使用专用的中心连接螺旋的三脚架）。仪器安置具体步骤参照经纬仪的使用。

(2) 测量准备

① 开/关机　按住电源开关键（蜂鸣器会保持蜂鸣），直到显示屏出现开机界面则放开电源开关键。自检完毕，并自动进入角度测量模式（见角度测量模式界面）。单击电源开关键，则弹出关机对话框，按［ENT］键即关闭仪器电源。

② 参数设置　海星达电子全站仪开机后需检查各项参数设置是否正确。其主要参数包括以下几项：指标差改正、校正误差、仪器乘常数和加常数。其中，加常数包括仪器加常数和棱镜加常数。在实际应用中，棱镜加常数为定值，一般分为两种，通常所用的国产棱镜为－30mm，而进口棱镜为 0mm，应检查仪器该参数设置是否正确。需要特别指出，仪器本身的各项参数改正过程要在教师指导下完成，切勿擅自修改，以免影响仪器精度。

(3) 全站仪测量功能介绍

① 角度测量模式　开机后仪器自动进入角度测量模式，或在基本测量模式下用"ANG"键进入角度测量模式，角度测量共二个界面 P1/P2，用［F4］在两个界面中切换（图 4-15），两个界面中的功能分别是第一个界面：测存、置零、置盘；第二个界面：锁定、右/左、竖角。

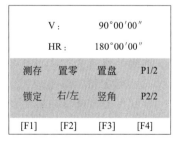

图 4-15　角度测量模式

置零：将水平角设置为 0。按［F2］键，系统询问"确认［置零］?"，"ENT"键置零，"ESC"退出置零操作。置盘：将水平角设置成需要的角度。按［F3］键，进入设置水平角输入对话框，进行水平角的设置。在度分秒显示模式下，如需输入 123°45′56″，只需在输入框中输入 123.4556 即可。右/左：按［F2］键，使水平角显示状态在 HR 和 HL 状态之间切换，HR：表示右角模式，照准部顺时针旋转时水平角增大；HL：表示左角模式，照准部顺时针旋转时水平角减小。一般角度测量采用右角模式进行。

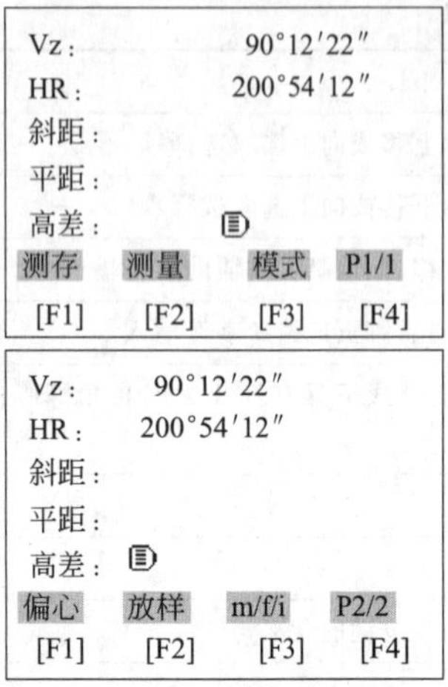

② 距离测量模式 按"DIST"键进入距离测量模式，距离测量共两个界面，用[F4]在两个界面中切换（图4-16），两个界面中的功能分别是第一个界面：测存、测量、模式、P1/1；第二个界面：偏心、放样、m/f/i、P2/2。

距离测量界面显示为斜距、平距、高差。测距工作模式有三种分别是：单次、多次、连续跟踪，可使用功能键[F3]进行选择。在距离测量中，所用目标有三种情况，分别是："▣"表示目标为棱镜模式，"▢"表示免棱镜模式，"▦"表示反光板。

③ 坐标测量模式 坐标测量共三个界面，用[F4]在三个界面中切换（图4-17），三个界面中的功能分别是第一个界面：测存、测量、模式、P1/3；第二个界面：设置、后视、测站、P2/3；第三个界面：偏心、放样、置角、P3/3。

图 4-16 距离测量模式

坐标测量过程如下：进入坐标测量模式，在第二界面中，首先按[F1]键进入仪器高和目标高的输入，输入完成后以"ENT"表示接收输入，"ESC"退出输入界面，表示不接受本次输入，通常想查看仪器高和目标高时，也使用此方式。在通过[F3]进入测站，输入仪器点位坐标，完成设站。按[F2]键后，进入后视（点）坐标的输入对话框，输入后视点的坐标是为了建立地面坐标与仪器坐标之间的联系，设置后视点之后，要求瞄准目标点，确认后，仪器计算出后视点方位角，并将仪器的水平角显示成后视点方位角，由此建立仪器坐标与大地坐标的联系。然后进行后视坐标的输入并定向，定向时请精确瞄准目标。需指出，不同型号全站仪坐标测量设置有所不同，请在教师指导下完成。

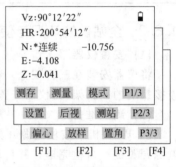

图 4-17 坐标测量页面显示

小 结

（1）直线定线

在直线方向上标定若干个分段点，并竖立标杆或测钎以标明方向，这项工作称为直线定线。直线定线通常可采用目估定线和经纬仪定线两种方法。

（2）丈量相对误差

把往返丈量所得距离的差数除以该距离的平均值，称为丈量的相对误差。即

$$K=\frac{|D_{往}-D_{返}|}{D_{平均}}=\frac{1}{D_{平均}/|D_{往}-D_{返}|}$$

（3）尺长方程式

将钢尺在标准拉力下的实际长度随温度而变化的函数式，称为钢尺的尺长方程式。即

$$l_t=l_0+\Delta l+l_0\alpha(t-t_0)$$

(4) 直线定向

确定直线与标准方向之间的角度关系叫直线定向。

(5) 方位角

由标准方向北端起，顺时针方向量至某直线的夹角称为该直线的方位角。

(6) 磁偏角

地面上同一点的真子午线方向与磁子午线方向之间的夹角称为磁偏角，用 δ 表示。

(7) 收敛角

过同一点的真子午线方向与坐标纵轴方向的夹角称为子午线收敛角，用 γ 表示。

(8) 正、反坐标方位角的关系

$$\alpha_{正}=\alpha_{反}\pm 180°$$

(9) 坐标方位角的推算

$$\alpha_{前}=\alpha_{后}\pm 180°\pm\beta_{右}^{左}$$

(10) 象限角

从坐标纵轴的北端或南端顺时针或逆时针起转至直线的锐角称为坐标象限角。

(11) 钢尺量距的一般方法

操 作	计 算
(1) 在 A、B 端点桩后竖立标杆 (2) 前尺手位于直线距 A 点约一整尺段处，由后尺手于 A 点指挥将钢尺定在 AB 线上 (3) 后尺手将尺的零点对准起点 A (4) 前尺手用测钎或垂球将尺的末端投于地上 (5) 同法丈量，直至丈量出余长 q 到达 B 点，往测结束后同法由 B 至 A 进行返测	(1) 全长 $D=nl+q$ $D_{AB}=\dfrac{1}{2}(D_{往}+D_{返})$ (2) 相对误差 $K=\dfrac{\|D_{往}-D_{返}\|}{D_{平均}}=\dfrac{1}{D_{平均}/\|D_{往}-D_{返}\|}$

(12) 钢尺检定

用检定过的钢尺作为标准尺来进行检定的方法。

ⅰ. 先利用比长测定两尺长的差值 Δ，检定尺长于标准尺，Δ 取正，反之取负。

ⅱ. 按 $L_{t检}=L_{t标}+\Delta$ 计算检定尺的尺长方程式。

(13) 钢尺量距的精密方法

操 作	成 果 整 理
(1) 经纬仪定线 (2) 测定桩顶高差 用水准仪双面尺法或往返观测，两次高差之差不超过 10mm 时取平均值为观测结果 (3) 尺段量长 用弹簧秤，施加标准拉力，前后同时读数，估读至 0.5mm，每尺段量长三次，每次应移动钢尺位置 2~3cm，三次丈量尺段之间的较差不应超过 2mm，取三次结果平均值为最后成果。每段测一次温度，估读至 0.5℃ (4) 按上述操作程序测定其他尺段，直至 B 点，然后返测至 A 点为止	(1) 三项改正数计算 尺长改正 $\Delta L_l=\dfrac{\Delta l}{l_0}L$ 温度改正 $\Delta L_t=\alpha(t-t_0)L$ 倾斜改正 $\Delta L_h=-\dfrac{h^2}{2L}$ (2) 尺段水平距离 $D=L+\Delta L_l+\Delta L_t+\Delta L_h$ (3) 计算尺段全长 将各尺段改正后的水平距离相加即得到尺段全长 (4) 计算丈量结果 利用往、返测的全长 $D_{往}$、$D_{返}$ 计算相对误差 $K=\dfrac{\|D_{往}-D_{返}\|}{D_{平均}}=\dfrac{1}{D_{平均}/\|D_{往}-D_{返}\|}$ 如果相对误差满足精度要求，则取往、返测平均值作为最后的丈量结果

(14) 三种方位角

名 称	定 义	标 准 方 向		换算公式
		名称	定 义	
真方位角 A	由真北方向起算,顺时针方向至直线的水平夹角,角值范围 0°~360°	真北	通过地球表面某点的真子午线的切线方向	$A = A_m + \delta$ $A = \alpha + \gamma$ $\alpha = A_m + \delta - \gamma$
磁方位角 A_m	由磁北方向起算,顺时针方向至直线的水平夹角,角值范围 0°~360°	磁北	磁针自由静止时磁针轴线北端所指的方向	
坐标方位角 α	由轴北方向起算,顺时针至直线的水平夹角,角值范围 0°~360°	轴北	坐标纵轴的北端方向	

(15) 坐标方位角与象限角之间的换算关系

象 限	方位角与象限角的关系
Ⅰ	$\alpha = R$
Ⅱ	$\alpha = 180° - R$
Ⅲ	$\alpha = 180° + R$
Ⅳ	$\alpha = 360° - R$

思考题

1. 什么叫直线定线、直线定向?直线定线有哪几种方法?
2. 方位角有哪几种?如何确定的?其标准方向是什么?什么叫磁偏角、收敛角?几种方位角之间的换算关系是什么?
3. 象限角与方位角的关系是什么?坐标方位角在什么情况下需要加减 360°?
4. 什么叫钢尺的名义长度、实际长度?尺长方程式如何表示?如何利用标准尺进行钢尺检定?
5. 简述钢尺普通量距与精密量距的异同点。

习 题

1. 在平坦的地面上,用钢尺丈量两段距离,第一段往测值为 172.412m,返测值为 172.423m;第二段往测值为 425.168m、返测值为 465.190m。试比较哪一段精度高?丈量结果是否合格?

2. 有一标准尺的尺长方程式为 $l_{t标} = 30\text{m} - 0.006\text{m} + 1.25 \times 10^{-5} \times 30 (t - 20℃)\text{m}$,将一根 30m 的钢尺与其比较,发现比标准尺长了 11mm,钢尺比较时的温度为 25℃,求此钢尺的尺长方程式。

3. 有一长 30m 的钢尺,它在拉力 100N、温度 20℃、高差为零时的检定长度为 30.008m。现用该尺丈量了两个尺段的距离,所用拉力为 100N,丈量结果见下表,试进行尺长、温度及倾斜改正,并求出各测段的实际长度。

尺 段	尺段长度/m	温度/℃	高差/m
AB	29.862	27.5	0.37
BC	17.418	28.0	0.43

4. 已知 A 点的子午线收敛角为 4′,该点的磁偏角为 -18′,AB 直线的坐标方位角为 115°27′,求 AB 直线的真方位角和磁方位角,并绘图示之。

5. 如图 4-18 所示,已知 $\alpha_{12}=67°$,$\beta_2=135°$,$\beta_3=227°$。求直线 23、34 的坐标方位角和象限角。

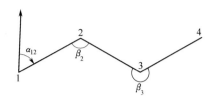

图 4-18 习题 5 附图

5 点的坐标计算

> **导读**
>
> 控制测量就是确定控制点位置的工作。根据范围大小建立的控制网分为国家控制网、城市及工程控制网和小地区控制网三种。在测量的计算工作中,根据某直线的方位角、水平距离和一个端点的坐标,计算直线另一端点的坐标的工作称为坐标正算。而根据直线两个端点的坐标要求计算直线的方位角和水平距离的工作称为坐标反算。在建筑工程测量计算中,还常用到建筑坐标系与测量坐标系之间的坐标换算工作。

5.1 控制测量概述

为了限制测量误差的累积,确保区域测量成果的精度分布均匀,并加快测量工作进度,测量工作应按照"从整体到局部,先控制后碎部"这样的程序开展。即在一个大范围内从事测量工作,首先应从整体出发,在区域内选择少数有控制意义的点,组成整体控制网,用高精度的仪器、精密的测量方法,求出各控制点的位置,这项工作称为控制测量。控制点的位置确定以后,再以各控制点为基准,确定其周围各碎部点的位置,这项工作称为碎部测量。

控制网分为平面控制网和高程控制网。测定控制点平面位置的工作,称为平面控制测量。测定控制点高程的工作,称为高程控制测量。根据其范围大小和功能不同,测量控制网分为国家控制网、城市控制网和小地区控制网。

国家控制网是在全国范围内建立的控制网,它统一全国范围内的坐标系统和高程系统,并为各种工程测量提供控制依据。国家控制网按精度由高到低分为一、二、三、四共四个等级。它的低级点受高级点控制。一等精度最高,是国家控制网的骨干,二等精度次之,它是国家控制网的全面基础。三、四等是在二等控制网下的进一步加密。

国家平面控制网如图 5-1 所示,主要布设成三角网。即

图 5-1 国家平面控制网

—— 一等三角锁
—— 二等三角网
—— 三等三角网
Y 三、四等插点

将相邻的控制点组成互相连接的三角形。这些组成三角形的控制点称为三角点。通过在三角点上设置测量标志，精密测量起始边的方位角，精密丈量三角网中一条或几条边的边长，并测出所有三角形的水平角，经过计算，求出各三角形的边长，最后根据其中一点的已知坐标和一边的已知方位角，进而推算出各三角点的坐标。

国家高程控制网如图 5-2 所示，主要采用水准测量的方法来建立。各等水准测量经过的路线称为水准路线。国家高程控制网除布设成水准网，还包括闭合环线和附合水准路线。

城市控制网是为城市规划、建筑设计及施工放样等目的而建立的测量控制网。根据城市的大小，它可以在国家基本控制网的基础上进行加密。若国家控制网不能满足其要求，也可以建立单独的控制网，具体做法见《城市测量规范》相关部分内容。

小地区控制网主要指面积在 15 平方公里以内的小范围，为大比例尺测图和工程建设而建立的控制网。小地区控制网应尽可能与国家控制网中的高级控制点进行连测，将国家控制点的坐标和高程作为小地区控制网的起算和校核数据。若与国家控制网进行连测有困难，也可以在测区内建立独立的控制网。

小地区平面控制网可以采用三角测量的方法建立，也可以采用导线测量的方法建立。所谓导线，就是将相邻控制点用直线连接而构成的折线图形。构成导线的控制点称为导线点。相邻导线点的边长称为导线边。相邻导线边之间的水平角称为转折角。导线测量就是通过测定导线边的边长和各转折角，根据已知数据，推算出各导线边的坐标方位角，从而求出各导线点的坐标。

图 5-2 国家高程控制网
══ 一等水准路线
── 二等水准路线
── 三等水准路线
---- 四等水准路线

小地区平面控制网应根据测区面积的大小按精度要求分级建立。在测区范围内建立统一的精度最高的控制网，称为首级控制网。直接为测图建立的控制网，称为图根控制网。图根控制网中的控制点称为图根控制点，简称图根点。

小地区高程控制网可以采用水准测量的方法建立，也可以采用三角高程测量的方法建立。水准测量适用于地势平坦的城市建筑区，三角高程测量主要适用于地面高差起伏较大的山区和丘陵地区。

各种等级的高程控制点和平面控制点都埋设有固定的标石，它们的点名、坐标、高程可向各有关城建或测绘部门查得。

5.2 坐标正算

坐标正算，就是根据直线的边长、坐标方位角和一个端点的坐标，计算直线另一个端点的坐标的工作。如图 5-3 所示，设直线 AB 的边长 D_{AB} 和一个端点 A 的坐标 x_A、y_A 为已知，则直线另一个端点 B 的坐标为

$$x_B = x_A + \Delta x_{AB} \tag{5-1}$$
$$y_B = y_A + \Delta y_{AB} \tag{5-2}$$

式中　Δx_{AB}、Δy_{AB}——坐标增量，也就是直线两端点 A、B 的坐标值之差。

由图 5-3 中，根据三角函数，可写出坐标增量的计算公式为

$$\Delta x_{AB} = D_{AB} \cos \alpha_{AB} \tag{5-3}$$
$$\Delta y_{AB} = D_{AB} \sin \alpha_{AB} \tag{5-4}$$

式中，Δx_{AB}、Δy_{AB} 的符号取决于方位角 α 所在的象限。

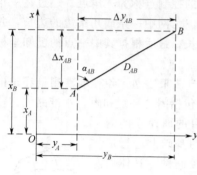

图 5-3 坐标正、反算

【例 5-1】 已知直线 $B1$ 的边长为 125.36m，坐标方位角为 $211°07'53''$，其中一个端点 B 的坐标为 (1536.86, 837.54)，求直线另一个端点 1 的坐标 (x_1, y_1)。

解 先代入式(5-3)、式(5-4)，求出直线 $B1$ 的坐标增量，即

$$\Delta x_{B1} = D_{B1}\cos\alpha_{B1} = 125.36\cos 211°07'53''$$
$$= -107.31 \text{ (m)}$$
$$\Delta y_{B1} = D_{B1}\sin\alpha_{B1} = 125.36\sin 211°07'53''$$
$$= -64.81 \text{ (m)}$$

然后代入式(5-1)、式(5-2)，求出直线另一端点 1 的坐标

$$x_1 = x_B + \Delta x_{B1} = 1536.86 - 107.31 = 1429.55 \text{ (m)}$$
$$y_1 = y_B + \Delta y_{B1} = 837.54 - 64.81 = 772.73 \text{ (m)}$$

坐标增量计算也常使用小型计算器计算，而且非常简单。如使用 fx140 等类型的计算器，可使用功能转换键 $\boxed{\text{INV}}$ 和极坐标与直角坐标换算键 $\boxed{\text{P→R}}$ 以及 $\boxed{\text{x⟷y}}$ 键。按键顺序为：

D $\boxed{\text{INV}}$ $\boxed{\text{P→R}}$ α $\boxed{=}$ 显示 Δx $\boxed{\text{x⟷y}}$ 显示 Δy。

如上例，按 125.36 $\boxed{\text{INV}}$ $\boxed{\text{P→R}}$ $211°07'53''$ $\boxed{=}$ 显示 -107.31 (Δx_{B1})；按 $\boxed{\text{x⟷y}}$ 显示 -64.81 (Δy_{B1})。

5.3 坐标反算

坐标反算，就是根据直线两个端点的已知坐标，计算直线的边长和坐标方位角的工作。如图 5-3 所示，若 A、B 为两已知点，其坐标分别为 (x_A, y_A) 和 (x_B, y_B)，根据三角函数，可以得出直线的边长和坐标方位角计算公式，即

$$\tan\alpha = \frac{\Delta y_{AB}}{\Delta x_{AB}} = \frac{y_B - y_A}{x_B - x_A}$$

则

$$\alpha_{AB} = \tan^{-1}\frac{\Delta y_{AB}}{\Delta x_{AB}} = \tan^{-1}\frac{y_B - y_A}{x_B - x_A} \tag{5-5}$$

$$D_{AB} = \frac{\Delta y_{AB}}{\sin\alpha_{AB}} = \frac{\Delta x_{AB}}{\cos\alpha_{AB}}$$

或

$$D_{AB} = \sqrt{\Delta x^2 + \Delta y^2} \tag{5-6}$$

应当注意，按式(5-5)用计算器计算时显示的反正切函数值在 $-90°\sim +90°$ 之间，而坐标方位角范围是 $0°\sim 360°$，所以按式(5-5)反算方位角时，要根据 Δx、Δy 的正负符号确定直线 AB 所在的象限，从而得出正确的坐标方位角。如使用 fx140 等类型的计算器，可使用功能转换键 $\boxed{\text{INV}}$ 和极坐标与直角坐标换算键 $\boxed{\text{P→R}}$ 以及 $\boxed{\text{x⟷y}}$ 键直接计算求得方位角。按键顺序为：

Δx $\boxed{\text{INV}}$ $\boxed{\text{R→P}}$ Δy $\boxed{=}$ 显示 D $\boxed{\text{x⟷y}}$ 显示 α。

【例 5-2】 已知 B 点坐标为 (1536.86, 837.54)，A 点坐标为 (1429.55, 772.73)，求距离 D_{BA} 和坐标方位角 α_{BA}。

解 先计算出坐标增量，即

$\Delta x_{BA} = 1429.55 - 1536.86 = -107.31$
$\Delta y_{BA} = 772.73 - 837.54 = -64.81$

直接用计算器计算：

按 -107.31 |INV| |P→R| -64.81 |=| 显示 125.36（距离 D_{BA}）；按 |x↔y| 显示 $211°07'48''$（坐标方位角 α_{BA}）。

5.4 建筑坐标和测量坐标的换算

为了工作上的方便，在建筑工程设计总平面图上，通常采用施工坐标系（即假定坐标系）来求算建筑方格网的坐标，以便使所有建（构）筑物的设计坐标均为正值，且坐标纵轴和横轴与主要建筑物或主要管线的轴线平行或垂直。为了在建筑场地测设出建筑方格网点的位置及所有设计的建（构）筑物的施工坐标系坐标，在测设之前，还必须将建筑方格网点和设计建（构）筑物的施工坐标系坐标换算成测量坐标系坐标。

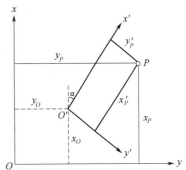

图 5-4 建筑坐标与测量坐标的换算

如图 5-4 所示，坐标换算的要素 x_O、y_O、α 一般由设计单位给出。

设 x_P、y_P 为 P 点在测量坐标系 xOy 中的坐标，x'_P、y'_P 为 P 点在施工坐标系 $x'O'y'$ 中的坐标，则将施工坐标换算成测量坐标的计算公式为

$$x_P = x_O + x'_P \cos\alpha - y'_P \sin\alpha$$
$$y_P = y_O + x'_P \sin\alpha + y'_P \cos\alpha \tag{5-7}$$

反之，将测量坐标换算成施工坐标的计算公式为

$$x'_P = (x_P - x_O)\cos\alpha + (y_P - y_O)\sin\alpha$$
$$y'_P = -(x_P - x_O)\sin\alpha + (y_P - y_O)\cos\alpha \tag{5-8}$$

5.5 小地区控制点加密的基本方法

在工程建设中，常常遇到在小范围内加密控制点的问题。小范围内加密平面控制点常采用导线和测角交会定点的形式，加密高程控制点多采用水准测量和三角高程测量的方法。

直接为测绘地形图提供的控制点，称为图根控制点。测定图根控制点位置的工作，称为图根控制测量。

5.5.1 平面控制测量

(1) 导线的外业测量工作

山区、丘陵地区的图根控制网多采用三角锁或测角交会点的形式，而对于城市建筑区多采用导线的形式。

① 导线的概念 将测区内相邻控制点先连成直线，再连成折线的图形，被称为导线。导线上的各控制点称为导线点。相邻控制点之间的边称为导线边。相邻导线边之间的水平角称为转折角。导线测量就是通过测定导线的边长和转折角，根据已知数据计算出各导线点的坐标。

② 导线的布设形式 为了检核导线的外业测量成果，导线通常布设成闭合、附合和支线三种形式。

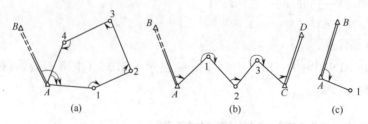

图 5-5 导线的布设形式

如图 5-5(a) 所示，导线从已知控制点 A 和已知方向 BA 出发，经过 1、2、3、4 点，最后仍回到起点 A，形成一闭合多边形，这样的导线称为闭合导线；如图 5-5(b) 所示，导线从已知控制点 A 和已知方向 BA 出发，经过 1、2、3 点，最后附合到另一已知控制点 C 和已知方向 CD，这样的导线称为附合导线；如图 5-5(c) 所示，若导线由一已知点 A 出发，观测至点 1，既不附合到另一已知点，又不回到原起始点，这样的导线称为支导线。

③ 导线测量的等级与技术要求　由《工程测量规范》可知，导线测量按精度划分为一个个等级，各等级有自己的技术要求，见表 5-1。

表 5-1　导线测量的技术要求

等级	导线长度/km	平均边长/km	测角中误差/(″)	测回数 DJ2	测回数 DJ6	方位角闭合差/(″)	相对闭合差
一级	4	0.5	5	2	4	$\pm 10\sqrt{n}$	$\leqslant 1/15000$
二级	2.4	0.25	8	1	3	$\pm 16\sqrt{n}$	$\leqslant 1/10000$
三级	1.2	0.1	12	1	2	$\pm 24\sqrt{n}$	$\leqslant 1/5000$
图根	$\leqslant 0.001M$	$\leqslant 1.5$ 测图最大视距	30(一般) 20(首级)	—	1	$\pm 60\sqrt{n}$ (一般) $\pm 40(\sqrt{n})$ (首级)	$\leqslant 1/2000$

注：M 为测图比例尺的分母，n 为测站数。

④ 导线选点与埋石　在确定导线的布设形式和点位之前，应收集测区已有的地形图和高一级控制点的成果资料，然后到现场踏勘，了解测区现状和已知控制点。根据已知控制点的分布、测区地形条件和测图要求等具体情况，在测区原有地形图上拟定导线的布设方案，最后到实地去核对、落实点位和埋设标志。选点时，应注意使相邻控制点之间通视良好，地势平坦，便于测角和量边；视野开阔，便于施测碎部；土质坚实，便于安放仪器和保存标志；各边长度大致相等，点位分布均匀，且密度足够。导线选定后，可根据保存期的长短，埋设临时标志或永久标志。

⑤ 测角与量边　导线的转折角使用经纬仪按测回法观测。若为闭合导线，则观测其内角。若为附合导线，应明确规定观测其左角或观测其右角，以防止差错。对于支导线，应分别观测左角和右角，以资检核。当导线需要与高级控制点联测时，必须测出连接角，以便将高级控制网的坐标方位角传递给低级控制网。若附近无高级控制网时，可假定起始点的坐标和起始边的方位角作为起始数据。

导线的边长可以用检定过的钢尺进行往返丈量，也可以用测距仪测量。

(2) 闭合导线的内业计算

导线的内业计算，就是根据起始点的坐标和起始边的坐标方位角，以及所观测的导线边长和转折角，计算各导线点的坐标。计算的目的除了求得各导线点的坐标外，还有就是检核导线外业测量成果的精度。计算之前，应全面检查导线测量的外业记录确认各项数据准确无误，再以此进行计算。计算的步骤如下。

① 填表　见表 5-2，由于导线计算数据繁多，为了清晰醒目，方便检查，一般规定，其

计算都在专用的表格上进行。计算之前,首先将示意图中各观测数据和已知数据填入相应表格之中。

② 角度闭合差的计算与调整 由几何原理得知,多边形内角和的理论值应为

$$\sum \beta_{理} = (n-2) \times 180°$$

因为测角有误差,所以测得的内角和 $\sum \beta_{测}$ 不等于理论上的内角和 $\sum \beta_{理}$,其差值称为角度闭合差,用 f_β 表示,即

$$f_\beta = \sum \beta_{测} - \sum \beta_{理} = \sum \beta_{测} - (n-2) \times 180° \tag{5-9}$$

角度闭合差 f_β 的大小,表明测角精度的高低,对于不同等级的导线,有不同的限差 ($f_{\beta允}$) 要求,图根导线角度闭合差的允许值为

$$f_{\beta允} = \pm 60'' \sqrt{n}$$

式中 n——多边形内角的个数。

当图根导线作为测区的首级控制网时,$f_{\beta允} = \pm 40'' \sqrt{n}$。这一步计算见表 5-2 中辅助计算栏,$f_\beta = -80''$,$f_{\beta允} = \pm 120''$。

若 $f_\beta \leqslant f_{\beta允}$,说明测角精度符合要求,可将闭合差按相反符号平均分配给各观测角,而得出改正角

$$\beta = \beta_{测} - f_{\beta/n} \tag{5-10}$$

按 ($-f_{\beta/n}$) 式计算的改正数,取位至秒,填入表格第 3 列。

当 $f_\beta > f_{\beta允}$ 时,则说明测角误差超限,应停止计算,重新检测角度。

③ 坐标方位角计算 如第 4 章所述,根据起始边的坐标方位角及改正角,用式(4-14)依次计算各边的坐标方位角,填入第 5 列。为了检核,最后应重新推算起始边的坐标方位角,它应与已知数值相等。否则,应重新推算。例如,

$$\alpha_{23} = \alpha_{12} + 180° + \beta_2 = 125°30'00'' + 180° + 107°48'43'' = 53°18'43''$$

表 5-2 闭合导线坐标计算

点号	观测角 /(° ′ ″)	改正数 /(″)	改正后角度 /(° ′ ″)	坐标方位角 /(° ′ ″)	距离 /m	坐标增量/m		改正后增量/m		坐标值/m		点号
						$\Delta x'$	$\Delta y'$	Δx	Δy	x	y	
1										535.00	535.00	1
				90 00 00	43.53	−1 0.00	−1 +43.53	−0.01	+43.52			
2	81 45 50	+20	81 46 10							534.99	578.52	2
				351 46 10	48.12	−2 +47.62	−1 −6.89	+47.60	−6.90			
3	101 56 40	+20	101 57 00							582.59	571.62	3
				273 43 10	37.49	−1 +2.43	0 −37.41	+2.42	−37.41			
4	85 21 50	+20	85 22 10							585.01	534.21	4
				179 05 20	50.00	−2 −49.99	−1 +0.80	−50.01	+0.79			
1	90 54 20	+20	90 54 40							535.00	535.00	1
				90 00 00								
2												2
总和	359 58 40	+80	360 00 00		179.14	+0.06	+0.03	0.00	0.00			
辅助计算	$\sum \beta_{测} = 359°58'40''$ $f_{\beta允} = \pm 60'' \times \sqrt{4} = \pm 120''$ $f_x = \sum \Delta x_{测} = +0.06$ $f_y = \sum \Delta y_{测} = +0.03$ $\sum \beta_{理} = 360°00'00''$ $f_\beta < f_{\beta允}$ 合格 $f = \sqrt{f_x^2 + f_y^2} = \pm 0.07$ m $K = \dfrac{f_D}{\sum D} = \dfrac{0.07}{179.14} = \dfrac{1}{2500}$ $K_允 = \dfrac{1}{2000}$ $K < K_允$ 合格 $f_\beta = -80''$											

④ 坐标增量的计算及闭合差调整　就是根据已经推算出的导线各边的坐标方位角和相应边的边长，按式(5-3)、式(5-4)计算各边的坐标增量。例如，导线边 23 的坐标增量为

$$\Delta x_{23} = D_{23} \cos\alpha_{23} = 48.12 \cos 351°46'10'' = +47.62\text{m}$$
$$\Delta y_{23} = D_{23} \sin\alpha_{23} = 48.12 \sin 351°46'10'' = -6.89\text{m}$$

同法可算得其他各导线边的坐标增量，填入表中第 7、8 两列。

由图 5-6 可以看出，闭合导线纵、横坐标增量的代数和的理论值应为零，即

$$\sum \Delta x_{理} = 0 \tag{5-11}$$
$$\sum \Delta y_{理} = 0 \tag{5-12}$$

实际上，由于量边的误差和角度闭合差调整后的残余误差，往往使 $\sum \Delta x_{理}$、$\sum \Delta y_{理}$ 不等于零，而产生纵坐标增量闭合差 f_x 和横坐标增量闭合差 f_y，即

$$f_x = \sum \Delta x_{测} \tag{5-13}$$
$$f_y = \sum \Delta y_{测} \tag{5-14}$$

式中，$f_x = \sum \Delta x_{测} = +0.06\text{m}$；$f_y = \sum \Delta y_{测} = +0.03\text{m}$。

由图 5-7 中明显看出，由于 f_x、f_y 的存在，使导线不能闭合，1—1′之长度 f 称为导线全长闭合差，可通过下式计算。

$$f = \sqrt{f_x^2 + f_y^2} \tag{5-15}$$

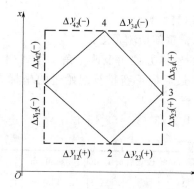
图 5-6　闭合导线纵、横坐标增量

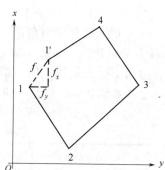
图 5-7　坐标增量闭合差的几何意义

仅以 f 值的大小还不能显示导线测量的精度，应当以 f 与导线全长 $\sum D$ 相比较，即以分子为 1 的分数来表示导线全长的相对闭合差 K，即

$$K = \frac{f}{\sum D} = \frac{1}{\dfrac{\sum D}{f}} \tag{5-16}$$

式中　　　　　　　　$K = 0.07/179.14 = 1/2500$

以相对闭合差 K 来衡量导线测量的精度，K 的分母越大，精度越高。不同等级的导线，其允许相对闭合差 $K_{允}$ 不一样，图根导线的 $K_{允}$ 为 1/2000。若 K 超过 $K_{允}$，则说明成果不合格，应首先检查内业计算有无错误，然后检查外业观测成果，必要时进行重测。

若 K 不超过 $K_{允}$，则说明符合精度要求，可以进行调整。即将 f_x、f_y 反符号，按边长成正比分配到相应边的纵、横坐标增量中去，从而得到改正后的纵、横坐标增量。

⑤ 计算各导线点的坐标　根据后一点的坐标及改正后的坐标增量，按下式即可推算出前一点的坐标。

$$x_{前} = x_{后} + \Delta x_{改} \tag{5-17}$$
$$y_{前} = y_{后} + \Delta y_{改} \tag{5-18}$$

最后，还应推算出起始点 1 的坐标，其值应与原有值相等，以作检核。

在导线的全部计算过程中，应坚持步步有检核的原则，前一步未检核合格，不能进行后一步计算工作。

(3) 附合导线的内业计算

附合导线的内业计算步骤与闭合导线相同，但是，由于两者形式不同，致使角度闭合差的计算与调整和坐标增量闭合差的计算稍有不同。现介绍不同点如下。

① 角度闭合差的计算与调整　设有附合导线如图 5-5 中所示，根据起始边已知坐标方位角 α_{BA} 及观测角 β_i，利用前面公式，可以连续算出 α_{A1}、α_{12}、$\cdots$、α'_{CD}（α'_{CD} 为终边 CD 坐标方位角之计算值）

$$\alpha_{A1} = \alpha_{BA} + 180° + \beta_A$$
$$\alpha_{12} = \alpha_{A1} + 180° + \beta_1$$
$$\alpha_{23} = \alpha_{12} + 180° + \beta_2$$
$$\alpha_{3C} = \alpha_{23} + 180° + \beta_3$$
$$(+)\alpha'_{CD} = \alpha_{4C} + 180° + \beta_C$$
$$\overline{\alpha'_{CD} = \alpha_{BA} + 5 \times 180° + \sum\beta_{测}}$$

计算终边坐标方位角的一般公式为

$$\alpha'_{终边} = \alpha_{始边} + n \times 180° + \sum\beta_{测} \tag{5-19}$$

式中　n——导线观测角个数。

角度闭合差的计算公式为

$$f_\beta = \alpha'_{终边} - \alpha_{终边} \tag{5-20}$$

f_β 的调整：当用左角计算 $\alpha'_{终边}$ 时，改正数与 f_β 反号；当用右角计算 $\alpha'_{终边}$ 时，改正数与 f_β 同号。

② 坐标增量闭合差的计算　按附合导线的要求，各边坐标增量代数和的理论值，应等于终、起两点的已知坐标值之差。因此，纵、横坐标增量闭合差可按下式计算。

$$f_x = \sum\Delta x_{测} - (x_{终} - x_{起}) \tag{5-21}$$
$$f_y = \sum\Delta y_{测} - (y_{终} - y_{起}) \tag{5-22}$$

(4) 测角交会点

交会法定点也是加密控制点的一种方法，适用于少量控制点的加密。交会定点包括前方交会、侧方交会、后方交会和边长交会等几种，采用测边交会和测角交会时，其交会角应在 30°~150°之间，施测技术要求与图根导线一致。这里仅介绍前方交会和后方交会两种方法。

① 前方交会　如图 5-8 所示，A、B 为地面上两已知点，分别在 A、B 点安置仪器，观测水平角 α 和 β，根据 A、B 点的已知坐标，可用下列公式直接用计算器求得未知点 P 的坐标。

$$x_p = (x_A\cot\beta + x_B\cot\alpha - y_A + y_B)/(\cot\alpha + \cot\beta) \tag{5-23}$$
$$y_p = (y_A\cot\beta + y_B\cot\alpha + x_A - x_B)/(\cot\alpha + \cot\beta) \tag{5-24}$$

使用上式时要特别注意已知点的编号如图 5-8 所示，为了检核，一般要求布设有三个已知点组成的前方交会。

② 后方交会　如图 5-9 所示，如果已知点距离待定点较远，也可以在待定点 P 上瞄准三个已知点 A、B、C，观测 α 及 β 角，根据计算公式计算出待定点 P 的坐标，这种方法称为后方交会法。

后方交会法选点时不必到达已知点上，也不必在已知点上观测，只需在所求点上安置一次仪器，即可完成外业测角任务，可以随选随测，比较节省时间。但是，后方交会法的计算

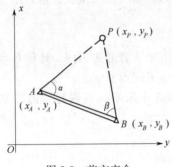
图 5-8 前方交会

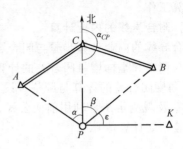
图 5-9 后方交会

比前方交会法复杂，可靠性也比前方交会法差一些。

采用后方交会法计算待定点 P 的坐标的公式很多，下面介绍其中的一种。这种计算方法的基本思路是根据三个已知点的坐标 (x_A, y_A)、(x_B, y_B)、(x_C, y_C) 及两观测角值 α、β，先计算一个已知点至待定点 P 的坐标方位角，然后根据此坐标方位角，不用边长而求出该已知点至待定点的坐标增量，最后由坐标增量求出待定点 P 的坐标 x_P 和 y_P。计算中，设

$$N_1 = (x_A - x_C) + (y_A - y_C)\cot\alpha$$
$$N_2 = (y_A - y_C) - (x_A - x_C)\cot\alpha$$
$$N_3 = (x_B - x_C) - (y_B - y_C)\cot\beta$$
$$N_4 = (y_B - y_C) + (x_B - x_C)\cot\beta$$

则
$$\tan\alpha_{CP} = (N_3 - N_1)/(N_2 - N_4) \tag{5-25}$$
$$\Delta x_{CP} = (N_1 + N_2 \tan\alpha_{CP})/(1 + \tan^2\alpha_{CP}) = (N_3 + N_4 \tan\alpha_{CP})/(1 + \tan^2\alpha_{CP}) \tag{5-26}$$
$$\Delta y_{CP} = \Delta x_{CP} \tan\alpha_{CP} \tag{5-27}$$

待定点 P 的坐标
$$x_P = x_C + \Delta x_{CP} \tag{5-28}$$
$$y_P = y_C + \Delta y_{CP} \tag{5-29}$$

选择后方交会点 P 时，若 P 点刚好选在过 A、B、C 的圆周上，无论 P 点位于圆周上任何位置，所测得角值都是不变的，因此，P 点位置不定，测量上把该圆叫做危险圆。P 点若位于危险圆上则无解。因此，选点时应使 P 点距危险圆周的距离大于该圆半径的 1/5。

为了进行检核，须在 P 点观测第四个方向 K，测得 $\varepsilon_{测}$ 角。同时，由 P 点坐标以及 B、K 点坐标，按坐标反算公式求得 α_{PB} 及 α_{PK}。计算出 $\varepsilon_{算} = \alpha_{PK} - \alpha_{PB}$，以及较差 $\Delta\varepsilon = \varepsilon_{算} - \varepsilon_{测}$，一般规范规定 $\Delta\varepsilon'' \leq M\rho''/10000S$，式中，$M$ 为测图比例尺分母；S 为检查边边长，以 m 为单位。

5.5.2 高程控制测量

(1) 图根水准测量

图根水准测量用于测定测区首级平面控制点和图根点高程。图根水准测量的水准路线形式可根据平面控制点和图根点在测区的分布情况布设，其观测方法及记录计算，参阅第 2 章相关内容。

(2) 图根三角高程测量

当使用水准测量方法测定控制点的高程有困难时，可以采用三角高程测量的方法。

① 三角高程测量的原理　根据两点间的水平距离和竖直角计算两点间的高差，再计算所求点的高程。

如图 5-10 所示，已知 A 点高程 H_A，欲测定 B 点高程 H_B，可在 A 点安置经纬仪，在 B 点竖立标志，用望远镜中丝瞄准标志的顶点，测得竖直角 α，量取仪器横轴至地面点的高度 i（仪器高）和标志高 v，再根据 AB 之水平距离 D，即可算出 AB 两点间的高差，即

$$h_{AB} = D\tan\alpha + i - v \quad (5\text{-}30)$$

B 点的高程为

$$H_B = H_A + h_{AB} = H_A + D\tan\alpha + i - v \quad (5\text{-}31)$$

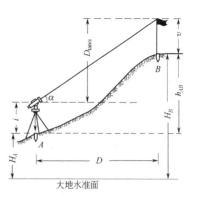

图 5-10　三角高程测量

② 三角高程测量的实施与计算　一般应进行往返观测，即由 A 向 B 观测，再由 B 向 A 观测，这样的观测称为对向观测。对向观测可以消除地球曲率和大气折光的影响。

观测时，安置经纬仪于测站上，首先量取仪器高 i 和标志高 v，读数至 0.5 cm，量取两次结果之差不超过 1 cm，取其平均值至 1 cm。然后用经纬仪观测竖直角，完成往测后，再进行返测。

计算时，先计算两点之间的往返高差，符合要求取其平均值，作为两点之间的高差。当用三角高程测量方法测定平面控制点的高程时，要求组成闭合或附合三角高程路线，在闭合差符合要求时，按闭合或附合路线计算各控制点的高程。

阅读材料1　GNSS 测量技术

GNSS 即全球导航卫星系统（Global Navigation Satellite System），泛指所有的具有全球导航定位能力的卫星导航定位系统，包括全球的、区域的和增强的。如美国的 GPS（全球定位系统）、俄罗斯的 GLONASS（格洛纳斯）、欧洲的 GALILEO（伽利略卫星导航系统）、中国的北斗卫星导航系统（BDS）以及相关的增强系统，如美国的 WAAS（广域增强系统）、欧洲的 EGNOS（欧洲静地导航重叠系统）和日本的 MSAS（多功能运输卫星增强系统）等，还涵盖在建和以后要建设的其他卫星导航系统。卫星导航系统的发展和兼容促使高精度定位全面进入多星应用时代（图 5-11）。

（1）卫星定位原理

全球各个卫星导航定位系统的定位原理大体一致。GPS（Global Positioning System）作为最早出现且为现阶段技术最完善的卫星定位系统，我们以此为例介绍。

GPS 导航系统的基本原理是测量出已知位置的卫星到用户接收机之间的距离，然后综合多颗卫星的数据就可得到接收机的具体位置。卫星位置根据星载时钟所记录的时间在卫星星历中查出。而用户到卫星的距离则通过纪录卫星信号传播到用户所经历的时间，再将其乘以光速得到。

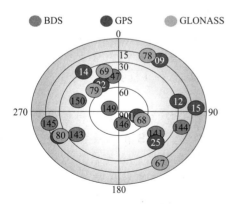

图 5-11　不同定位系统兼容

然而，由于用户接收机使用的时钟与卫星星载时钟不可能总是同步，所以除了用户的三维坐标 x、y、z 外，还要引进一个 Δt 即卫星与接收机之间的时间差作为未知数，然后用 4 个方程将这 4 个未知数解出来。所以如果想知道接收机所处的位置，至少要能接收到 4 个卫星的信号（图 5-12）。

按定位方式，GPS定位分为单点（绝对）定位和相对定位（差分定位）。单点定位是根据一台接收机的观测数据来确定接收机位置的方式，它只能采用伪距观测量，可用于车船等的概略导航定位。相对定位（差分定位）是根据两台以上接收机的观测数据来确定观测点之间的相对位置的方法，它既可采用伪距观测量也可采用相位观测量，大地测量或工程测量均应采用相位观测值进行相对定位（图5-13）。

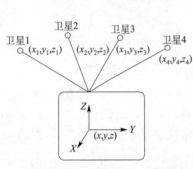

图5-12　GPS绝对定位原理

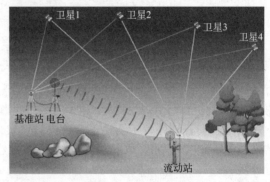

图5-13　相对定位

GPS观测量中，包含了卫星和接收机的钟差、大气传播延迟、多路径效应等误差，在定位计算时还要受到卫星广播星历误差的影响，在进行相对定位时大部分公共误差被抵消或削弱，因此定位精度将大大提高。

(2) GNSS静态控制测量

静态测量是利用接收机进行定位测量的一种，主要用于建立各种控制网。静态测量时，接收机天线在整个观测过程中的位置是静止的。测量过程中，静态测量的具体观测模式是多台接收机在不同的测站上进行静止同步观测，时间由40分钟到几十小时不等。GPS静态观测流程如下。

① 选点和埋石　选点：GPS静态测量并不要求测站之间相互通视，网的图形选择比较灵活，只要均匀布置于整个测区即可。

埋石：GPS等级测量网点一般应设置具有中心标志的标石，标志点标石类型可参照《全球定位系统（GPS）测量规范》。

② 野外观测　架站：对中、整平，提前将仪器设置为静态测量存储模式、采样间隔通常为1～5s，卫星高度角15°～25°。量取仪器高，斜高或垂直高。测量员重点记录测站信息，如测站号（字母＋数字组合，三四个字符）、仪器号（机身序列号）、仪器高（单位m，精确到1mm）、起始时间及结束时间等。

③ GPS控制网布设　GPS静态定位在测量中主要用于建立各种类型和等级的控制网。在这方面，GPS技术已基本上取代了常规的测量方法。GPS在布设控制网方面具有选点灵活、费用低；不要求测站间相互通视，不需要建造觇标；全天候作业，在任何时间、任何气候条件下，均可以进行GPS观测，有利于按时、高效地完成控制网的布设；观测时间短等优点。GPS网布设形式有：三角网、环形网、附合线路和星形网。

(3) RTK动态测量

① RTK动态测量原理　RTK（Real Time Kinematic）实时动态测量技术，利用载波相位差分技术，将基准站采集的载波相位发给用户接收机，进行求差解算坐标（图5-14）。在基准站上安置1台接收机为参考站，对卫星进行连续观测，并将其观测数据和测站信息，通过无线电传输设备，实时地发送给流动站，流动站GPS接收机在接

收 GPS 卫星信号的同时，通过无线接收设备，接收基准站传输的数据，然后根据相对定位的原理，实时解算出流动站的三维坐标及其精度（即基准站和流动站坐标差 ΔX、ΔY、ΔH，加上基准坐标得到的每个点的 WGS-84 坐标，通过坐标转换参数得出流动站每个点的平面坐标 X、Y 和海拔高 H）。分为电台模式和网络通信模式。

② RTK 系统组成　RTK 系统由基准站接收机、数据链、流动站接收机三部分组成。由于 RTK 动态测量采用相对定位原理，RTK 系统中基准站和流动站的 GPS 接收机需要通过电台进行通信联系。因此，基准站系统和流动站系统都包括电台部件。基准站 GPS 接收机必须向流动站 GPS 接收机传输原始数据，流动站 GPS 接收机才能计算出基准站和流动站之间的基线向量。为了扩大传输范围，一般电台带有电线。电台天线是接收与发送无线电信号用的。

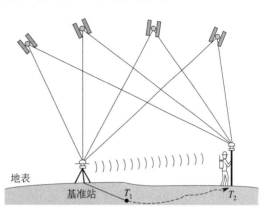

图 5-14　RTK 动态测量原理

除了硬件设施，不同厂家 RTK 系统配套相应数据处理软件，如 HGO、Hi-Target 等数据处理软件。

目前，RTK 技术广泛用于公路控制测量、电力线路测量、水利工程控制测量、大地测量等方面，不仅减少了外业强度，节省费用，而且大大提高工作效率。

阅读材料2　CASIO 编程计算器（fx-5800P）的使用

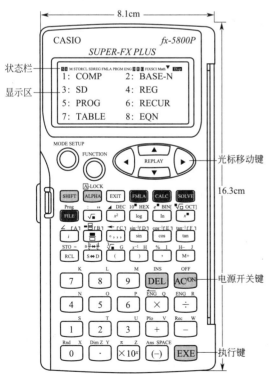

图 5-15　CASIO fx-5800P 计算器键盘面板

CASIO fx 系列可编程函数计算器早在 20 世纪 80 年代末就已经在我国测量界得到了广泛的应用，特别是当前全站仪在施工测量中的广泛使用，该系列计算器成了施工测量人员必备的计算工具。本部分内容对当前工程上使用最多的 CASIO fx-5800P 计算器的使用做简单介绍。

与普通科学计算器相同的 +、-、×、÷ 四则运算及函数计算方法本节不再介绍，只重点介绍分数、百分比、A 型函数与 B 型函数、角度制转换、表达式存储、存储器操作、编程命令与编程技巧。

（1）CASIO fx—5800P 键盘区（图 5-15）简介

① 第一键盘区有模式/设置按键 MODE/SETUP、功能按键 FUNCTION 和光标移动/重演按键 ◀ ▶ ▲ ▼。

MODE 按键主要用于选择计算器工作

模式，fx-5800P 计算器提供了普通计算、基数计算、程序编辑、数据统计等11种模式。

$\boxed{\text{SETUP}}$ 按键主要用于配置计算器输入输出、计算参数及数据单位等设置。

$\boxed{\text{FUNCTION}}$ 按键主要用于输入常数、函数式、角度单位及程序命令等表达指令。

光标移动/重演键主要用于移动光标、重复计算和编辑表达式。

② 第二键盘区有 4 行 6 列共 24 个键，其键面功能主要是数学函数计算。

③ 第三键盘区有 4 行 5 列共 20 个键，其键面功能主要是数字和＋、－、×、÷ 四则运算。

每个按键一般有键面字符，键上部有 1~3 个字符可实现 3~4 种功能。各功能在键面上分别用不同颜色的符号标记，以帮助用户方便地找到需要的功能按键。

这里以图 5-16 所示按键为例，该按键功能与按键操作列于表 5-3 中。

图 5-16　fx-5800P 计算器键面示意图

表 5-3　fx-5800P 计算器键面功能及操作方法

序号	功能	颜色	按键功能	按键操作
①	$x^{\blacksquare}$	白色	幂函数运算	按该键：$x^{\blacksquare}$
②	$\sqrt{\blacksquare}$	橙色	开根运算	按 SHIFT 键，再按该键：$\boxed{\text{SHIFT}}$ $\sqrt{\blacksquare}$
③	]	红色	输入字符方括号"]"	按 ALPHA 键，再按该键：$\boxed{\text{ALPHA}}$]
④	OCT	绿色	设定为十进制计算模式	在 BASE-N 模式下按该键：$\boxed{\text{OCT}}$

（2）状态栏简介

通过按键操作可以使计算器处于某种模式或设定下，计算器当前所处模式或设定显示在屏幕上方的状态栏，表 5-4 列出常见的符号代表的意义，其他符号可参考计算器用户手册。

表 5-4　fx-5800P 状态栏指示符显示意义

序号	状态栏指示符	显示说明
1	S	按下 SHIFT 键后出现，表示将输入该键上方橘色字符所标功能
2	A	按下 ALPHA 键后出现，表示将输入该键上方红色字符所标的字母或符号
3	PRGM	当前程序运行模式为 COMP，工作对象为程序
4	D	选用"度"作为角度计算单位
5	Disp	当前显示数值为中间计算结果
6	▲▼	当前显示屏的上或下有数据

（3）模式键的使用

计算器在使用时必须处于唯一的模式状态下，按下 $\boxed{\text{MODE}}$ 按键，屏幕显示如图 5-17 所示的模式菜单。fx-5800P 共有 11 种工作模式，键入模式前的数字则可以进去该模式工作环境，即使关闭电源，计算器依旧保存上次设置的模式。各模式菜单的意义见表 5-5。

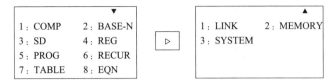

图 5-17　模式菜单选项

表 5-5　fx-5800P 计算器各模式菜单的意义

序号	模式选项	意义
1	COMP	普通四则计算和函数计算模式；重点应用模式
2	BASE-N	二进制、八进制、十进制、十六进制的变换及逻辑运算模式
3	SD	单变量统计计算模式（单列串数据数理统计）；重点了解模式
4	REG	双变量统计计算模式（双列串数据回归分析）；重点了解模式
5	PROG	程序模式，输入、编辑、执行程序或自定义公式；重点应用模式
6	RECUR	数列计算模式
7	TABLE	数表计算模式
8	EQN	方程式计算模式
9	LINK	数据通信模式，通过外接数据线在任意两台 fx-5800P 计算器之间传输程序
10	MEMORY	数据存储管理模式
11	SYSTEM	系统设置模式，用于显示与调整屏幕对比度、复位设置与清空存储

（4）设置键的使用

按 SHIFT　SETUP 键即可进入计算器设置菜单界面，如图 5-18 所示。通过设置菜单，可以配置计算器的输入输出显示格式、角度单位、数值显示方式等设定。fx-5800P 设置菜单常用选项含义如表 5-6 所示。

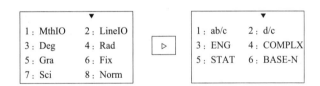

图 5-18　计算器设置菜单选项

表 5-6　fx-5800P 设置菜单常用选项的含义

序号	选项	含义
1	MthIO	设置计算器的表达式格式为普通显示格式（自然书写显示）
2	LineIO	设置计算器的表达式格式为线性显示格式
3	Deg	设置十进制为角度计量单位
4	Rad	设置弧度为角度计量单位
5	Fix	指定小数点后的显示位数（0～9）
6	Sci	设置数值均按科学计数法显示
7	STAT	设定 SD 模式或 REG 模式中 Freq 列串的开（FreqON）、关（FreqOff）状态
8	COMPLX	设定复数计算结果显示为直角坐标格式（$a+bi$）或极坐标格式（$r\angle\theta$）

（5）功能键的使用

在使用 fx-5800P 计算器执行某项计算时，除了通过键盘区按键输入数值、函数等指令外，大多数时候还要结合使用功能按键。按下 FUNCTION 键即可进入功能菜单界面，在不同的模式下，功能菜单选项略有区别，如图 5-19 所示为在 PROG 模式与 SD 模式下的功能菜单选项。fx-5800P 功能菜单常用选项含义见表 5-7。

```
PROG        ▼              SD         ▼
1：MATH   2：COMPLX       1：→COMP  2：MATH
3：PROG   4：CONST        3：CONST  4：ANGLE
5：ANGLE  6：CLR          5：STAT   6：RESULT
7：STAT   8：MATRIX
```

(a) 在 PROG 模式下的功能菜单选项　　(b) 在 SD 模式下的功能菜单选项

图 5-19　不同模式下的功能菜单选项

表 5-7　fx-5800P 功能菜单常用选项的含义

序号	选项	含义
1	MATH	调出微积分、求和、阶乘、求随机数、坐标正反算等函数
2	COMPLX	调出复数计算函数
3	PROG	调出各程序编辑命令
4	CONST	调出计算器的内置常数
5	ANGLE	调出角度单位及度分秒转换命令
6	CLR	调出清除存储命令，包括清除列串、矩阵、变量、存储器等内容
7	STAT	在 COMP 模式下，调出统计计算变量；在 SD 或 REG 模式下，用于编辑列串及调出统计计算变量
8	MATRIX	调出矩阵编辑及计算命令
9	RRSULT	在 SD 或 REG 模式下调出数据统计分析结果

(6) 编程语言

① 输入语句　"?" 用于通过按键输入的方法向变量赋值。

输入语句的句法结构为："输入提示内容"?→＜变量＞

② 输出语句　可通过显示命令 """ 和输出命令 "◢" 实现数据的输出操作。

"""（显示命令）：可将引号中的字母、数值、字符串等作为注释文本，在屏幕上显示出来。

"◢"（输出命令）：可暂停程序的执行，并显示当前执行的结果，按 EXE 键继续执行输出命令后的程序行。

③ 赋值语句　fx-5800P 计算器的变量赋值命令为 "→"，变量赋值命令能够将 "→" 符号左侧的数值、变量或表达式赋值给右侧的变量。

通用的句法结构为：＜数值/变量/表达式/输入命令＞→＜变量＞

例如：10→A：20→B：10＋A×B→A◢20＋A＋B→B

结果显示为：210 和 50。

除此之外，还有递归赋值语句：Dsz＜变量＞、Isz＜变量＞，在程序执行时能够自行将变量的值递减 1 或递增 1。如：Dsz A 相当于语句 A－1→A，Isz B 相当于语句 B＋1→B。

④ If 条件语句　If 语句是二分支选择语句。通常可以给出两种操作，通过表达式结果（真或假）选择其中的一种操作。

在 fx-5800P 中，If 语句通用的句法结构为：

a. If＜条件表达式＞：Then＜语句序列＞：IfEnd
b. If＜条件表达式＞：Then＜语句序列1＞：Else＜语句序列2＞：IfEnd
c. If＜条件表达式1＞：Then＜语句序列1＞：Else If＜条件表达式2＞：Then＜语句序列2＞：Else＜语句序列3＞：IfEnd：IfEnd

该语句的功能是：对条件表达式进行判断，若结果为真，则执行 Then 后的语句序列，否则跳过该语句序列结束 If 语句并接着执行 IfEnd 后的语句。流程图描述如图 5-20 所示。

⑤ Goto 转移语句　Goto 语句又叫无条件转移语句，它的使用必须配合标签语句 Lbl，其句法结构为：

Goto n：程序序列：Lbl n 或 Lbl$n$：程序序列：Goto n

其中，n 为标记名称，可以取数字 0~9 或字母 A~Z。在 Lbl 及 Goto 后必须紧跟标记名称，若缺少，程序执行时将产生句法错误（Argument ERROR）。

图 5-20　执行流程图

需要注意的是：若使用"Goto n"而没有相应的"Lbl n"，程序执行时将会提示转移错误（Go ERROR）。如果只有"Lbl n"，则不提示错误，Lbl 语句可作为程序中某一句的标志，有助于程序的编写与阅读。

⑥ 计数转移语句　计数转移语句有两种：Isz（递增）及 Dsz（递减）。其句法结构为：

初始值→＜变量＞：＜语句序列1＞：Isz 或 Dsz＜变量＞：＜语句1＞：＜语句2＞：…

Isz（或 Dsz）语句在程序运行过程中能够为其后的变量执行递增1（或递减1）的操作，当执行完递归操作后，若变量的值非零，则继续逐条执行 Isz（或 Dsz）命令后的语句序列，若变量的值为零，则跳过其后的语句1，再逐条执行语句1后的语句序列。

通常情况下，可以将计数转移命令（Dsz、Isz）与无条件转移命令（Goto）结合使用，以控制跳转循环的次数。

⑦ For 循环语句　循环语句的主要功能是可以将按某些公式或数学模型编制的语句，仅更换变量的值而重复运算若干次。不仅适用于循环次数不确定，需通过条件判断结束循环的情况，还适用于循环次数确定的情况。

For 语句的一般形式如下。

For＜循环初始值→循环变量＞To＜循环终止值＞Step＜变化步长＞：＜语句序列＞：Next

其中的语句序列是 For 语句的循环体；步长为循环变量的增量，可省略，缺省值为1，此时 For 循环语句可简化为：

For＜循环初始值→循环变量＞To＜循环终止值＞：＜语句序列＞：Next

For 语句的执行过程如下。

a. 确定循环变量的初始值；
b. 执行 For 语句循环体；
c. 将循环变量变化一定步长值；
d. 测试循环变量的值是否在初始值与终止值区间范围内，为真时转步骤 b. 从而构成循环，若为假则结束循环。

上述执行过程可用图 5-21 形象地表示。

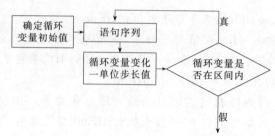

图 5-21 For 语句执行过程示意图

⑧ Do 循环语句　Do 语句用来描述 Do~LpWhile 型循环结构，它的一般形式如下。

$$\text{Do}:<语句序列>:\text{LpWhile}<条件表达式>$$

其中的语句序列是 Do 语句的循环体，Do 语句的执行过程是：

a. 执行 Do 语句的循环体；

b. 求 LpWhile 之后的表达式的值；

c. 测试表达式的值，当值为真（非 0）时，转步骤 a. 从而构成循环；若值为假（0），则结束循环。

上述执行过程可用图 5-22 形象地表示。

⑨ While 循环语句　While 语句用来描述 While 型循环结构，一般形式如下。

$$\text{While}<条件表达式>:<语句序列>:\text{WhileEnd}$$

其中的语句序列是 While 语句的循环体，While 语句的执行过程是：

a. 计算 While 之后的条件表达式的值；

b. 测试表达式的值，当值为真（非 0）时，转步骤 c.；如值为假（0），则结束 While 语句；

c. 执行 While 语句的循环体，并转步骤 a. 从而构成循环。

上述执行过程可用图 5-23 形象地表示。

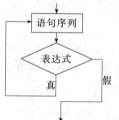　　　　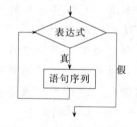

图 5-22　Do 语句执行过程示意图　　　图 5-23　While 语句执行过程示意图

While 语句和 Do 语句的区别在于 While 语句是先判断后执行，如果条件不满足，则一次循环也不执行。

(7) 输入程序、编辑程序与程序名的编辑方法

① 程序的输入方法　第一步：按键 MODE 5 1，屏幕显示图 5-24 所示菜单，输入字母或数字组成的字符串作文件名后，按 EXE 键，屏幕显示图 5-25 所示的选择程序计算模式菜单。

第二步：键入 1 选择 COMP 模式。

第三步：根据事先编号的程序清单输入程序。可以使用冒号"："或"◢"字符语句连接起来连续输入，也可以按 EXE 键添加换行符"↵"。

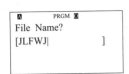

图 5-24 输入程序文件名菜单

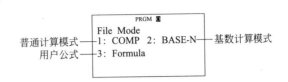

图 5-25 选择程序计算模式菜单

② 程序的编辑方法　按键 MODE 5 3，在弹出的程序名菜单中再重复按键 ▽，使当前光标位于要编辑的程序文件名上，按 EXE 键，屏幕显示该程序，使用四个光标移动键移动当前光标的位置。按键 DEL 可以删除当前光标处字符，按键 SHIFT INS 可以使当前光标位置处于插入字符状态，新键入的字符将插入到当前光标所在字符之前，一旦移动了当前光标后，插入字符状态失效。要重新在当前光标位置处插入字符，还需要再次按 SHIFT INS 键。

③ 程序名的编辑方法　按 MODE 键后，继续按 2 键或 3 键执行程序"RUN"或"EDIT"命令，在已建程序文件列表中，按光标上下移动键或通过首字母查询，找到要重命名的程序文件。按功能键 FUNCTION，此时屏幕显示"1：Favorite-Add；2：Rename"，若要修改文件名则选择 Rename，在屏幕所出现的方括号"[　]"内输入更正后的文件名，按 EXE 键完成操作。

(8) 计算器的存储器

卡西欧 fx-5800P 计算器为用户提供了多种类型的存储器，用以存储和方便调用数值，包括：答案存储器、独立存储器、标准变量、扩充变量、公式变量以及列串存储器。fx-5800P 的存储器类型与说明见表 5-8。

表 5-8　fx-5800P 所提供的存储器类型及说明

序号	存储器名称	说明
1	答案存储器（Ans）	能够存储最近一次所执行的计算结果，当再次执行表达式计算时，答案存储器将会被重新覆盖
2	独立存储器（M）	(1) 能够快速地进行数值的叠加叠减计算，最后通过查询变量 M 的值得到最终的计算结果； (2) 注意：使用独立存储器之前应先清零变量 M
3	标准变量（A、B、C…Z）	使用英文字母 A～Z 定义了 26 个标准变量，可以存储数值或表达式的计算值，但不能存储字符，在编程中应用广泛。 (1) 部分函数计算会占用标准变量（通常使用 pol、Rec 函数时将占用 I 和 J 标准变量，编程时应注意）； (2) 变量 M 同时作用于独立存储器
4	扩充变量（Z[1]、Z[2]，…）	当标准变量不能满足程序的变量需求时，可按需要在标准变量 Z 后进行变量扩充，这种扩充变量通常命名为 Z[1]、Z[2],… 单个扩充变量需要 12 字符的存储空间，计算器共有 28500 字符存储，按理最多可扩充 2375 个变量

续表

序号	存储器名称	说明
5	公式变量	以下字母变量仅提供给计算器的内置公式或用户公式使用： (1)英文小写字母 a~z； (2)希腊字符 α~ω； (3)下标字符；如 m_p、m_e、c_1、c_2 等。
6	列串存储器	计算器提供了 X、Y、Freq 三个列串，每个列串能存储 199 个数据。以 X 列串为例，199 个数据依次编号为 List X[1]、List X[2]，…List X[199]，通常用于编程应用中存储一整组别的数据

为存储器赋值的方法有两种，一是使用 [STO] 键（仅在 COMP 模式下），二是使用 "→" 赋值符号。在 PROG 模式下 "→" 赋值符号的调用方式为：[FUNCTION] [3] [2]，在非 PROG 模式下 "→" 赋值符号的调用方式为：[FUNCTION] [3] [1]。

(9) 程序范例

① 坐标正算和坐标反算

a. 计算直角坐标增量 Δx、Δy。

由距离 D 和方位角 α 计算直角坐标增量 Δx、Δy 的表达式为

$$\left.\begin{array}{l}\Delta x = D\cos\alpha \\ \Delta y = D\sin\alpha\end{array}\right\}$$

使用 Rec 函数由 D、α 计算 Δx、Δy 的格式为 Rec(D，α)，函数 Rec 的键入方法为 [FUNCTION] [1] [6]。计算出的 Δx 保存在 I 存储器中，Δy 保存在 J 存储器中。

【例 5-3】已知水平距离为 $D=125.36\text{m}$、坐标方位角为 $\alpha=211°07'53''$ 计算坐标增量。

按键 [FUNCTION] [1] [6] 125.36 [，] 211 [°'''] 07 [°'''] 53 [°'''] [)] [EXE]

屏幕显示结果为：

$$\text{Rec}(125.36,211°07'53'')$$
$$X = -107.3061516$$
$$Y = -64.81141437$$

上述显示的 X、Y 即为边长的坐标增量 Δx、Δy。

b. 由直角坐标增量 Δx、Δy 反算 D、α。

在图 5-26 所示的测量坐标系中，由 O、P 两点之间的直角坐标增量 Δx、Δy 计算 D、α 的表达式为

$$D = r = \sqrt{\Delta x^2 + \Delta y^2}$$
$$\theta = \arcsin\frac{\Delta y}{r}$$
$$\alpha = \begin{cases} \theta & \Delta y > 0 \\ \theta + 360° & \Delta y < 0 \end{cases}$$

使用 Pol 函数由 Δx、Δy 计算 r、θ 的格式为 Pol(Δx，Δy)，函数 Pol 的键入方法为 [FUNCTION] [1] [5]。计算出的 r 保存在 I 存储器中，θ 保存在 J 存储器中。

当 OP 边位于第 Ⅰ、Ⅱ 象限时，求出的 θ 角位于 $0°\sim+180°$ 之间，它就等于 OP 边

的坐标方位角 α；当 OP 边位于第Ⅲ、Ⅳ象限时，求出的 θ 角位于 $-0°\sim-180°$ 之间，算出 θ 角与坐标方位角 α 的关系为 $\alpha=\theta+360°$。

【例 5-4】 已知某条边长的坐标增量分别为 $\Delta x=107.31$、$\Delta y=-935.19$，试计算其水平距离和坐标方位角。

按键 FUNCTION 1 5 107.31，-935.19) EXE

屏幕显示结果为：

Pol(107.31，-935.19)
$r=941.3266023$
$\theta=-83.45412557$

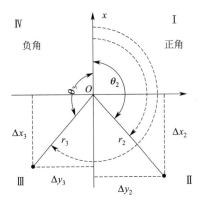

图 5-26 测量坐标系中的直角坐标与极坐标换算关系

由于计算出的 $\theta<0$，所以还应加 $360°$ 才能得到边长的坐标方位角。

按键 ALPHA J + 360 EXE 计算坐标方位角并将计算结果转换为 60 进制的角度制，屏幕显示结果为 $276°32'45.15''$。

② 单一水准路线的计算

【例 5-5】 图 5-27 为按图根水准测量要求施测的某附合水准路线观测成果略图。BM_A 和 BM_B 为已知高程的水准点，图中箭头表示水准测量前进方向，路线上方的数字为测得的两点间的高差（以 m 为单位），路线下方数字为该路线的长度（以 km 为单位），试用近似平差法计算待定点 1、2、3 点的高程。

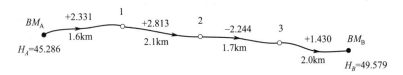

图 5-27 附合水准路线观测成果略图

a. 变量对照表（表 5-9）。

表 5-9 变量对照表

行号	数学模型变量	fx-5800P 变量	提示内容	单位	注释
1	H_A	A	HA=	m	起始点高程
2	H_B	B	HB=	m	终止点高程
3	i	N			测段计数
4	h_i	C, Z[2N-1]	HEIGHT=	m	观测高差
5	L_i 或 n_i	K, Z[2N]	KM OR CZ=	km 或测站数	测段路线长或测站数
6	f	F	FH=		路线闭合差
7		G	H=	m	待求点高程
8		P	FLAT=1, HILL≠1		P=1 代表平坦，其余数代表山地
9		D	HOW MANY NKPOINTS		未知水准点的数量
10		W		mm	高差闭合差容许限值

b. 程序。程序名：SZJS。程序清单见表 5-10。

表 5-10 SZJS 程序清单

行号	程序	说明
1	"FLAT=1,HILL≠1"? →P	$P=1$ 代表平坦，否则为山地
2	"HOW MANY NKPOINTS"? →D	输入未知水准点的数量
3	2D→Dim Z	扩充变量 2D 个
4	"HA="? →A:"HB="? →B	输入起点及终点的高程
5	D+1→D:0→N:0→F:0→M	待定水准点统计；统计变量清零
6	Lbl 0 : N+1→N	程序标签 0
7	"HEIGHT="? →C : C+F→F : C→Z[2N-1]	输入各测段高差、高差求和
8	"KM OR CZ="? →K : K+M→M : C→Z[2N]	输入各测段高差、高差求和
9	If N<D : Then Goto 0 : IfEnd	若 N 小于 D，跳转至 lbl 0
10	If P=1:Then 0.04M →W: Else 0.012\M →W : IfEnd	若是平地，则 fh 容许值为 $0.04\sqrt{M}$ mm 若是山地，则 fh 容许值为 $0.012\sqrt{M}$ mm
11	"FH=":F+A-B→F ◢	计算并输出高差闭合差
12	If F < W:Then −F÷M→F : ELSE Goto E	若闭合差未超限则计算每公里或每站高差改正数，否则结束程序
13	0→N:A→G	N 计数清零，初始高程存入变量 G
14	Lbl 1 : "N=" :N+1→N ◢	输出当前点号
15	"H=":G+Z[2N-1]+F*Z[2N]→G ◢	逐一求待定水准点高程并显示
16	If N<D : Then Goto 1 : IfEnd	若 N 小于 D，跳转至 lbl 1
17	Lbl E : "END"	程序结束

③ 操作步骤 将上述程序以 SZJS 的文件输入计算器后，按键 MODE 5 2 下拉菜单选择程序 SZJS，按键 EXE ，屏幕提示及操作步骤见表 5-11。

表 5-11 SZJS 程序操作步骤

步骤	屏幕提示	按键操作	说明
1	FLAT=1,HILL≠1?	1 EXE	输入水准路线类型
2	HOW MANY NKPOINTS?	3 EXE	输入位置高程点数量
3	HA=?	45.286 EXE	输入起点高程
4	HB=?	49.579 EXE	输入终点高程
5	HEIGHT=?	2.331 EXE	输入第一测段高差
6	KM OR CZ=?	1.6 EXE	输入第一测段距离
7	HEIGHT=?	2.813 EXE	输入第二测段高差
8	KM OR CZ=?	2.1 EXE	输入第二测段距离
9	HEIGHT=?	−2.244 EXE	输入第三测段高差
10	KM OR CZ=?	1.7 EXE	输入第三测段距离
11	FH=0.037	EXE	输出高差闭合差
12	N=1	EXE	点号
13	H=47.609	EXE	高程
14	N=2	EXE	点号
15	H=50.4115	EXE	高程
16	N=3	EXE	点号
17	H=48.159	EXE	高程
18	N=4	EXE	点号
19	H=49.579	EXE	高程
20	END	EXE	程序结束

小 结

（1）测量控制网的建立

遵守从整体到局部，先控制后碎部这样的程序开展测量工作，首先进行控制测量建立测量控制网，这样可以避免测量误差累积，保证测图和施工放样的精度均匀，同时，通过控制网的建立，将一个大测区分成若干小测区，各小区的测量工作可同时进行，以提高工作效率，加快工作进度，缩短工期。还可以节省人力、物力、节省经费开支。

（2）坐标正算

已知直线的水平距离、坐标方位角和一个端点的坐标，求算直线另一端点的坐标的工作称为坐标正算。

（3）坐标反算

已知直线两个端点的坐标，求算直线的水平距离和坐标方位角的工作称为坐标反算。

（4）建筑坐标系

由于在建筑施工场地上设计的各建筑物、构筑物常常依照互相平行或者互相垂直的关系排列，若使用一种与建筑物主要轴线平行或垂直的坐标系来描述建筑物或构筑物的位置，无论是建筑设计或施工测量计算都非常方便。这种与建筑物主要轴线平行或垂直的坐标系就称为建筑坐标系。

（5）小地区控制点加密的基本方法

在工程建设中，常常遇到在小范围内加密控制点的问题。小范围内加密平面控制点常采用导线和测角交会定点的形式，加密高程控制点多采用水准测量和三角高程测量的方法。

思考题

1. 进行测量工作为什么要先建立控制网？
2. 什么时候需要使用建筑坐标系？
3. 如何进行建筑坐标与测量坐标的换算？
4. 分别在什么情况下采用导线测量和交会法加密？
5. 导线测量外业有哪些工作？选择导线点应注意哪些问题？

习 题

1. 若已知直线 AB 的坐标方位角为 $124°39'42''$、距离为 58.12m 和 A 点的坐标为 A（200.00，200.00），试计算 B 点的坐标。

2. 若已知直线 CD 两端点的坐标分别为 C（205.35，528.46）、D（273.41，476.33），求直线 CD 的坐标方位角和水平距离。

3. 已知建筑坐标系的原点 O' 在测量坐标系中的坐标为 O'（285.78，258.66），纵轴为北偏东 30°，有一控制点在测量坐标系中的坐标为 P（477.55，455.77），试求其在建筑坐标系中的坐标。

4. 如图 5-28 所示的闭合导线，已知：$x_A=500.000$m，$y_A=500.000$m，$\alpha_{A1}=25°$，各测段的距离 $D_{A1}=71.128$m，$D_{12}=104.616$m，$D_{23}=91.600$m，$D_{34}=116.992$m，$D_{4A}=59.328$m，各内角分别为 $\beta_A=122°46'46''$，$\beta_1=123°59'28''$，$\beta_2=86°11'54''$，$\beta_3=104°44'53''$，$\beta_4=102°18'27''$，试计算和调整角度闭合差及坐标增量闭合差，并计算 1、2、3、4 各点的坐标。

5. 图 5-29 为按图根水准测量要求施测的某闭合水准路线观测成果略图。BM_A 为已知高程的水准点，高程为 420.392m，图中箭头表示水准测量前进方向，路线上方的数字为测得的两点间的高差（以 m 为单位)和测站数,试用编程计算待定点 1、2、3 点的高程。

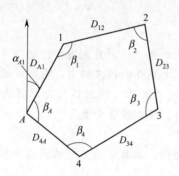

图 5-28 习题 4 附图

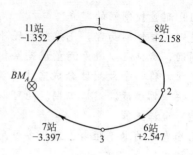

图 5-29 习题 5 附图

6. 下表为一附合导线的已知数据和观测数据,请完成表 5-12,计算出各点的坐标。

表 5-12 某附合导线的已知数据和观测数据

点名	观测角(左)/(° ′ ″)	改正数/(″)	改正后角度/(° ′ ″)	方位角/(° ′ ″)	边长/m	ΔX/m	ΔY/m	X/m	Y/m
A	—	—	—	218 36 24	—	—	—	—	—
B	63 47 26							875.44	946.07
1	140 36 06				267.22				
2	235 25 24				103.76				
3	100 17 57				154.65				
M	267 33 17				178.43			930.76	1547.00
N	—	—	—	126 17 49	—	—	—	—	—

6 大比例尺地形图的识读和应用

导读

地形图是既表示地物的平面分布，又表示地貌起伏的图纸。在测图和用图过程中经常要使用地形图的比例尺、地形图的图名、图号和图廓，各种地物和地貌在地形图上都按《国家基本比例尺地图图示》规定的符号表示。在工程建设中应用地形图时，经常遇到地形图的阅读，从图上量测点、线的位置，图形的面积和从图上了解某方向的高低起伏形态等问题。

6.1 地形图概述

地球表面千姿百态，极为复杂，有高山、峡谷，有河流、房屋等，但总的来说，这些可以分为地物和地貌两大类。地物是指地球表面上的各种固定性物体，可分自然地物和人工地物，如房屋、道路、江河、森林等。地貌是指地球表面起伏形态的统称，如高山、平原、盆地、陡坎等。按照一定的比例尺，将地物、地貌的平面位置和高程表示在图纸上的正射投影图，称为地形图。如果仅反映地物的平面位置，不反映地貌变化的图，称为平面图。

为了满足建筑设计和施工的不同需要，地形图采用各种不同的比例尺绘制，在工程建设中常用的有 1∶500、1∶1000、1∶2000 和 1∶5000 等几种。

由于地物的种类繁多，为了在测绘和使用地形图中不至于造成混乱，各种地物、地貌表示在图上必须有一个统一的标准。因此，国家测绘总局对地物、地貌在地形图上的表示方法规定了统一标准，这个标准称为"地形图图式"。

除此之外，地形图上还有丰富的内容，下面分别介绍地形图的比例尺、图名、图号、图廓、地物符号、地貌符号及地形图的应用。

6.2 地形图比例尺

6.2.1 比例尺

地形图上某一线段的长度 d 与其在地面上所代表的相应水平距离 D 之比，称为地形图的比例尺。将比例尺用分子为 1 的分数表示，这种比例尺称为数字比例尺，即

$$\frac{d}{D} = \frac{1}{M} \tag{6-1}$$

或写成 1∶M，其中 M 称为比例尺分母。M 越大，分数值越小，比例尺越小；反之，M 越小，分数值越大，比例尺越大。1∶1000000、1∶500000 等比例尺地形图，通常称为小比例尺地形图；1∶100000、1∶50000 等比例尺地形图，被称为中等比例尺地形图；1∶5000、1∶2000、1∶1000、1∶500 等比例尺地形图，被称为大比例尺地形图。在一般建筑设计和施工中，大比例尺地形图应用广泛，后面将介绍的即为大比例尺地形图的基本知识。

除了数字比例尺以外，有时候为了消除图纸收缩变形误差的影响，在绘制地形图时，还在图纸的下方绘制一图示比例尺，如图 6-1 所示。

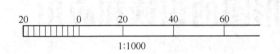

图 6-1　图示比例尺

图示比例尺由两条平行的水平线构成，并把它从左至右分成若干个 2cm 长的基本单位，最左端的一个基本单位再分成 10 等份，从第二个基本单位开始，分别向左和向右注记以 m 为单位的代表实际的水平距离，图 6-1 所示为 1∶1000 的比例尺。

使用图示比例尺时，只要用两脚规的两只脚将图上某直线的长度移至图示比例尺上，使一只脚尖对准"0"分划右侧的整分划线上，而另一只脚尖落在"0"分划线左端有细分划段中，则所量直线在实地上的水平距离就是两个脚尖的读数之和。若需要将地面上已丈量水平距离的直线展绘在图上，则需要先从图示比例尺上找出等于实地水平距离的直线的两端点，然后将其长度移至图上相应位置。

6.2.2　比例尺精度

由于正常人的眼睛在图上能分辨出的最小距离为 0.1mm，因此，图上 0.1mm 长度所表示的实地水平距离，称为比例尺精度。表 6-1 所示为各种比例尺的比例尺精度。

表 6-1　比例尺精度

比例尺	1∶500	1∶1000	1∶2000	1∶5000	1∶10000
比例尺精度/m	0.05	0.1	0.2	0.5	1.0

根据比例尺可以确定测图方法或测图时量距的精度。例如，测绘 1∶500 的比例尺图时，量距精确至 0.05m 即可，因为小于 0.05m 的长度，已经无法展绘到图上。测绘 1∶1000 的比例尺图时，量距精确至 0.1m 即可，因为小于 0.1m 的长度也不能展绘到图上。此外，当确定了要表示在图上的地物的最短距离时，也可以根据比例尺精度选定测图的比例尺。例如，若需要表示在图上的地物的最小长度为 0.1m 时，则测图的比例尺不能小于 1∶1000。因为，比例尺小于 1∶1000 的图已不能表示出 0.1m 的长度。若需要在图上表示地物的最小长度为 0.05m，则测图的比例尺不能小于 1∶500。由此看出，图的比例尺越大，其精度越高，图上表示的内容越详尽。测图精度要求越高，测图的工作量也越大。因此，在选择测图比例尺时，不能认为越大越好，应根据工程的实际需要，选用适当的比例尺。

6.3　地形图的图名、图号、图廓和接图表

6.3.1　图名

为了方便使用，每一幅地形图都给定有一个中文名称，图名一般根据图幅内主要的地名或厂矿、企事业单位的名称命名，注记在图幅的正上方，图 6-2 所示为某热电厂的一幅图。

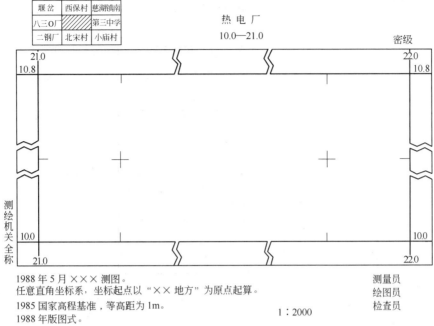

图 6-2　热电厂地形图

6.3.2 图号

图号，指本图幅的编号。为了方便管理，除了图名外，每一幅图还有一个编号，图号一般注记在图名的下方。图幅的编号与一定的分幅方法相对应。

(1) 分幅方法

地形图分幅的方法有梯形分幅法（按经、纬度）和矩形分幅法（按直角坐标）两种。大比例尺地形图多采用矩形分幅法，表 6-2 为 1∶5000、1∶2000、1∶1000 和 1∶500 各比例尺图的分幅情况。

表 6-2　比例尺图分幅

比例尺	图幅大小 /cm²	实地面积 /km²	一幅 1/5000 图中所包含该比例尺图幅数	比例尺	图幅大小 /cm²	实地面积 /km²	一幅 1/5000 图中所包含该比例尺图幅数
1∶5000	40×40	4	1	1∶1000	50×50	0.25	16
1∶2000	50×50	1	4	1∶500	50×50	0.0625	64

(2) 编号方法

矩形分幅编号方法，通常有下列三种。

① 坐标编号法　采用图幅西南角坐标的千米数进行编号，x 坐标在前，y 坐标在后，中间用"—"相连。1∶5000 的地形图，其图号取至整 km 数。1∶2000、1∶1000 的地形图取至 0.1km，1∶500 的图取至 0.01km。如图 6-3 所示，其图号 20.2—10.6 表示 1∶2000 比例尺地形图，图幅西南角坐标 $x=20.2$km，$y=10.6$km。

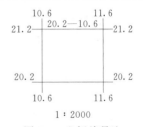

图 6-3　坐标编号法

② 重叠编号法　以 1∶5000 比例尺地形图的西南角坐标为基础图号，下一级比例尺地形图的编号是在基础图号的后面分别加罗马数字Ⅰ、Ⅱ、Ⅲ、Ⅳ，如图 6-4 所示，一幅 1∶5000 的地形图被分成四幅 1∶2000 的地形图，其编号是在基础图号 20—30 之后加Ⅰ、Ⅱ、Ⅲ、Ⅳ。同法可继续对分成 1∶1000 及 1∶500 的地形图进行分幅和编号。

③ 顺序编号　如图 6-5 所示，当测区面积较小或为带状测区时，也可按测区统一顺序

进行编号。一般是从左到右，从上到下，用阿拉伯数字1、2、3、…编定，有时也可在数字前冠以测区名称。

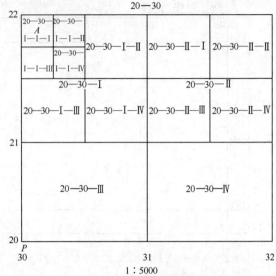

1	2	3	4
5	6	7	8
9	10	11	12

图 6-5　顺序编号法

图 6-4　重叠编号法

6.3.3　图廓

图廓是地形图的边界线，有内外图廓线之分（图6-2）。内图廓线就是坐标格网线，它是图幅的实际边界线，线粗0.1mm。外图廓线是图幅的最外边界线，实际是图纸的装饰线，线粗0.5mm。内外图廓线相距12mm，用于标注坐标值。

6.3.4　接图表

为了说明本幅图与相邻图幅的联系，以供拼图使用，通常把相邻图幅的图名标注在图幅的左上方，如图6-2所示。

6.4　地物符号

为了便于测图和用图，规定在地形图上使用许多不同的符号来表示地物和地貌的形状和大小，这些符号总称为地形图图式。表6-3为摘录的部分地形图图式符号，在这些符号之中，根据地物的大小和描绘方法不同，地物符号可以分成依比例符号、非比例符号、线形符号和地物注记四种类型。

表 6-3　地形图图式符号

编号	符号名称	1：500　1：1000　1：2000	编号	符号名称	1：500　1：1000　1：2000
1	三角点 凤凰山—点名 394.468—高程	△ 凤凰山/394.468 3.0	4	坚固房屋 3—房屋层数	坚3　1.5
2	图根点 N16—点号 84.46—高程	2.0 □ N16/84.46	5	普通房屋 2—房屋层数	2　1.5
3	水准点 Ⅱ京石5—点名 32.804—高程	2.0 ⊗ Ⅱ京石5/32.804	6	简单房屋	木

续表

编号	符号名称	1:500 1:1000 1:2000	编号	符号名称	1:500 1:1000 1:2000
7	棚房		21	围墙 1. 砖、石及混凝土墙 2. 土墙	
8	建筑物间的悬空建筑				
9	建筑物下的通道		22	栅栏、栏杆	
10	柱廊 1. 无墙壁的 2. 一边有墙壁的		23	公路	
			24	建筑中的公路	
11	打谷场、球场		25	简易公路	
12	露天设备		26	小路	
			27	内部道路	
13	纪念像、纪念碑				
			28	河流、溪流、湖泊、池塘、水库 1. 水涯线 2. 一般河流的流向 3. 有潮汐河流的流向	
14	旗杆				
15	坟地				
16	水塔				
17	烟囱		29	车行桥	
			30	人行桥	
18	加油站				
			31	斜坡 1. 未加固的 2. 加固的	
19	电力线 1. 高压 2. 低压 3. 电杆 4. 电线架 5. 铁塔 6. 电杆上的变压器		32	独立树 1. 阔叶 2. 针叶	
			33	耕地 1. 水稻田 2. 旱地	
20	消火栓				

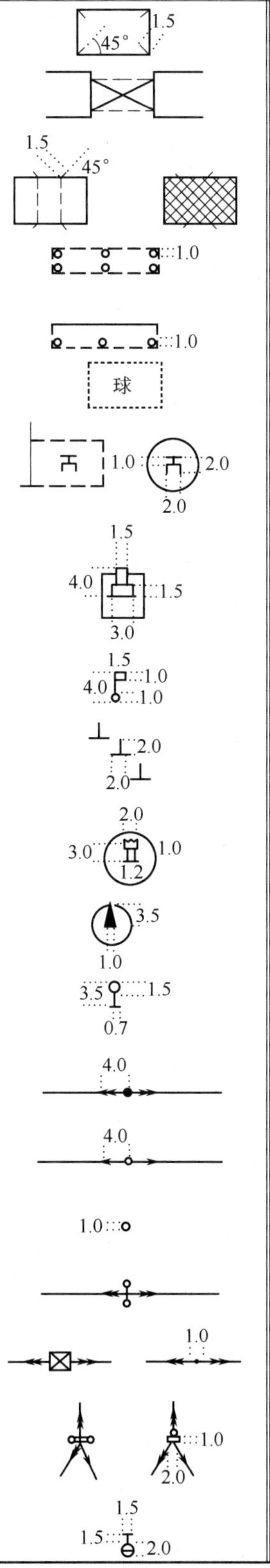

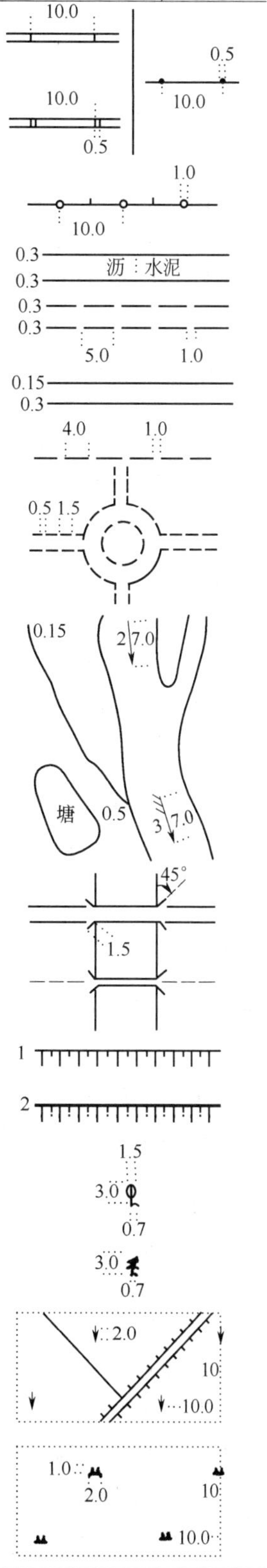

6 大比例尺地形图的识读和应用

6.4.1 依比例符号

依比例符号是当地物的轮廓尺寸较大时，常按测图的比例尺将其形状大小缩绘到图纸上，绘出的符号。如一般房屋、简易房屋等符号。

6.4.2 非比例符号

当地物的轮廓尺寸较小，如三角点、水准点、独立树、消火栓等，无法将其形状和大小按测图的比例尺缩绘到图纸上。但这些地物又很重要，必须在图上表示出来，则不管地物的实际尺寸大小，均用规定的符号表示在图上，这类符号称为非比例符号。非比例符号中表示地物中心位置的点，叫定位点。定位点的使用规定如下。

ⅰ. 圆形、矩形、三角形等单个几何图形符号，定位点在其几何图形的中心。如三角点、水准点等。

ⅱ. 宽底符号（蒙古包、烟囱等），定位点在底线中心。

ⅲ. 底部为直角形的符号（风车、路标等），定位点在直角的顶点。

ⅳ. 几种几何图形组成的符号，如气象站、雷达站、无线电杆等，定位点在下方图形的中心点或交叉点。

ⅴ. 下方没有底线的符号，如窑、亭、山洞等，定位点在其下方两端点间的中心点。

非比例符号除在简要说明中规定按真方向表示外，其他的均垂直于南图廓方向描绘。

6.4.3 线形符号

线形符号是指长度依地形图比例尺表示，而宽度不依比例尺表示的狭长的地物符号，如电线、管线、围墙等。线形符号的中心线即为实际地物的中心线。

6.4.4 地物注记

使用文字、数字或特定的符号对地物加以说明或补充，称为地物注记。分为文字注记、数字注记和符号注记三种，如居民地、山脉、河流名称，河流的流速、深度，房屋的层数、控制点高程、植被的种类、水流的方向等。

6.5 地貌符号

地貌是指地球表面高低起伏的自然形态，包括山地、丘陵、平原、洼地等。

山地是指中间突起而高程高于四周的高地。高大的山地称为山岭，矮小的称为山丘。山的最高处称为山顶。地表中间部分的高程低于四周的低地，称为洼地，大的洼地叫做盆地。

朝一个方向延伸的高地，称为山脊，山脊上最高点的连线叫山脊线或分水线。在两个山脊之间，沿着一个方向延伸的洼地称为山谷，山谷中最低点的连线称为山谷线或集水线。山脊线和山谷线合称为地性线。地性线真实地反映了地貌的形态。连接两个山头之间的低凹部分，称为鞍部。

除此外，还有一些特殊的地貌，如悬崖、陡崖、陡坎、冲沟等。

在地形图上表示地貌的方法很多，通常采用等高线表示地貌。采用等高线不仅能表示地面的起伏状态，而且能科学地表示地面点的高程、坡度等。

6.5.1 等高线

等高线是地面上高程相等的各相邻点所连成的闭合曲线。

如图6-6所示,假设某个湖泊中有一座小山。设山顶的高程为100m,刚开始,湖水淹没在小山上高程为95m处,则水平面与小山相截,构成一条闭合曲线(水迹线),在此曲线上各点的高程都相等,这就是等高线。当水面每下降5m,可分别得到90m、85m、80m、⋯⋯一系列的等高线。如果将这些等高线沿铅垂线投影到某一水平面 H 上,并按一定比例缩绘到图纸上,就获得与实地小山相似的等高线。

6.5.2 等高距和等高线平距

地形图上相邻等高线之间的高差,称为等高距,用 h 表示。图6-6中的等高距 h 为5m,等高距的大小是根据地形图的比例尺、地面坡度及用图的目的而选定的。大比例尺地形图的等高距为0.5m、1m、2m等,同一幅图上的等高距是相同的。

地形图上相邻等高线间的水平距离,称为等高线平距。如图6-6中,等高线平距是由地面坡度的陡缓决定的。在同一幅图上,等高线平距越大,地面坡度越小,反之,坡度越大;若地面坡度均匀,则等高线平距相等。

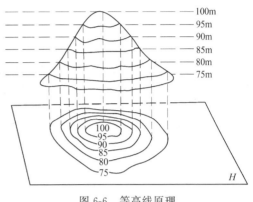

图6-6 等高线原理

6.5.3 几种基本地貌的等高线

虽然地面上的地貌形态多种多样,但仔细分析后可以发现,它们一般由山头、洼地、山脊、山谷和鞍部等基本地貌组成。如果掌握了这些基本地貌的等高线特点,就能比较容易地根据地形图上的等高线,分析和判断地面的起伏状态,正确地阅读、使用和测绘地形图。

(1) 山头和洼地

山头和洼地的等高线都是一圈圈的闭合曲线。如图6-7(a)所示,若里圈的高程大于外圈的高程,则地貌为山头。若里圈的高程小于外圈的高程,则地貌为洼地。山头和洼地的地貌有时候也采用示坡线来区分。示坡线为一段垂直于等高线的短线,用以指示坡度降落的方向。

(2) 山脊和山谷

山脊和山谷的等高线都是一组朝一个方向凸起的曲线。如图6-7所示,山脊的等高线凸向低处,而山谷的等高线凸向高处。

(3) 鞍部

鞍部的等高线是由两组相对的山脊和山谷等高线组成。如图6-7所示,即在一圈大的闭合曲线内套有两组小的闭合曲线。

除此之外,还有陡坎、悬崖、冲沟、雨裂等特殊地貌,其等高线可按《国家基本比例尺地图图式》中所规定的符号表示。图6-7(b)为综合性地貌及其等高线,可对照阅读。

6.5.4 等高线的种类

为了便于表示和阅读地形图,绘在图上的等高线,按其特征分为首曲线、计曲线和间曲线三种类型。

① 首曲线　在同一幅地形图上,按基本等高距描绘的等高线,称为首曲线,又称基本等高线。首曲线采用0.15mm的细实线绘出,如图6-7(a)中98m、102m、104m、106m等等高线。

② 计曲线　在地形图上,凡是高程能被5倍基本等高距整除的等高线均加粗描绘,这种

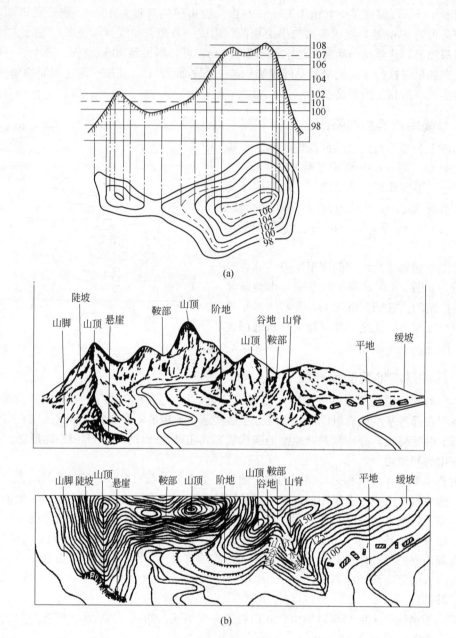

图 6-7 地貌及其等高线

等高线称为计曲线。计曲线上注记高程，线粗为 0.3mm，如图 6-7(a) 中 100m 的等高线。

③ 间曲线　如果采用基本等高线无法表示局部地貌的变化时，可在两基本等高线之间加一条半距等高线，这条半距等高线称为间曲线。间曲线采用 0.15mm 的细长虚线描绘，如图 6-7(a) 中的 101m、107m 等高线。

6.5.5　等高线的特性

为了正确地使用和描绘等高线，应掌握等高线的一些特性。

① 等高性　同一条等高线上的各点在地面上的高程都相等。高程相等的各点，不一定在同一条等高线上。

② 闭合性　等高线为连续的闭合曲线，它可能在同一幅图内闭合，也可能穿越若干图幅后闭合。凡不在本图幅内闭合的等高线，绘至图廓线，不能在图内中断。

③ 非交性　因为等高线为一个个水平面与地面相截而成，非特殊地貌，等高线之间不能相交。

④ 密陡稀缓性　等高线越密的地方，地面坡度越陡；等高线越稀的地方，地面坡度越平缓。

⑤ 正交性　等高线与山脊线、山谷线成正交。由此推断，等高线穿越河流时，应逐渐折向河流上游，然后正交于河岸线。

6.6 地形图的应用

在建筑工程设计和施工中，大比例尺地形图是不可缺少的地形资料。地形图是确定点位及计算工程量的依据。设计人员可以从地形图上确定某点的坐标及高程；确定图上某直线的水平距离和方位角；确定地面的坡度和坡向，确定图上某部分的面积和体积；从地形图上还可以综合了解各方面信息，如居民地、道路交通、河流水系、地貌、土壤、植被及测量控制点等。正确阅读地形图，是每一个建筑工程技术人员必须具备的基本技能。

6.6.1 地形图的识读

地形图的识读是正确应用地形图的基础。阅读地形图不仅仅局限于认识图上哪里是村庄，哪里是河流，哪里是山头等孤立的现象，而是通过综合分析，把图上显示的各种符号和注记综合起来，构成一个整体的立体模型展现在人们面前。因此，读图时要讲究方法，要分层次地进行读图，即从图外到图内，从整体到局部，逐步深入到要了解的具体内容。这样，对图幅内的地形有了完整的概念后，才能对可资利用的部分提出恰当准确的用图方案。

现以图 6-8 为例，说明识读地形图的方法和步骤。

(1) 识读图廓外注记

从图廓外注记可了解到本图幅的名称为沙湾，比例尺为 1∶2000，测图的年月为 1997 年 6 月，测图的方法为经纬仪测绘法测图，坐标系统为任意的平面直角坐标系，高程基准为 1985 年国家高程基准，等高距为 2m，所用图式版本为 1988 年版地形图图式。从接图表上可知，本图幅北面为北口，南面为南河，西为李村，东为岔口等。

(2) 地物和植被

本图幅的主要居民地为沙湾。沙湾的西南有一条交叉的公路——大兴公路，向北至化工厂，向西至李村，向东至岔口，向东南至石门，有一条大车路贯穿沙湾的东西，出沙湾向西南有一条人行小路，横跨公路通往西南山区。在沙湾的南面有一条白沙河自西北流入，至东北流出，此河也是高乐乡和梅镇的分界线。本图幅内未见有电力线路设施分布。图幅内有测量控制点三角点金山和两个埋石的导线点 N_4、N_5。

图幅内的植被分布与地形是相联系的，在居民地沙湾的南面、白沙河的北岸分布有菜地，大兴公路南面的山谷中和金山东南的山脚下、公路两侧分布有一些旱地，在图幅西南面的山丘上有零星乔木和灌木分布。

(3) 分析地貌

从图幅中的等高线形状和密集程度可以看出，其大部分地貌为丘陵地。丘陵地内小山林立，山脊、山谷交错，沟壑纵横。图幅东北部白沙河两岸为平坦地。从图中的高程注记和等高线注记来看，最高的山顶为图根点 N_4，其高程为 108.23m，最低的等高线为 78m，图内

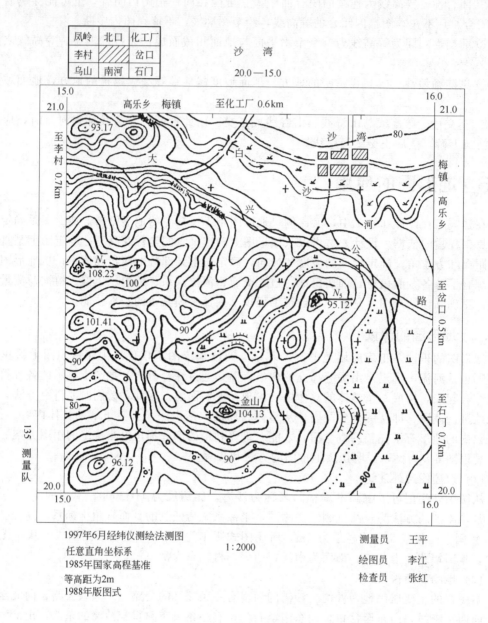

图 6-8 沙湾地形图

最大高差仅 30m。图内丘陵地的一般坡度为 10% 左右（求算坡度的方法见后），这种坡度的地形对各种工程施工没有任何困难。

6.6.2 地形图应用的基本内容

(1) 确定点的坐标

如图 6-9 所示，欲求图上 A 点的坐标，首先找出 A 点所处的小方格，并用直线连成小正方形 $abcd$，其西南角 a 点的坐标为 x_a、y_a。

例如，$x_a=57100$m，$y_a=18100$m，然后，通过 A 点作坐标方格网的平行线，再根据地形图的比例尺量出 $ag=76.9$m，$ae=61.5$m，则 A 点的坐标

$$x_A = x_a + ag = 57100 + 76.9 = 57176.9 \text{ (m)}$$
$$y_A = y_a + ae = 18100 + 61.5 = 18161.5 \text{ (m)}$$

如果图纸有收缩变形，为了提高坐标量测的精度，除量出 ag、ae 的长度外，还要量出 ab、ad 的长度，则 A 点的坐标可按下式计算，即

$$x_A = x_a + \frac{ag \times l}{ab} \tag{6-2}$$

$$y_A = y_a + \frac{ae \times l}{ad} \tag{6-3}$$

式中 l——小方格边长的理论值，为 10cm。

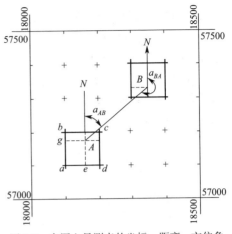

图 6-9 在图上量测点的坐标、距离、方位角

(2) 确定点的高程

如图 6-10 所示，若欲求点正好位于等高线上，则此点的高程即为该等高线的高程。如图中 b 点的高程 $H_b = 32$m，若欲求点 a 不在等高线上，则应通过 a 点作一条大致垂直于两相邻等高线的直线 bc，再量得 bc 为 9mm，b 点至 a 点的距离为 6.3mm，又知等高距 h 为 1m，则 a 点的高程为

$$H_a = H_b + h \times ba \div bc = 32 + 1 \times 6.3 \div 9 = 32.7 \text{ (m)}$$

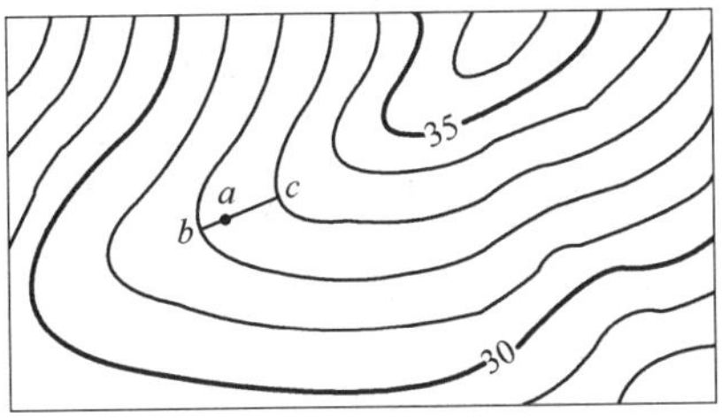

(3) 确定直线的水平距离

如图 6-9 所示，欲求直线两端点 A、B 之间的水平距离，可采用解析法或图解法。

① 解析法 先按前述方法分别求得直线两端点 A、B 的坐标，然后根据 A、B 两点的坐标用坐标反算的方法计算出直线的水平距离 D_{AB}。

② 图解法 应用两脚规在图上量出 A、B 两点的长度，再与地形图上的图示比例尺比较求出 AB 的水平距离。当精度要求不高时，也可直接用比例尺在地形图上量取距离。

图 6-10 在图上确定点的高程

(4) 确定直线的坐标方位角

如图 6-9 所示，欲求直线 AB 的坐标方位角，也可采用解析法或图解法求得。

① 解析法 设 A、B 两点的坐标已知，则直线 AB 的坐标方位角可用坐标反算的方法计算出来。

② 图解法 通过 A、B 两点分别作纵坐标轴的平行线，然后将量角器的中心分别对准 A、B 点，量得坐标方位角 α'_{AB} 和 α'_{BA}，则直线 AB 的坐标方位角

$$\alpha_{AB} = \frac{\alpha'_{AB} + \alpha'_{BA} \pm 180°}{2}$$

(5) 确定直线的坡度

设已知直线 AB 两端点之间的高差 h_{AB}、两端点间的实际水平距离为 D_{AB}，图上距离为 d_{ab}；若测图比例尺为 $1:M$，则该直线在地面上的平均坡度为

$$i_{AB} = \frac{h_{AB}}{D_{AB}} = \frac{h_{AB}}{d_{ab}M} \tag{6-4}$$

坡度 i 通常用百分率（%）或千分率（‰）表示。

如图 6-10 所示，$h_{ab} = 32.7 - 32 = 0.7$ (m)，$D_{ab} = 6.3$m，则

$$i_{ab} = 0.7/6.3 = +11.11\%$$

6.6.3 地形图在工程建设中的应用

(1) 图形面积计算

① 几何图形法 利用直尺和三角板将比较复杂的几何图形分成简单的几何图形（常用的有三角形、梯形和矩形），并利用比例尺直接在地形图上量取图形的几何要素，然后通过公式计算，求出各简单几何图形的面积，再将各简单几何图形的面积相加，即得到所求图形的面积，如图 6-11 所示。

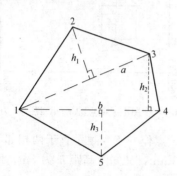
图 6-11 几何图形法

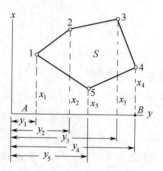
图 6-12 坐标计算法

② 坐标计算法 若已知某多边形各顶点的坐标，欲求多边形的面积 S，则可根据公式计算图形的面积，如图 6-12 所示，将多边形各顶点投影于 y 轴，设多边形首尾两点的投影与 y 轴相交于 A、B 两点，则多边形的面积可表示为 $A—1—2—3—4—B$ 与 $A—1—5—4—B$ 两多边形面积之差。而上述面积又系各梯形面积之和，梯形面积的计算公式则为以其底 x 乘以高 (y_2-y_1)，(y_3-y_2)，…即

$$S = \frac{(x_1+x_2)(y_2-y_1)}{2} + \frac{(x_2+x_3)(y_3-y_2)}{2}$$
$$+ \frac{(x_3+x_4)(y_4-y_3)}{2} - \frac{(x_4+x_5)(y_4-y_5)}{2} - \frac{(x_5+x_1)(y_5-y_1)}{2}$$
$$= \frac{(x_1+x_2)(y_2-y_1)}{2} + \frac{(x_2+x_3)(y_3-y_2)}{2} + \frac{(x_3+x_4)(y_4-y_3)}{2}$$
$$+ \frac{(x_4+x_5)(y_5-y_4)}{2} + \frac{(x_5+x_1)(y_1-y_5)}{2}$$

若图形有 n 个顶点，则上式可推广为

$$S = \frac{\sum(x_i+x_{i+1})(y_{i+1}-y_i)}{2} \tag{6-5}$$

式中，i 从 1 取到 n，当 $i+1 > n$ 时，取 1。

同理，也可通过多边形各顶点向 x 轴投影，得到利用各顶点坐标计算多边形面积的公式

$$S = \frac{\sum(y_i+y_{i+1})(x_{i+1}-x_i)}{2} \tag{6-6}$$

③ 模片法 即利用聚酯薄膜或透明胶片等制成模片，在模片上建立一组有单位面积的方格、平行线等，然后利用这种模片去覆盖被量测的面积，从而求得相应的图上面积值，再根据地形图的比例尺，计算出所测图形的实地面积。

i. 方格法：如图 6-13 所示，先在透明模片上绘制边长为 1mm 的正方形格网，再把它

覆盖在待测算面积的图形上，数出图形内的整方格数 n_1 和图形边缘的零散方格数 n_2。对零散方格采用目估凑整，通常每两个凑成一个。则所测算图形的面积为

$$S=\frac{\left(n_1+\dfrac{n_2}{2}\right)M^2}{10^{-6}} \tag{6-7}$$

式中　M——比例尺分母。

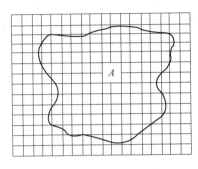 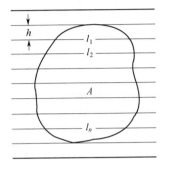

图 6-13　方格法　　　　　　　　　图 6-14　平行线法

ⅱ．平行线法：如图 6-14 所示，先在透明模片上绘制间距为 h 的一组平行线（同一模片上间距相同）。然后，将它覆盖于待测面积的图形上，并调整使平行线与图形的上、下边线相切。此时，相邻两平行线之间所截的部分为若干个等高（高为 h）的梯形，量出各梯形的底边长 l_1，l_2，$\cdots$，l_n。则各梯形的面积为

$$S_1=(0+l_1)hM^2/2$$
$$S_2=(l_1+l_2)hM^2/2$$
$$\vdots$$
$$S_{n+1}=(l_n+0)hM^2/2$$

则图形的总面积为

$$S=S_1+S_2+\cdots+S_{n+1}=(l_1+l_2+\cdots+l_n)hM^2=\sum l_i hM^2 \tag{6-8}$$

式中　　　　S——图形面积，m^2；
l_1、l_2、$\cdots$、l_n——梯形底边长度，m；
　　　　　h——平行线间距，m；
　　　　　M——比例尺分母。

④ 求积仪法　求积仪是一种专门用于在图纸上量算图形面积的仪器，有机械的和电子的两种，可适用于量测不同图形的面积。目前广泛使用的有日本测机舍和牛方商会生产的电子求积仪。先进的求积仪具有多种功能，可以测定坐标、面积、线长、边长/周长、半径、圆心、角度、圆弧中心坐标，还能展点、量角度、测中心点等，并可打印结果，能与计算机通信，能当数字化仪使用。型号不同，使用方法各异，操作非常简单，操作前认真阅读说明书即可。

(2) 确定汇水区域的周界

在修筑桥涵或水库大坝等工程中，桥涵孔径的大小，大坝的位置高度，水库容量大小等，都需要了解通过某处的水流量大小，而水流量又是根据汇水面积计算得到的。如图 6-15 所示，通过图中桥涵处的水流量的汇水面积是由公路与山脊线或其他分水线 AE、ED、DC 及 CB 所包围的面积，该区域的雨水都将汇集于河谷而流经桥涵处，其边界线

$ABCDE$ 即为汇水面积的周界。

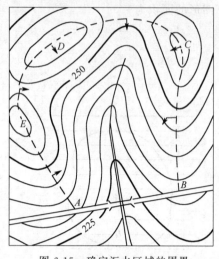

图 6-15 确定汇水区域的周界

(3) 绘制地形断面图

断面图是显示指定方向地面起伏变化的剖面图，它可以供道路、管线等设计坡度、计算土石方量及边坡放样使用。如图 6-16 所示，利用地形图绘制断面图时，首先要确定直线 MN 与等高线或山脊线、山谷线的交点 1，2，3，a，…，9 的高程及各交点至起点 M 的水平距离，再根据点的高程及水平距离按一定的比例尺绘制成断面图。具体步骤如下。

ⅰ. 在图纸上绘制一直角坐标系，横轴表示水平距离，纵轴表示高程。水平距离的比例尺与地形图的比例尺一致。为了明显地反映地面的起伏情况，高程比例尺一般为水平距离比例尺的 10 或 20 倍，并在纵轴上注明标高。标高的起始值选择要适当，使断面图位置适中。

ⅱ. 在横轴上适当位置标注 M 点，并在地形图上分别量取 $\overline{M1}$、$\overline{M2}$、…、$\overline{MN}$ 的水平距离，然后在横轴上，以 M 为起点，量取长度 $\overline{M1}$、$\overline{M2}$、…、$\overline{MN}$，定出 M、1、2、…、N 各点。

ⅲ. 根据横轴上各点相应的地面高程，在坐标系中标出相应的点位。

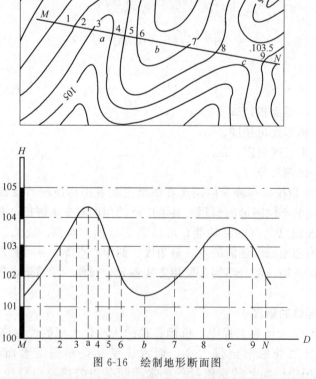

图 6-16 绘制地形断面图

ⅳ. 把相邻点用光滑的曲线连接起来，便得到地面直线 MN 的断面图。

（4）按规定坡度选择最短线路

在山区或丘陵地区进行管线或道路工程设计时，常要求在规定的坡度内选择一条最短线路。如图 6-17 所示，欲在 A 和 B 两点间选择一条纵向坡度不超过 i 的公路，设图上等高距为 h，地形图的比例尺为 $1:M$，则由式（6-4）可得路线通过相邻两条等高线的最短距离为

$$d=\frac{h}{iM}$$

在图上选线时，以 A 点为圆心，以 d 为半径画弧，交 84m 等高线于 1、1′两点，再以 1、1′两点为圆心，以 d 为半径画弧，交 86m 等高线于 2、2′两点，依次画弧直至 B 点。将这些相邻交点依次连接起来，便可获得两条同坡度线 A、1、2、…、B 和 A、1′、2′、…、B，最后

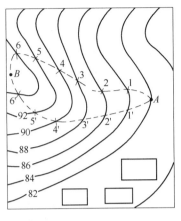

图 6-17 按规定坡度选择最短路线

通过实地调查比较，从中选定一条最合适的路线（一般考虑避开滑坡、崩岩等恶劣地质构造地段、不占良田、少占良田、保护文物等诸多因素）。

在作图过程中，如果出现半径小于相邻等高线平距的情况，即圆弧与等高线不能相交，说明该处地面坡度小于设计坡度。此时，路线可按最短距离连接。

（5）平整场地时土石方量的估算

在工业与民用建筑工程中通常要对拟建地区的自然地貌加以改造，整理成为水平或倾斜的场地，使改造的地貌适于布置和修建建筑物，便于排泄地面水，满足道路交通和敷设地下管线的需要。这些改造地貌的工作，被称为平整场地。在平整场地中，为了使场地的土石方工程合理，即填方和挖方基本平衡，往往先借助地形图进行土石方量的概算，以便对不同方案进行比较，从中选出最优方案。以下介绍的是采用方格网法进行水平场地平整时土石方量的估算方法。

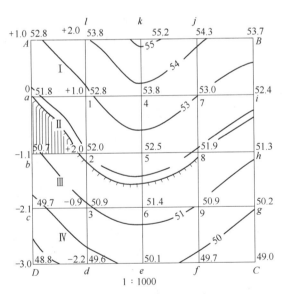

图 6-18 利用地形图估算土石方量

如图 6-18 所示，欲将图上 40m×40m 的地面平整为某一设计高程的水平场地，要求填挖方量平衡，并概算土石方量，其步骤如下。

① 在地形图上拟平整土地的区域绘制方格网　方格的大小取决于地形的复杂程度和土石方量的概算精度，一般以 10m 或 20m 为宜，图中方格边长为 10m。

② 计算设计高程 $H_设$　首先根据地形图上的等高线，采用内插法求出各方格顶点的地面高程（标注在方格顶点的右上方），再分别求出各方格四个顶点的平均高程 $H_i(i=1,2,\cdots,n)$。然后把所有方格的平均高程加起来，并除以方格总数 n，即得到设计高程 $H_设$。根据图中数据，求得设计高程为 51.8m。

③ 计算填、挖高度 h　各方格顶点的填挖高度为该点的地面高程与设计高程之差，即

$$h=H_地-H_设 \tag{6-9}$$

h 为"+"表示挖方,为"-"表示填方,并将 h 值标注于相应顶点的左上方。

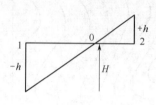

图 6-19 确定零点的方法

④ 绘出填、挖边界线 在方格边有一端为挖,另一端为填的边上找出不填也不挖的点(即填、挖高度为零的点),这种点因施工高度为零又称为零点。将相邻的零点连接起来,即得到零线,也就是填挖边界线。找零点的方法可按作图法或计算法。作图法最简单,如图 6-19 所示,可在该边的两端点垂直于该边分别向相反方向按比例绘制长度为填挖高度的短线,其连线与该边的交点即为零点。

⑤ 计算填、挖土方量 首先分别计算各方格内的填、挖土石方量,然后计算总的土石方量。现以Ⅰ、Ⅱ方格来说明计算方法。方格Ⅰ全为挖方,则挖方量

$$V_{\text{I挖}} = A_{\text{I挖}} \times (1.0 + 2.0 + 1.0 + 0)/4 = 1.0 A_{\text{I挖}} \quad (\text{m}^3)$$

方格Ⅱ既有挖方,也有填方,则挖、填方量

$$V_{\text{II挖}} = A_{\text{II挖}} \times (0 + 1.0 + 0.2 + 0)/4 = 0.3 A_{\text{II挖}} \quad (\text{m}^3)$$

$$V_{\text{II填}} = A_{\text{II填}} \times [0 + 0 + (-1.1)]/3 = -0.37 A_{\text{II填}} \quad (\text{m}^3)$$

式中,$A_{\text{I挖}}$、$A_{\text{II挖}}$、$A_{\text{II填}}$ 分别为相应挖、填方面积。

同法可计算其他方格的填挖方量,然后按填、挖方量分别求和,即为总的填、挖土石方量。

6.7 地形图测绘的基本方法

控制测量完成以后,以控制点作为测站,测定其周围的地物、地貌特征点的平面位置和高程,按测图比例尺缩绘到图纸上,并根据地形图图式规定的符号勾绘地形图,这一项工作称为碎部测量。碎部测量工作内容如下。

6.7.1 测图前的准备工作

测图前,除了做好仪器、工具及资料的准备工作之外,还应做好测图板上的准备工作。它包括图纸准备、绘制坐标方格网及展绘控制点等工作。

(1) 图纸准备

为了保证测图的质量,应选择质地较好的图纸。当测图工作量不大时,一般可用普通绘图的白纸,颜色白、纸面无杂质、韧性好即可。当大面积测图时,一般选用聚酯薄膜。聚酯薄膜具有透明度好、伸缩性小、不怕潮湿、牢固耐用等优点,如表面不清洁,还可用水洗,并可直接在底图上着墨复晒蓝图,但是,聚酯薄膜也有易燃、易折和易老化等缺点,使用中应注意防火、防折。

(2) 绘制坐标方格网

为了准确地将图根控制点展绘在图纸上,首先要在图纸上精确地绘制 10cm×10cm 的直角坐标方格网。绘制方格网的方法有对角线法和坐标尺法两种。对角线法绘制速度慢,误差也大,它适用于绘制工作量小,精度要求不高的小范围测图。坐标尺属于绘制方格网的专用工具,精度高,速度也快,适用于大范围内测图时使用。另外,在测绘用品商店还有绘制好坐标方格网的聚酯薄膜图纸出售,大范围测图时,也可直接去商店购买。下面仅简单介绍采用对角线法绘制坐标方格网的方法步骤。

如图 6-20 所示,先在图纸上画出两条对角线,以其交点 M 为圆心,取适当长度为半径画弧,在对角线上交得 A、B、C、D 四点,用直线连接各点得矩形 $ABCD$。再从 A、B 两点起各沿 AD、BC 方向每隔 10cm 截取一点,从 A、D 两点起各沿 AB、DC 方向每隔

10cm 截取一点，连接各对应边的对应点，即得到需要的坐标方格网，坐标方格网各边用 0.1mm 粗细的线条描绘。

坐标方格网绘制好以后，要用直尺检查各方格网的交点是否在同一直线上，其偏差值不应超过 0.2mm，小方格的边长与其理论值相差不应超过 0.2mm。小方格对角线长度误差不应超过 0.3mm。如超过限差，应重新绘制。

(3) 展绘控制点

展绘前应根据测区所在图幅的位置，将坐标格网线的坐标值标注在相应格网边线的外侧，如图 6-21 所示。

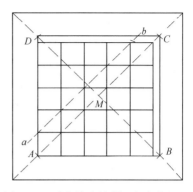

图 6-20　对角线法绘制坐标方格网

展绘时，要先根据控制点的坐标，确定所在的方格。如控制点 A 的坐标 $x_A = 647.43$m，$y_A = 634.52$m，根据 A 点的坐标值即可确定其位置在 $plmn$ 方格内；再按 y 坐标值分别从 l、p 点按测图比例尺向右量 34.52m，得 a、b 两点；同法，从 p、n 点向上各量 47.43m，得 c、d 两点；连接 a、b 和 c、d，其交点即为 A 点的位置。同法展绘其他各点，并在点的右侧注明点号和高程。

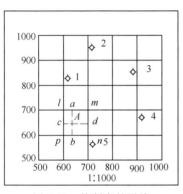

图 6-21　控制点的展绘

6.7.2　经纬仪测图

测绘地形图的方法很多，根据使用仪器不同分为大平板仪测图、小平板仪配水准仪或小平板仪配经纬仪测图、经纬仪测图和光电测距仪测图法几种。对于小范围测图多采用经纬仪配量角器测图。根据地形条件不同，测定碎部点平面位置的方法有极坐标法、直角坐标法、角度或距离交会法几种，以极坐标法应用最广泛。做好测图工作的关键是要选好碎部点。

(1) 碎部点的选择

碎部点的正确选择是保证测图质量和提高测图效率的关键。碎部点应选在地物和地貌的特征点上。

地物特征点就是决定地物形状的地物轮廓线上的转折点、交叉点、转弯点及独立地物的中心点等，如房角点、道路转折点、交叉点、河岸线转弯点、窨井中心点等。连接这些特征点，便可得到与实地相似的地物形状。由于地物形状极不规则，一般规定主要地物凸凹部分在图上大于 0.4mm 均应表示出来，在地形图上小于 0.4mm，可以用直线连接。次要地物凸凹部分在图上大于 0.6mm 才表示出来，小于 0.6mm 可以用直线连接。

地貌点应选在最能反映地貌特征的山脊线、山谷线等地性线上，如山顶、鞍部、山脊、山脚、谷底、谷口、沟底、沟口、洼地、台地、河川、湖池岸旁等的坡度和方向变化处。根据这些特征点的高程勾绘等高线，即可将地貌在图上表示出来。若选择正确，就可以逼真地反映地形现状，保证工程要求的精度；若选择不当，如图 6-22 中，漏选碎部点 2，则绘图时，将用 1—3 连线代替真实现状 1—2—3，致使成图失真走样、歪曲地面形状，影响工程用图。

(2) 一个测站上的测绘工作

如图 6-23 所示，经纬仪测图法就是将经纬仪安置于测站点（例如导线点 A）上，绘图板安置于测站旁，用经纬仪测定碎部点的方向与已知方向之间的水平夹角，用视距测量方法测定测站点到碎部点之间的水平距离和高差，然后根据测定数据按极坐标法，用量角器和比例尺把碎部点的平面位置展绘于图纸上，并在点位的右侧注明高程，再对照实地勾绘地形图。其工作步骤如下。

① 安置仪器　如图6-23所示，将经纬仪安置在测站点 A 上，对中、整平，量取仪器高度 i，后视另一控制点 B，将水平度盘读数拨至 $0°00'$；检定竖盘指标差，或利用竖盘指标水准管一端的校正螺丝将 x 校正为0。

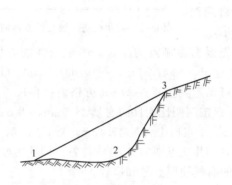

图6-22　地貌特征点的选择　　　　　　　图6-23　经纬仪测绘法测图

② 选点立尺　在立尺之前，立尺员应根据实地情况及本测站实测范围，选定立尺点，并与观测员、绘图员共同商定立尺路线。然后依次将水准尺立在地物、地貌特征点上。

③ 观测　观测员转动经纬仪照准部，瞄准1点水准尺，读出尺间隔 l（下丝读数－上丝读数），中丝读数 v，竖盘读数 L 及水平角 β。同法观测2、3、…点，在观测过程中，应随时检查定向点方向，其归零差不应超过一定范围。

④ 记录与计算　将测得的尺间隔 l、中丝读数 v、竖盘读数 L 及水平角 β 依次填入手簿。依据测得数据，按视距测量计算公式计算水平距离 D 和高程 H，即

$$D = Kl\cos^2\alpha$$

$$H = H_A + \frac{1}{2}Kl\sin2\alpha + i - v$$

式中　K——视距乘常数，$K=100$。

对有特殊作用的碎部点，如房角、山顶、山脚、鞍部等，还应在备注栏加以说明，碎部测量记录手簿见表6-4。

表6-4　碎部测量记录手簿

测站 A　　后视点 B　　仪器高 $=1.53$m　　指标差 $=0$　　测站高程 $H_A=55.62$m

点号	尺间隔 l/m	中丝读数 v/m	竖盘读数 L	竖直角	初算高差 h/m	改正数 $(i-v)$/m	改正高差 h/m	水平角 β	水平距离 D/m	高程 H/m	点号	备注
1	35.2	1.53	89　50	0　10	0.05	0	0.05	130°25′	35.2	55.67	1	房角
2	47.5	1.45	90　00	0　00	0	0.08	0.08	120°37′	47.5	55.70	2	花台
3	41.7	1.50	90　00	0　00	0	0.03	0.03	204°30′	41.7	55.65	3	水池
…	…	…	…	…	…	…	…	…	…	…	…	…

⑤ 展绘碎部点　用小针将量角器的圆心插在图纸上的测站处，转动量角器，使在量角器上对应所测碎部点 1 的水平角值之分划线对准零方向线 ab，再用量角器直径上的长度刻划或借助比例尺，按测得的水平距离，在图纸上展绘出点 1 的位置（图 6-23），并在点的右侧注明其高程。同法，将其余各碎部点的平面位置及高程展绘于图纸上。

图 6-24 所示为测图中常用的半圆形量角器，在分划线上按逆时针方向注记两圈度数，外圈为 0°～180°，黑色注字；内圈为 180°～360°，红色注字。展点时，凡水平角在 0°～180° 范围内，用外圈黑色度数，并用量角器直径上一端以黑色字注记的长度刻划量取水平距离 D；凡水平角在 180°～360° 范围内，则用内圈红色度数，并用该量角器直径上另一端以红色字注记的长度刻划量取水平距离 D。

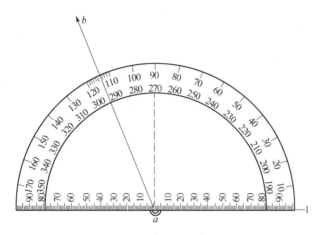

图 6-24　半圆形量角器

实际工作中，一边展绘碎部点，一边参照实地地形情况勾绘地形图。

(3) 注意事项

ⅰ. 测图过程中，全组人员要互相配合，协调一致，使工作有条不紊。

ⅱ. 观测员读数时，应注意到记录者是否听清楚。竖直角读数至 1′，水平角读数至 5′；每观测 20～30 个碎部点后，应检查起始方向的变化情况，起始方向度盘读数归零差不超过 4′。

ⅲ. 立尺员选点要有计划，避免重测和漏测，尽量一点多用，适当注意绘图方便，并协助绘图员检查图上与实地情况是否一致。

ⅳ. 记录员、计算员一般由两人担任，记录应正确、工整、清楚。碎部点的水平距离和高程均计算到厘米，完成一点的计算后，应及时将数据报告绘图者。

ⅴ. 绘图员应依据观测和计算的数据及时展绘碎部点，勾绘地形图，并保持图面整洁，图式符号正确。

6.7.3 地形图绘制与检查

在外业工作中，当碎部点展绘在图上后，就可以对照实地随时描绘地物和等高线。如果测区范围较大，还应及时对各图幅衔接处进行拼接，经过检查与整饰，才能获得符合要求的地形图。

(1) 地物描绘

地物要按地形图图式规定的符号表示，房屋轮廓需用直线连接起来，而道路、河流的弯曲部分则是逐点连成光滑的曲线。不能依比例描绘的地物，应按规定的非比例符号表示。符号的方向、大小和间距均应符合图式规定。

（2）等高线勾绘

除了城市建筑区和不便于绘等高线的地方，可不绘等高线（采用高程注记或其他符号表示）以外，其他地区的地貌，均应根据碎部点的高程勾绘等高线。勾绘等高线时，先轻轻描绘出山脊线、山谷线等地性线，再根据碎部点的高程勾绘等高线。由于各等高线的高程往往不是等高线的整倍数，因此，必须在相邻点间用内插法定出等高线通过的点位。由于碎部点选在地面坡度变化处，则相邻两点之间的坡度可视为均匀坡度。所以，可以在图上两相邻碎部点的连线上，按平距与高差成比例的关系，定出两点间各条等高线通过的位置。这就是内插等高线依据的原理。内插等高线的方法一般有解析法、目估法等几种。

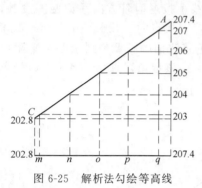

图 6-25　解析法勾绘等高线

① 解析法　如图 6-25 所示，地面上两碎部点 A、C 的高程分别为 207.4m 和 202.8m，若等高距为 1m，则其间有高程为 203m、204m、205m、206m 及 207m 5 条等高线通过，其在 $C—A$ 的平面连线上的具体位置为 m、n、o、p、q，可通过计算 Cm、mn、qA 加以确定，设 CA 间平距为 $d=23$mm，CA 间高差 $h=207.4-202.8=4.6$（m）。

每一米高差对应的平距 $d_0=23/4.6=5$（mm）

起点 C 与第一条等高线之间的高差 $h_1=203-202.8=0.2$（m）

起点 C 与第一条等高线之间的平距 $d_1=5\times0.2=1$（mm）

最后一条等高线与终点 A 之间的高差 $h_6=207.4-207=0.4$（m）

最后一条等高线与终点 A 之间的平距 $d_6=5\times0.4=2$（mm）

然后，从起点 C 开始，向 A 方向分别量取平距 1mm，得 m 点，再向前量取 5mm 得到 n 点，同理得到 o、p、q 各点，最后一段平距用于检核。

② 目估法　采用解析计算法操作起来，比较繁琐。实际应用时，多采用目估的方法内插等高线。目估法的步骤如下：

ⅰ．定有无（即确定两碎部点之间有无等高线通过）；

ⅱ．定条数（即确定两碎部点之间有几条等高线通过）；

ⅲ．定两端（即确定两碎部点之间首尾两等高线通过的位置）；

ⅳ．平分中间（即确定中间各等高线通过的位置）；

ⅴ．移动调整（即一次确定不合理，可另行移动调整其位置）。

将相邻山脊线或山谷线上各等高线通过的位置确定以后，再将高程相等的相邻点连成光滑的曲线，即为等高线，如图 6-26 所示。勾绘等高线时，要对照实地情况，先画计曲线，后画首曲线，并注意等高线通过山脊线、山谷线的走向。

（3）地形图的检查与整饰

① 地形图的检查　在测图中，测量人员应做到随测随检查。为了保证成图的质量，在地形图测完后，还必须对完成的成图资料进行全面严格的自检（小组内进行）和互检（小组之间交换进行），并由上级业务管理部门组织专人进行检查和评定质量。

ⅰ．室内检查：包括坐标方格网、图廓线、各级控制点的展绘、外业手簿的记录计算，控制点和碎部点的数量和位置是否符合规定，地形图内容综合取舍是否恰当，图式符号使用是否正确，等高线表示是否合理，图面是否清晰易读。若发现问题和错误，应到实地检查、修改。

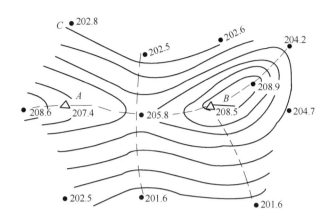

图 6-26　目估法勾绘等高线

ⅱ．巡视检查：按拟定的路线作实地巡视，将原图与实地对照。巡视中着重检查图上反映地物、地貌与实地是否一致，所测地物、地貌有无遗漏等。

ⅲ．仪器检查：是在上述两项检查的基础上进行的。仪器检查又称为设站检查。它是在图幅范围内设站，一般采用散点法进行检查，除对已发现的问题进行修改和补测外，还重点抽查原图的成图质量。将抽查的地物点、地貌点与原图上已有的相应点的平面位置和高程进行比较，算出较差，记入专门的手簿，作为评定图幅数学精度的主要依据。

② 地形图的整饰　整饰的目的就是为了使图面合理、清晰和美观。

ⅰ．线条、符号：图内一切地物、地貌的线条都应清楚。若有线条模糊不清，连接不整齐或错连、漏连以及符号画错等，都要按地形图图式规定加以整理。

ⅱ．文字注记：名称、注记的字体要端正清楚，字头一般朝北，位置及排列要适当，既要能表示所代表的碎部范围，又不应遮盖地物、地貌的线条。

ⅲ．图号及其他记载：图幅编号常易在外业测图中被摩擦而模糊不清，要先与图廓坐标核对后再注写清楚，防止写错。其他还要求注明图名、比例尺、坐标系统、高程系统、测图单位、测图人员和日期等。

6.8　全站仪数字测图

6.8.1　数字测图的基本概念

随着电子技术和计算机技术日新月异的发展及其在测绘领域的广泛应用，20世纪80年代产生了电子速测仪、电子数据终端，并逐步构成了野外数据采集系统，将其与内业机助制图系统结合，形成了一套从野外数据采集到内业制图全过程的、实现数字化和自动化的测量制图系统，人们通常称作数字化测图（简称数字测图）或机助成图。广义的数字测图主要包括：全野外数字测图（或称地面数字测图、内外一体化测图）、地图数字化成图、摄影测量和遥感数字测图。狭义的数字测图指全野外数字测图。此处主要介绍全野外数字测图技术。

数字测图的基本思想是：用全站仪进行控制测量，同时采集地物和地貌的各种特征信息，将这些信息记录在数据终端上再传输给计算机，或直接传输给便携式微机，然后用计算机对有关信息进行加工处理形成绘图数据，再用数控绘图仪自动绘制出所需要的地形图。

6.8.2 数字测图前准备工作

(1) 图根控制测量

当在一个测区内进行等级控制测量时,应尽可能多选制高点(如山顶或楼顶),在规范或甲方允许范围内布设最大边长,以提高等级控制点的控制效率。完成等级控制测量后,可用辐射法布设图根点,点位及点的密度完全按需而设,灵活多变。一般而言,对于平坦且开阔的地区,每平方公里图根点的密度见表6-5。

表6-5 图根点密度要求

比例尺	图根点密度	比例尺	图根点密度
1∶500	64	1∶2000	4
1∶1000	16		

图根平面控制点的布设,可采用图根导线、图根三角、交会法和 GPS RTK 等方法。还可采用"辐射法"和"一步测量法"。"辐射法"就是在某一通视良好的控制点上,用极坐标测量的方法,按全圆方向观测方式,一次测定周围几个图根点。这种方法无需平差计算,直接测出坐标。为了保证图根点的可靠性,一般要进行两次观测(另选定向点)。"一步测量法"就是将图根导线与碎部测量同时作业。利用全站仪采集数据时,效率非常高,可少设一次站,少跑一遍路,适合数字测图,现在有很多测图软件都支持。

(2) 测区分幅

平板测图是把测区按标准图幅划分成若干幅图,再一幅一幅往下测,而数字化测图是分块测的,通常数字化测图是以路、河、山脊等为界线,以自然地块进行分块测绘。

(3) 人员安排

由于数字化测图软件特点不同,小组作业人员安排也有所区别。以 CASS10.0 为例,一个作业小组可配备:测站1人,镜站2人,领尺员2人。根据地形情况,镜站可用单人或多人。领尺员负责画草图和室内成图,是核心成员,一般外业一天,内业一天,2人轮换,也可根据本单位实际情况自由安排。

注意:领尺员必须与测站保持良好的通信联系,使草图上的点名与全站仪上的点号相同。

(4) 文件管理

数字化测图的内业处理涉及的数据文件较多。因此,进入数字化绘图系统后,将面临输入各种各样的文件名,所以最好养成一套较好的命名习惯,以减少内业工作中不必要的麻烦。建议采用如下的命名约定。

简编码坐标文件:①由电子手簿传输到计算机中带简编码的坐标数据文件,建议采用 *JM.DAT 格式;②由内业编码引导后生成的坐标数据文件,建议采用 *YD.DAT 格式。

坐标数据文件:指由电子手簿传输到计算机的原始坐标数据文件的一种,建议采用 *.DAT 格式。

引导文件:指由作业人员根据草图编辑的引导文件,建议采用 *.YD 格式。

坐标点(界址点)坐标文件:指由电子手簿传输到计算机的原始坐标数据文件的一种,建议采用 *.DAT 格式。

权属引导信息文件:指作业人员在做权属地籍图时根据草图编辑的权属引导信息文件,建议采用 *DJ.YD 格式。

权属信息文件:指由权属合并或由图形生成权属形成的文件,建议采用 *.QS 格式。

图形文件：凡是在CASS6.0绘图系统生成的图形文件，规定采用*.DWG格式。

6.8.3 碎部测量

(1) 基本含义

碎部测量是根据比例尺要求，运用地图综合原理，利用图根控制点对地物、地貌等地形图要素的特征点，用测图仪器进行测定并对照实地用等高线、地物、地貌符号和高程注记、地理注记等绘制成地形图的测量工作。

(2) 碎部点选择

对于地物，碎部点应选在地物轮廓线的方向变化处，如房角点，道路转折点，交叉点，河岸线转弯点以及独立地物的中心点等。连接这些特征点，便得到与实地相似的地物形状。由于地物形状极不规则，一般规定主要地物凸凹部分在图上大于0.4mm均应表示出来，小于0.4mm时，可用直线连接。

对于地貌来说，碎部点应选在最能反映地貌特征的山脊线、山谷线等地性线上。如山顶、鞍部、山脊、山谷、山坡、山脚等坡度变化及方向变化处。根据这些特征点的高程勾绘等高线，即可得地貌在图上表示出来。

(3) 数字测图碎部测量方法

数字化测图的碎部测量一般用全站仪或速测全站仪等电子仪器进行。当地物比较规整时，可以采用"简码法"模式，在现场可输入简码，室内自动成图；当地物比较废乱时，最好采用"草图法"模式，现场绘制草图，室内用编引导文件或用测点点号定位成图方法进行成图。当所测地物比较复杂时，为了减少镜站数，提高效率，可用皮尺丈量方法测量，室内用交互编辑方法成图。需要注意的是，待测点的高程不参加高程模型的计算时，在全站仪上，一定要把觇标高置为0，这样，待测点的高程就自动为零了。

在进行地貌采点时，可以用一站多镜的方式进行，一般在地性线上要有足够密度的点，特征点也要尽量测到。例如在沟底测了一排点，也应该在沟边再测一排点，这样生成的等高线才真实；而在测量陡坎时，最好坎上坎下同时测点，这样生成的等高线才没有问题。在其他地形变化不大的地方，可以适当放宽采点密度。

(4) 绘制平面图

对于图形的生成，南方CASS10.0提供了"草图法""简码法""电子平板法""数字化仪录入法"等多种成图作业方式，并可实时地将地物定位点和邻近地物（形）点显示在当前图形编辑窗口中，操作十分方便。首先，要确定计算机内是否有要处理的坐标数据文件。

6.8.4 作业流程

这里分别介绍"草图法"和"简码法"的作业流程。

(1) 草图法

"草图法"工作方式要求外业工作时，除了测量员和跑尺员外，还要安排一名绘草图的人员，在跑尺员跑尺时，绘图员要标注出所测的是什么地物（属性信息）及记下所测点的点号（位置信息），在测量过程中要和测量员及时联系，使草图上标注的某点点号要和全站仪里记录的点号一致，而在测量每一个碎部点时不用在电子手簿或全站仪里输入地物编码，故又称为"无码方式"。

"草图法"在内业工作时，根据作业方式的不同，分为"点号定位""坐标定位""编码引导"等几种方法。

①"点号定位"法作业流程

ⅰ．定显示区：根据输入坐标数据文件的数据大小定义屏幕显示区域的大小。

ⅱ．选择测点点号定位成图法。

ⅲ．绘平面图：根据野外作业时绘制的草图，选择相应的地形图图式符号将所有的地物绘制出来。

注意：当房子是不规则的图形时，可用"实线多点房屋"或"虚线多点房屋"来绘；绘房子时，输入的点号要按顺时针或逆时针的顺序输入，否则绘出来房子不对。

②"坐标定位"法作业流程

ⅰ．定显示区。

ⅱ．选择坐标定位成图法。

ⅲ．绘平面图：与"点号定位"法成图流程类似，需先在屏幕上展点，根据外业草图，选择相应的地图图式符号在屏幕上将平面图绘出来，区别在于不能通过测点点号来进行定位。

③"编码引导"法作业流程

此方式也称为"编码引导文件＋无码坐标数据文件自动绘图方式"。

ⅰ．编辑引导文件：根据野外作业草图，并依据数字化测图规范要求的地物代码以及文件格式，编辑好此文件。

注意：a．文件名一定要有完整的路径；b．每一行表示一个地物；c．每一行的第一项为地物的"地物代码"，以后各数据为构成该地物的各测点的点号（依连接顺序的排列）；d．同行的数据之间用逗号分隔；e．表示地物代码的字母要大写；f．用户可根据自己的需要定制野外操作简码，通过更改 C：\ CASS10 \ SYSTEM \ JCODE.DEF 文件即可实现，具体操作要求参考相应数字化测图规范。

ⅱ．定显示区。

ⅲ．编码引导：编码引导的作用是将"引导文件"与"无码的坐标数据文件"合并生成一个新的带简编码格式的坐标数据文件。

ⅳ．简码识别。

ⅴ．绘平面图。

（2）简码法

"简码法"工作方式也称作"带简编码格式的坐标数据文件自动绘图方式"，与"草图法"在野外测量时不同的是，每测一个地物点时都要在电子手簿或全站仪上输入地物点的简编码，简编码一般由一位字母和一或两位数字组成。用户可根据自己的需要通过 JCODE.DEF 文件定制野外操作简码。

ⅰ．定显示区。

ⅱ．简码识别：作用是将带简编码格式的坐标数据文件转换成机器能识别的程序内部码（又称绘图码）。

ⅲ．绘平面图：因为坐标数据文件是带简编码格式的，在完成"定显示区""简码识别"的操作后，便可以通过"绘平面图"这步操作自动将平面图绘出来。然后在此基础上进行图形的编辑（修改、文字注记、图幅整饰等工作），便可得到规范、整洁的平面图。

CASS10.0 支持多种多样的作业模式，除了"草图法""简码法"以外，还有"白纸图数字化法""电子平板法"，可供灵活选择。使用"草图法"中的点号定位法工作方式可尽量减轻野外的工作量，具有直观性，在地物情况比较复杂时效率更高，如果出错在内业编辑时较容易修改。

6.8.5 等高线绘制

在地形图中，等高线是表示地貌起伏的一种重要手段。常规的平板测图，等高线是由手工描绘的，等高线可以描绘得比较圆滑但精度稍低。在数字化自动成图中，等高线是由计算机自动勾绘，计算机勾绘的等高线精度是相当高的。CASS10.0 在绘制等高线时，充分考虑到等高线通过地性线和断裂线处理，如陡坎等。CASS10.0 能自动切除通过地物、注记、陡坎的等高线。在绘等高线之前，必须先将野外测的高程点建立数字地面模型，然后在数字地面模型上勾绘等高线。

① 建立数字地面模型（构建三角网） 数字地面模型（DTM），是在一定区域范围内规则格网点或三角网点的平面坐标 (x, y) 和其地物性质的数据集合，如果此地物性质是该点的高程 Z，则此数字地面模型又称为数字高程模型（DEM）。这个数据集合从微分角度三维地描述了该区域地形地貌的空间分布。

② 修改数字地面模型（修改三角网） 一般情况下，由于地形条件的限制在外业采集的碎部点很难一次性生成理想的等高线，如楼顶上控制点。另外还因现实地貌的多样性和复杂性，自动构成的数字地面模型与实际地貌不太一致，这时可以通过修改三角网来修改这些局部不合理的地方。

ⅰ. 删除三角形：如果在某局部内没有等高线通过的，则可将其局部内相关的三角形删除。

ⅱ. 增加三角形：如果要增加三角形时，可选择"等高线"菜单中的"增加三角形"项，依照屏幕的提示在要增加三角形的地方用鼠标点取，如果点取的地方没有高程点，系统会提示输入高程。

ⅲ. 过滤三角形：可根据用户输入选择符合三角形中最小角的度数或三角形中最大边长最多大于最小边长的倍数等条件的三角形。

ⅳ. 三角形内插点：选择此命令后，可根据提示输入要插入的点：在三角形中指定点（可输入坐标或用鼠标直接点取），提示"高程（米）="时，输入此点高程。通过此功能可将此点与相邻的三角形顶点相连构成三角形，同时原三角形会自动被删除。

ⅴ. 重组三角形：指定两相邻三角形的公共边，系统自动将两三角形删除，并将两三角形的另两点连接起来构成两个新的三角形，这样做可以改变不合理的三角形连接。如果因两三角形的形状无法重组，会有出错提示。

ⅵ. 修改结果存盘：通过以上命令修改了三角网后，把修改后的数字地面模型存盘。这样，绘制的等高线不会内插到修改前的三角形内。否则修改无效。

③ 绘制等高线 等高线的绘制可以在绘平面图的基础上叠加，也可以在"新建图形"的状态下绘制。如在"新建图形"状态下绘制等高线，系统会提示您输入绘图比例尺。

鼠标选择"等高线"下拉菜单的"绘制等高线"项，命令区提示：最小高程和最大高程（单位：m）。

请输入等高距（单位：m）：根据比例尺，按图式规范的要求输入等高距，例如输入 1，回车。请选择：1. 不光滑，2. 张力样条拟合，3. 三次 B 样条拟合，4. SPLINE<1>。选择等高线绘制的方式，例如输入 3，回车。如果选 1，绘制出来的等高线是折线，是分析三角网得来的最原始图形，在此基础上进行拟合就可得到更光滑的等高线。选 2 就是把折线进行张力样条拟合，这时的等高线最忠实于地形，也比折线美观。三次样条是最优的等高线生成方式，用这种方式生成的等高线最光滑，外观最好，但是会有少许失真。

④ 等高线的修饰 删除三角网；注记等高线；切除穿建筑物等高线；切除穿陡坎等高

线；切除穿围墙等高线；切除指定二线间等高线；切除穿高程注记等高线；切除指定区域内等高线。

⑤ 绘制三维模型　建立了 DTM 之后，就可以生成三维模型，观察立体效果。

另外利用"低级着色方式""高级着色方式"功能还可对三维模型进行渲染等操作，利用"显示"菜单下的"三维静态显示"的功能可以转换角度、视点、坐标轴，利用"显示"菜单下的"三维静态显示"功能可以做出更高级的三维动态效果。至此，绘等高线的过程便介绍完毕。

6.8.6　编辑与整饰

在大比例尺数字测图的过程中，由于实际地形、地物的复杂性，漏测、错测是难以避免的，这时必须要有一套功能强大的图形编辑系统，对所测地图进行屏幕显示和人机交互图形编辑，在保证精度情况下消除相互矛盾的地形、地物，对于漏测或测错的部分，及时进行外业补测或重测。另外，对于地图上的许多文字注记说明，如：道路、河流、街道等也是很重要的。

图形编辑的另一重要用途是对大比例尺数字化地图的更新，可以借助人机交互图形编辑，根据实测坐标和实地变化情况，随时对地图的地形、地物进行增加或删除、修改等，以保证地图具有很好的现实性。

ⅰ. 图形重构。CASS10.0 设计了骨架线的概念，复杂地物的主线一般都是含有独立编码的骨架线。用鼠标左键点取骨架线，再点取显示蓝色方框的夹点使其变红，移动到其他位置，或者将骨架线移动位置，改变原图骨架线对所有实体进行重构功能。

ⅱ. 改变比例尺。对各种地物包括注记、填充符号进行转变。

ⅲ. 查看及加入实体编码。

ⅳ. 线型换向。

ⅴ. 坎高的编辑。

ⅵ. 图形分幅。

在图形分幅前，应做好分幅的准备工作。应了解图形数据文件中的最小坐标和最大坐标。

注意：在 CASS10.0 软件下侧信息栏显示的坐标和测量坐标是相反的，即 CASS10.0 系统上前面的数为 Y 坐标（东方向），后面的数为 X 坐标（北方向）。在一般情况下不要用批量分幅，因为在分幅时切边容易丢掉一部分图形信息。

ⅶ. 图幅整饰。输入图幅的名字、邻近图名、测量员、制图员、审核员。

小　结

(1) 地形图

地形图是既表示地物的平面分布状况，又表示地貌起伏状况的图纸。

(2) 地形图比例尺

地形图比例尺是图上某一线段的长度 d 与它所代表的地面上的水平距离 D 之比。比例尺的形式有数字比例尺和图式比例尺两种。

(3) 地形图的图名、图号和图廓

① 图名即本幅图的名称，一般以本图幅内主要的地名，单位或行政名称命名；

② 图号即本幅图相应分幅方法的编号；

③ 图廓即地形图的边界。

(4) 地物符号

种 类	应 用
依比例符号	轮廓尺寸大、能按测图比例尺描绘的地物
非比例符号	轮廓尺寸小，不能按测图比例尺描绘，但由于位置重要，必须表示到图上
线形符号	沿一个方向的尺寸大，按测图比例尺表示，沿另一个方向的尺寸小，按规定线粗和宽度表示的地物
注记	仅有符号表示不完善，必须加注文字、数字或箭头等说明的地物

(5) 地貌符号
① 等高线　即地面上高程相同的相邻点所连成的闭合曲线。
② 等高距　即相邻两条高程不同的等高线之间的高差。
(6) 常见基本（典型）地貌的等高线特征

基本地貌类型	等 高 线 特 征
山头	一圈一圈闭合曲线，中间高程注记大于四周高程注记，示坡线由内指向外
洼地	一圈一圈闭合曲线，中间高程注记小于四周高程注记，示坡线由外指向内
山脊	凸（凹）向一侧的一组曲线，凸起的是低处，示坡线绘在凸起一侧
山谷	凸（凹）向一侧的一组曲线，凸起的是高处，示坡线绘在凹起一侧
鞍部	由一组对称的山脊线和山谷线组成

(7) 等高线的特性
等高线的特性为等高性、闭合性、非交性、正交性、密陡稀缓性。
(8) 阅读地形图的步骤
首先识读图廓外的注记说明，然后分析地物和植被，最后分析图上地貌形态。
(9) 地形图的基本应用
地形图的基本应用内容包括：确定图上点的坐标；确定图上点的高程；确定图上直线的水平距离；确定图上直线的坐标方位角；确定直线的坡度五个方面。
(10) 地形图上点的坐标确定
欲求图上某一点的坐标，先通过该点作 x、y 轴的平行线，与该点所在小方格的边相交，并量取该点相对于小方格西南角点的坐标增量，由西南角点的坐标加上量取的坐标增量即可得到该点的坐标。若图纸有变形，该坐标增量还应乘以变形系数。
(11) 地形图上点的高程确定
欲求图上某一点的高程，通过该点作相邻等高线的垂线，根据该点至下一条等高线的距离与垂线长的比例，确定下一条等高线至该点的高差，下一条等高线的高程加上该高差即得到该点的高程。若该点位于某一等高线上，则该点的高程为该等高线的高程。
(12) 计算图形的面积
从地形图上计算某一图形的面积的方法有几何图形法、坐标计算法、模片法和求积分法几种。
(13) 施工场地设计标高的确定
首先在场地上布置土方方格网，并求出各方格顶点的地面高程，再分别求出各方格四个顶点的平均高程。然后把所有方格的平均高程加起来，并除以方格总数，即得到场地的设计标高。
(14) 填挖边界线的确定

填挖边界线又称为零线。其确定首先采用作图法在一端为挖，另一端为填的方格边上找出施工高度为零的点，然后将相邻的零点连接起来，即得到所求的添挖边界线。

思考题

1. 阅读地形图时，主要从哪几个方面进行？
2. 地形图应用的基本内容有哪些？
3. 如何确定地形图上点的坐标及高程？
4. 计算图形的面积有哪些方法可以应用？
5. 如何计算场地的设计标高？如何确定填挖边界线？

习　题

如图 6-27 所示。
(1) 求出图上 M、N 点的坐标和高程。
(2) 求直线 MN 的水平距离、坐标方位角和坡度。
(3) 绘出方向线 $D_1(x=160,y=100)$、$D_8(x=160,y=240)$ 的断面图。
(4) 试从码头 P 选定一条坡度为 $+8\%$ 的道路线至车站 Q 附近。

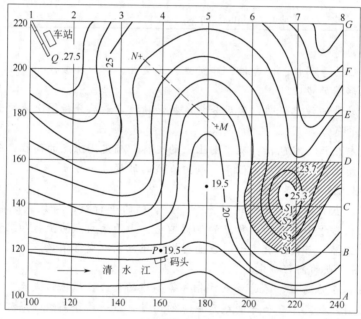

比例尺 1∶1000

图 6-27　习题附图

7 施工测量的基本工作

> **导读**
>
> 各种工程在施工阶段所进行的测量工作称为施工测量。施工测量在精度要求、进度安排和布置点位等方面都不同于测绘地形图。测设已知水平距离、测设已知水平角和测设已知高程点是测设的三项基本工作。点的平面位置测设方法通常有直角坐标法、极坐标法、距离交会法、角度交会法等几种。点的高程位置测设时,根据高程点的分布,有时候需要先引测一个点的高程。有时候测设的高程点组成一个水平面,有时候测设的高程点组成同一坡度的直线。

7.1 概述

7.1.1 施工测量的任务和内容

各种工程在施工阶段所进行的测量工作称为施工测量。

施工测量的任务就是把图纸上设计的建(构)筑物的平面位置和高程,按设计和施工的要求在施工作业面上测设出来,作为施工的依据,并在施工过程中进行一系列的测量工作,以指导和衔接各施工阶段和工种间的施工工作。

施工测量的内容包括:施工前施工控制网的建立;施工期间将图纸上所设计建(构)筑物的平面位置和高程标定在实地上的测设工作;工程竣工后测绘各种建(构)筑物建成后的实际情况的竣工测量;以及在施工和管理期间测定建筑物的平面和高程方面产生位移和沉降的变形观测。

7.1.2 施工测量的特点

(1) 施工测量的精度

施工测量的精度要求比测绘地形图的精度要求更复杂。它包括施工控制网的精度、建筑物轴线测设的精度和建筑物细部放样的精度三个部分。控制网的精度是由建筑物的定位精度和控制范围的大小所决定的,当定位精度要求较高和施工现场较大时,则需要施工控制网具有较高的精度。建筑物轴线测设的精度是指建筑物定位轴线的位置对控制网、周围建筑物或建筑红线的精度,这种精度一般要求不高。建筑物细部放样的精度是指建筑物内部各轴线对定位轴线的精度。这种精度的高低取决于建（构）筑物的大小、材料、性质、用途及施工方法等因素。一般来说，高层建筑物的放样精度要求高于低层建筑物；钢结构建筑物的放样精度要求高于钢筋混凝土结构建筑物；永久性建筑物的放样精度要求高于临时性建筑物；连续性自动化生产车间的放样精度要求高于普通车间；工业建筑的放样精度要求高于一般民用建筑；吊装施工方法对放样精度的要求高于现场浇灌施工方法。总之，应根据具体的精度要求进行放样。

（2）施工测量的进度计划

施工测量工作不像测绘地形图那样，是一项独立的测量工作。施工测量的进度计划必须与工程建设的施工进度计划相一致，不能提前，也不能延后。提前往往不可能，因为施工作业面未出现时，无法给出施工标志；有时过早给出施工标志，则施工标志还未到使用时就已经被损毁。当然，给定施工标志不能落后于施工进度，没有标志则无法施工，这样，施工测量就影响施工进度，直接影响工程建设的工期。

（3）施工测量的安全问题

在施工现场上，由于人来车往及堆放材料，测量标志很难保存，设置测量标志时，应尽量避开人、车和材料堆放的影响。使用中，随时注意测量点位的检查与校核。该项工作若处理不好，极易给工程建设造成不必要的损失。

施工测量人员在施工现场上工作，也应特别注意人员和仪器的安全。确定安放仪器的位置时，应确保下面牢固，上面无杂物掉下来，周围无车辆干扰。进入施工现场，测量人员一定要佩戴安全帽。同时，要保管好仪器、工具和施工图纸，避免丢失。

7.2 测设的基本工作

测设工作就是根据施工场地上已有的控制点或地物点，按照工程设计的要求，将建（构）筑物的特征点在实地上标定出来。因此，在测设之前，首先要确定这些特征点与控制点或地物点之间的角度、距离和高程之间的关系，这些位置关系被称为测设数据。然后利用测量仪器，根据测设数据，将这些特征点在地面上标定出来。测设已知水平距离、测设已知水平角、测设已知高程是测设的三项基本工作。

7.2.1 测设已知水平距离

（1）概念

测设已知水平距离就是从地面直线的一个端点开始，沿指定直线的方向测设一段已知的水平距离，定出直线的另一端点的测设工作。

（2）方法

测设水平距离的工作，按使用仪器工具不同，有使用钢尺测设和使用光电测距仪测设两种。按测设精度划分，有一般方法和精确方法两种。

① 钢尺测设的一般方法 如图 7-1 所示，设 A 为地面上的已知点，$D_设$ 为设计的水平距离，需要从 A 点开始沿 AB 方向测设水平距离 $D_设$，以标定端点 B。当测设精度要求不高时，可采用一般方法测定。具体操

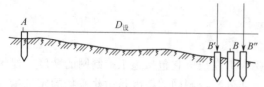

图 7-1 一般方法测设已知水平距离

作为：首先将钢尺的零点对准 A，沿 AB 方向将钢尺抬平拉直，在尺面上读数为 $D_设$ 处插

下测钎或吊锤球，在地面定出点 B'；然后，将钢尺移动 $10\sim20\,\mathrm{cm}$，重复前面的操作，在地面上定出一点 B''，以资检核，并取两次测设的平均位置作为 B 点的位置，以提高测设的精度。

② 精确方法　当测设精度要求较高时，可先根据设计水平距离 $D_{设}$，按一般方法在地面概略地定出 B' 点，如图 7-2 所示，然后按照第 4 章介绍的方法，精密丈量 AB' 的水平距离，并加入尺长、温度及倾斜改正数，设求出 AB' 的水平距离为 D'。若 D' 不等于 $D_{设}$，则按下式计算改正数 ΔD，并进行改正，以标定 B 点位置。

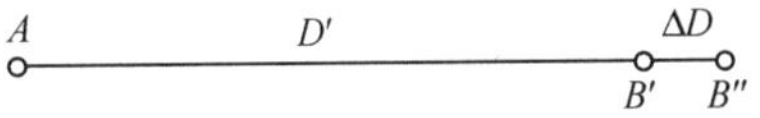

$$\Delta D = D' - D_{设}$$

图 7-2　精确方法测设已知水平距离

改正时，沿 AB 方向，以 B' 为准，当 $\Delta D<0$ 时，向外改正；反之，则向内改正。

7.2.2　测设已知水平角

(1) 概念

测设已知水平角工作与测量水平角的工作正好相反。测设已知水平角实际上是根据地面上已有的一条方向线和设计的水平角值，用经纬仪在地面上标定出另一条方向线的工作。

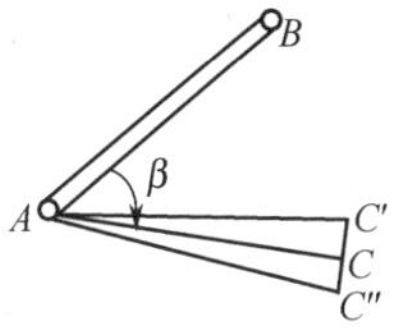

(2) 方法

① 一般方法　根据其操作特点，一般方法又称为盘左盘右分中法或正倒镜法。该方法多用于测设精度要求不高时。如图 7-3 所示，A 点为已知点，AB 为已知方向，欲测设一水平角 β，在地面上标定出 AC 方向线。测设时，首先在 A 点安置经纬仪，对中，整平，用盘左位置瞄准 B 点，使水平度盘读数为 $0°00'00''$，顺时针转动照准部至水平度盘读数为 β 值时，对准视线在地面上做标记 C'，然后换成盘右位置瞄准 B 点，重复前面的操作，又在地面上做标记 C'' 点，最后取 $C'C''$ 连线的中点 C。AC 与 AB 两方向线之间的水平夹角就是要测设的 β 角。为了检核，可重新观测 AB 与 AC 两方向线之间的水平角，并与设计值比较。

图 7-3　水平角测设的一般方法

② 精确方法　又称为垂线改正法。当角度测设的精度要求较高时采用。如图 7-4 所示，设 AB 为已知方向线。安置经纬仪于 A 点，先用一般方法按欲测设的水平角 β 测设出 AC 方向线，并标定出 C 点。然后用测回法观测 AB、AC 两方向线之间的水平角（根据需要可观测多个测回），设角值为 β'，则角度之差 $\Delta\beta=\beta-\beta'$（$\Delta\beta$ 以秒为单位），并概量出 AC 的水平距离，由此可计算出在 C 点需做的垂线改正数

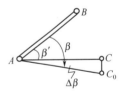

图 7-4　水平角测设的精确方法

$$CC_0 = AC\tan\Delta\beta \approx AC\frac{\Delta\beta}{\rho''} \tag{7-1}$$

其中 $\rho''=206265''$，再用钢尺从 C 点开始沿 AC 的垂线方向量取 CC_0 的水平距离重新作点 C_0。AC_0 方向线与 AB 之间的水平角更接近欲测设的水平角。改正时，应注意 $\Delta\beta$ 的符号。当 $\Delta\beta>0$ 时，C_0 向角度外调整，$\Delta\beta<0$ 时，C_0 向角度内调整。

7.2.3　测设已知高程

(1) 概念

测设已知高程就是根据地面上已知水准点的高程和设计点的高程，在地面上测设出设计点的高程标志线的工作。

(2) 方法

如图 7-5 所示，已知某水准点的高程 $H_水$，欲在附近测设一高程为 $H_设$ 的 B 点的高程标志。测设时，先在水准点与待测设点之间安置水准仪，在水准点上立尺，读出后视读数 a，由此求出仪器的视线高 $H_i = H_水 + a$，再根据 B 点的设计高程，计算出水准尺立于该标志线上的应读前视数 $b_应 = H_i - H_设$，然后，将水准尺紧贴 B 点木桩的侧面，并上下挪动，使水准仪望远镜的十字丝横丝正好对准应读前视数 $b_应$，沿尺底画一短横线，该短横线的高程即为欲测设的已知高程。为了检核，可改变仪器的高度，重新读出后视读数和前视读数，计算该短横线的高程，与设计高程比较，符合要求，该短横线作为测设的高程标志线。并注记相应高程符号和数值。

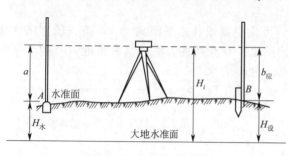

图 7-5 已知高程的测设

7.3 测设点位的基本方法

点位测设包括点的平面位置测设和高程位置测设两方面。

7.3.1 点的平面位置测设

根据施工现场控制网的形式、现场条件、建筑物大小、测设精度和仪器工具配备等不同，通常采用的方法有如下几种。

(1) 直角坐标法

直角坐标法是按直角坐标原理确定某点的平面位置的一种方法。当建筑场地已有相互垂直的主轴线或矩形方格网时，常采用直角坐标法测设点的平面位置。

如图 7-6 所示，A、B 为建筑方格点，其坐标已知，P 为设计点，其坐标 (x_P, y_P) 可以从设计图上查获。欲将 P 点测设在地面上，其步骤如下。

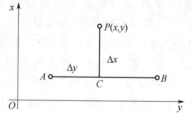

图 7-6 直角坐标法测设点的平面位置

① 计算测设数据 Δx、Δy　由图中可知

$$\Delta x = x_P - x_A$$
$$\Delta y = y_P - y_A$$

② 测设方法

ⅰ. 安置经纬仪于 A 点，瞄准 B 点，沿视线方向用钢尺测设横距 Δy，在地面上定出 C 点；

ⅱ. 安置经纬仪于 C 点，瞄准 A 点，顺时针测设 90°水平角，沿直角方向用钢尺测设纵距 Δx，即获得 P 点在地面上的位置；

ⅲ. 重复操作或利用 P 点与其他点之间的关系检核 P 点的位置。

【例 7-1】　设建筑方格网的两个角点 G_1、G_2 的坐标分别为（100.00，100.00）和（100.00，200.00），欲根据其测设某厂房的角点 P（120.00，125.00），试叙述测设方法。

解　由题意可知，方格网的两个角点 G_1、G_2 平行于 Y 坐标轴，首先确定采用直角坐标法，从控制点 G_1 开始测设，其测设步骤如下。

① 计算测设数据
$$\Delta X = 120.00 - 100.00 = 20.00$$
$$\Delta Y = 125.00 - 100.00 = 25.00$$

② 使用钢尺从控制点 G_1 开始,朝 G_2 方向测设水平距离 ΔY,得一垂线点 P'。

③ 在垂线点 P' 上安置经纬仪,后视控制点 G_1,顺时针测设 90°的水平角,得垂线 $P'P''$。

④ 使用钢尺从垂线点 P' 开始,朝 P'' 方向测设水平距离 ΔX,得 P 点在地面上的位置。

⑤ 利用 P 点与周围其他点的关系,检核 P 点位置是否正确。

(2) 极坐标法

极坐标法是根据极坐标原理确定某点平面位置的方法。当已知点与待测设点之间的距离较近时常采用极坐标法。

如图 7-7 所示,A、B 为测量控制点,其坐标 (x_A, y_A),(x_B, y_B) 为已知,P 为设计点,其坐标 x_P,y_P 由设计图上可以查得,要将 P 点测设于地面,其步骤如下。

① 计算测设数据 β、D 用坐标反算方法计算出 D 和 α_{AP};$\beta = \alpha_{AP} - \alpha_{AB}$。

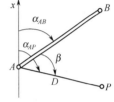

图 7-7 极坐标法测设点的平面位置

② 测设方法
ⅰ 安置经纬仪于 A 点,瞄准 B 点,顺时针测设水平角 β,在地面上标定出 AP 方向线;

ⅱ 自 A 点开始,用钢尺沿 AP 方向线测设水平距离 D_{AP},在地面上标定出 P 点的位置;

ⅲ 检核 P 点的位置。

【例 7-2】 设建筑施工场地上有测量控制点 A、B,其坐标分别为 (100.00,100.00) 和 (145.00,145.00),现欲根据其测设房角点 Q (90.00,123.45),试叙述其测设方法。

解 由题意可知,欲测设房角点 Q 距控制点 A 的位置比较近,在控制点 A 上安置仪器,采用极坐标法测设比较方便,其测设步骤如下。

① 计算测设数据。
$$\alpha_{AB} = \arctan[(145.00-100.00)/(145.00-100.00)] = 45°00'00''$$
$$\alpha_{AQ} = \arctan[(123.45-100.00)/(90.00-100.00)] = 113°05'43''$$
$$D_{AQ} = [(123.45-100.00)^2 + (90.00-100.00)^2]^{1/2} = 25.493(\text{m})$$
$$\beta = 113°05'43'' - 45°00'00'' = 68°05'43''$$

② 在 A 点安置经纬仪,对中,整平,后视 AB 方向,顺时针测设水平角 $68°05'43''$,得 AQ' 方向线。

③ 使用钢尺从 A 点开始,朝 Q' 方向测设 25.493m 的水平距离,得 Q 点在地面上的位置。

④ 利用 Q 点与周围其他点的关系,检核 Q 点位置是否正确。

(3) 距离交会法

距离交会法是根据测设的距离相交会定出点的平面位置的一种方法。当测设时,不便安置仪器、测设精度要求不高,且距离小于一钢尺长度的情况下常采用这种方法。

如图 7-8 所示,A、B 为两控制点,P 为待测设点,其步骤如下。

ⅰ. 计算测设数据 D_1、D_2。

ⅱ. 测设方法:测试时,使用两根钢尺,分别使两钢尺的零刻线对准 A、B 两点,同时

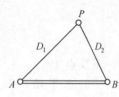

图 7-8 距离交会法测绘点的平面位置

拉紧和移动钢尺,两尺上读数 D_1、D_2 的交点就是 P 点的位置。测设后,应对 P 点进行检核。

【例 7-3】 已知施工场地上 C、F 点的坐标为(50.00,60.00)、(50.00,75.00),欲测设的 K 点的坐标为(62.00,68.00),试叙述采用距离交会法测设 K 点的方法。

解 根据题意,测设步骤如下。

① 计算测设数据:

$$D_{CK} = [(y_K - y_C)^2 + (x_K - x_K)^2]^{1/2} = [(68.00 - 60.00)^2 + (62.00 - 50.00)^2]^{1/2}$$
$$= 14.422 \text{ (m)}$$

$$D_{FK} = [(y_K - y_F)^2 + (x_K - x_F)^2]^{1/2} = [(68.00 - 75.00)^2 + (62.00 - 50.00)^2]^{1/2}$$
$$= 13.892 \text{ (m)}$$

② 使用两根钢尺分别将钢尺的零刻线对准 C、F 点,找到 C 处钢尺上长度为 14.422m 的刻线和 F 处钢尺上长度为 13.892m 的刻线,将此两刻线重合为一点,并使两根钢尺同时抬平和拉直,将两刻线的重合点沿铅垂线投影到地面上,得到 K 点,K 即为欲测设的点。

③ 利用 K 点与周围点的相互位置关系,检查 K 点的位置是否正确。

(4) 角度交会法

角度交会法是根据测设角度所定方向线相交会定出点的平面位置的一种方法。适用于不便测设距离的地方。

如图 7-9 所示,图中 A、B、C 为已知控制点,P 为所要测设的点,其坐标均为已知,测设步骤如下。

ⅰ. 计算测设数据 β_1、β_2、β_3,根据坐标反算公式先反算出相应边的坐标方位角,然后计算水平角 β_1、β_2、β_3。

ⅱ. 测设方法,分别安置经纬仪于 A、B、C 三个控制点上,测设水平角,在地面

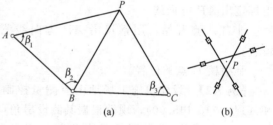

图 7-9 角度交会法测设点的平面位置

上定出三条方向线,其交点就是 P 点的位置。如果三个方向不交于一点,则每个方向可用两个小木桩临时固定在地面上,形成一个示误三角形。若示误三角形最大边长满足一定要求,取其三角形的中心作为测设点 P 的最终位置。如果只有两个已知控制点,测设 P 点后应进行检核。

【例 7-4】 设某建筑施工场地上有测量控制点 N、M,其坐标分别为(45.66,51.55)和(85.23,97.34),欲根据 N、M 点采用角度交会法测设点 J(2.56,93.21),试叙述其测设方法。

解 测设步骤如下。

① 计算测设数据:

$$\alpha_{NM} = \arctan[(97.34 - 51.55)/(85.23 - 45.66)] = 49°10'04''$$
$$\alpha_{NJ} = \arctan[(93.21 - 51.55)/(2.56 - 45.66)] = 135°58'24''$$
$$\alpha_{MJ} = \arctan[(93.21 - 97.34)/(2.56 - 85.23)] = 182°51'36''$$
$$\alpha_{MN} = \alpha_{NM} + 180° = 49°10'04'' + 180° = 229°10'04''$$

在 N 点顺时针测设的水平角 $\beta = \alpha_{NJ} - \alpha_{NM} = 135°58'24'' - 49°10'04'' = 86°48'20''$

在 M 点顺时针测设的水平角 $\alpha = \alpha_{MJ} - \alpha_{MN} = 182°51'36'' - 229°10'04'' = 313°41'32''$

② 分别在 N、M 点上安置一台经纬仪，N 点上的经纬仪后视 M 点，顺时针测设水平角 86°48′20″，在地面上得到 NJ 方向线。在 M 点上的经纬仪后视 N 点，顺时针测设水平角 313°41′32″，在地面上得到 MJ 方向线。

③ 由 N、M 点上的经纬仪观测者指挥，做测设标志者分别将标志朝 NJ 方向线和 MJ 方向线上移动。当标志同时位于 NJ 方向线和 MJ 方向线上时，该处即为欲测设的 J 点在地面上的位置。

④ 对测设 J 点的位置进行检查。

(5) 延长直线定点

在扩建或改建工程的施工场地上，常常需要延长建筑基线至要求的位置。延长直线时，根据有无障碍物，具体操作不一样。

① 无障碍物延长直线　如图 7-10 所示，地面上有直线 AB，需要将直线沿 AB 方向延长至 C 点，且 BC 之间无任何障碍物。测设时，在 B 点安置经纬仪，对中，整平；先用盘左位置瞄准 A，纵转望远镜，在 AB 延长线上做点 C′；再用盘右位置瞄准 A，纵转望远镜，在 AB 延长线上作点 C″，最后取 C′C″ 连线的中点 C 作为 AB 直线延长线上的点。

② 有障碍物延长直线　如图 7-11 所示，地面上有直线 AB，需要将直线沿 AB 方向延长至 E、F 点，且 B、E 之间有一幢建筑物阻挡视线。测设时，可以在延长直线的障碍物处设置一特殊图形（矩形或三角形）而避开该障碍物。如图中设置了一矩形，首先在 B 点安置经纬仪，后视 A，顺时针测设一 90°的水平角，得 BC 方向线，并用钢尺从 B 开始测设水平距离 d_1，得 C 点。又将经纬仪安置于 C 点，后视 B，顺时针测设 270°的水平角，得 CD 方向，用钢尺从 C 开始测设水平距离 d_2（能避开该障碍物即可），得 D 点，然后在 D 点安置经纬仪，后视 C，顺时针测设 270°的水平角，得 DE 方向，并用钢尺从 D 开始，测设水平距离 d_1，得 E 点，E 点即为 AB 直线延长线上的点。若在 E 点安置经纬仪，后视 D，顺时针测设 90°的水平角，得 EF 方向线，EF 为 AB 直线的延长直线。

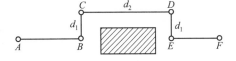

图 7-10　无障碍物延长直线方法　　　　图 7-11　有障碍物延长直线方法

(6) 确定直线上的点

确定两点之间的直线上的点也有两种情况，一种是两点之间通视的情况下，可在直线的一个端点安置经纬仪瞄准直线的另一个端点，固定照准部，纵转望远镜在中间定出需要的点位。另一种就是在两点之间不通视的情况下。

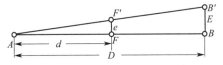

图 7-12　两点间不通视时确定直线上点的方法

如图 7-12 所示，A、B 两点之间不通视，需要在 AB 直线上定出一点 F 来。可以这样操作：首先根据目测在地面定出 F 点的概略位置 F′ 点。然后安置经纬仪于 F′ 点，后视 A 点，用正倒镜法将直线 A—F′ 延长至 B′ 点，并量出 B′B 之间的距离 E，用 AB 的间距 D 和 AF′（AF′≈AF）的间距 d，根据相似三角形的原理，即可求出 F′ 点偏离直线的距离 e，即

$$e=FF'=\frac{Ed}{D} \tag{7-2}$$

将经纬仪沿垂直 AB 直线方向移动 e 值，然后再用同样方法观测一次，看仪器是否已在直线上。若还有偏差，再移动仪器，直到仪器移至 AB 直线上后，在经纬仪锤球下面打桩并钉小钉。该点即为两点之间直线上的点。

7.3.2 点的高程位置测设

如前所述，当已知水准点与待测设点之间高差不大时，可直接测设其高程标志。若已知水准点与待测设点的高差相差较大时，则需要引测高程。测设诸多高程点可能是互相独立的，也可能位于某一条坡度线上或位于某一个水平面上，实际工作中具体操作都不同。

(1) 点的高程传递

欲在深基坑内测设一点 B，如图 7-13 所示，其高程 $H_{设}$ 为已知。若按照所述方法，直接在已知点 R 和待测设的 B 点立尺，在 R 与 B 之间安置水准仪，则不能同时读出已知点和待测设点上的水准尺读数。此时，可先在基坑一侧的地面上打入两个大木桩，架设一吊杆，并将钢尺的末端固定在吊

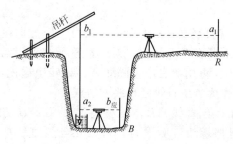

图 7-13 点的高程传递方法

杆上，零端向下吊一 10kg 的重锤，将钢尺拉直（为防钢尺摆动，可将重锤放于水桶中），以代替水准尺，在地面和基坑下面各安置一台水准仪。设地面上的水准仪在 R 点上立尺的读数为 a_1，在钢尺上读数为 b_1，基坑水准仪在钢尺上读数为 a_2，则 B 尺上应读前视数为

$$b_{应}=(H_R+a_1)-(b_1-a_2)-H_{设} \tag{7-3}$$

用同样的方法，也可以从低处向高处测设已知高程点。如利用地面水准仪向楼层上面测设高程点时，一般是在楼梯间或在窗户的横档上支木杆，悬吊、固定钢尺。

(2) 测设水平面

测设水平面又称为抄平。

如图 7-14 所示，设待测设水平面的高程为 $H_{设}$。测设时，可先在地面按一定的边长测设方格网，用木桩标定各方格网点（进行室内楼地面找平时，常在对应点上做灰饼）。

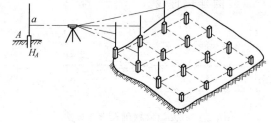

图 7-14 测设水平面的方法

然后在场地与已知点 A 之间安置水准仪，读取 A 尺上的后视读数 a，计算出仪器的视线高为

$$H_i=H_A+a$$

依次在各木桩上立尺，使各木桩顶的尺上读数都等于

$$b_{应}=H_i-H_{设}$$

此时，各桩顶就构成一个测设的水平面。

(3) 测设坡度线

测设坡度线就是根据附近水准点的高程、设计坡度和坡度线端点的设计高程，用高程测设方法将坡度线上各点设计高程标定在地面上的测量工作。它常用于管线、道路等线路工程的施工放样中。测设方法有水平视线法和倾斜视线法两种。

① 水平视线法 如图 7-15 所示，A、B 为设计坡度线的两端点，A 点设计高程为 H_A。

为了施工方便,每隔一定的距离 d 打入一木桩,要求在木桩上标出设计坡度为 i 的坡度线。施测步骤如下。

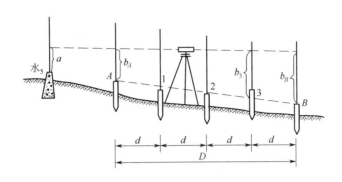

图 7-15 水平视线法测设坡度线

ⅰ. 按照公式
$$H_{设}=H_{起}+id \tag{7-4}$$
计算各桩点的设计高程,即

第 1 点的设计高程　　　　$H_1=H_A+id$

第 2 点的设计高程　　　　$H_2=H_1+id$

　　　　　　　　　　　⋮

B 点的设计高程　　　$H_B=H_n+id$　或　$H_B=H_A+iD_{AB}$（用于计算检核）;

ⅱ. 沿 AB 方向,按规定间距 d 标定出中间 1、2、3、⋯、n 各点;

ⅲ. 安置水准仪于水准点 5 附近,读后视读数 a,并计算视线高程,即
$$H_i=H_{水5}+a$$

ⅳ. 根据各桩的设计高程,分别计算出各桩点上水准尺的应读前视数,即
$$b_{应}=H_i-H_{设}$$

ⅴ. 在各桩处立水准尺,上下移动水准尺,当水准仪对准应读前视数时,水准尺零端对应位置即为测设出的高程标志线。

② 倾斜视线法　如图 7-16 所示,倾斜视线法是根据视线与设计坡度相同时,其竖直距离相等的原理,确定设计坡度线上各点高程位置的一种方法。当地面坡度较大,且设计坡度与地面自然坡度较一致时,适宜采用这种方法。其施测步骤如下。

ⅰ. 先用高程放样的方法,将坡度线两端点的设计高程标志标定在地面木桩上;

ⅱ. 将水准仪安置在 A 点上,并量取仪器高 i。安置时,使一对脚螺旋位于 AB 方向上,另一个脚螺旋连线大致与 AB 方向垂直;

ⅲ. 旋转 AB 方向上的一个脚螺旋或微倾螺旋,使视线在 B 尺上的读数为仪器高 i。此时,视线与设计坡度线平行;

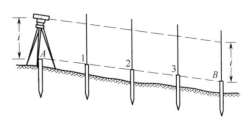

图 7-16 倾斜视线法测设坡度线

ⅳ. 指挥测设中间 1、2、3、⋯、n 各桩的高程标志线。当中间各桩读数均为 i 时,各桩顶连线就是设计坡度线。若地面过低或过高,无法测设该处的设计高程标志,也可立尺于桩顶读出水准尺实际读数 b,由此计算出填、挖高度 h,$h=b-i$,并注记于木桩侧面。

7.4 全站仪点位测设

点位测设，又称坐标放样。指通过用一定的测量方法，按照要求的精度，把设计图纸上规划设计好的建筑物、构筑物的平面位置和高程在地面上标定出来，作为施工的依据。

放样的基本要素由放样依据、放样数据和放样方法三部分组成。放样依据是指放样的起始点位和起始方向是已知的；放样数据是指为得到放样结果所必需的、在放样过程中所使用的数据，由工程设计部门给定或由图中获得的；放样方法是根据待放样结果及其精度要求所设计的操作过程和所使用的仪器。

7.4.1 基本过程

全站仪点位测设的基本原理是运用全站仪坐标放样功能，根据在仪器中设置的测站点坐标（$X_{站}$，$Y_{站}$）及后视方位角 α，以及待放样点位（设计）坐标值（$X_{设计}$，$Y_{设计}$），计算放样所需的角度和距离。根据仪器所显示的角度和距离，指挥移动前视棱镜的位置，重复移动棱镜直至仪器显示的差值满足坐标测设精度要求，在棱镜所在位置落点，完成点位测设工作。

7.4.2 点位测设方法

放样在工程施工中起到了核心的作用。如果没有放样，所有的工程都将无法正常施工。因此，放样在工程施工方面起到了举足轻重的作用。

一般情况下，施工现场有两个或两个以上的控制点，并且能够通视。我们以海星达全站仪为例，详细介绍全站仪点位测设过程。

① 选择键盘"MENU"键，进入放样界面（图7-17），不同仪器界面有所不同。

放样
1. 仪高和标高
2. 设置测站点
3. 设置后视点
4. 设置方位角
5. 点放样
6. 极坐标法
7. 后方交会法
8. 间距放样
9. 输入坐标

图 7-17 放样界面

其中，仪高和标高在高程放样中，需要准确量取并输入，如果仅仅只需要坐标则可以不输入。仪高是指由地面点中心量取至仪器中心的高度。标高为所用棱镜高，一般棱镜杆上有明确标识。

② 选取两个已知点，一个作为测站点，另外一个为后视点，并明确标注。取出全站仪，已知点将仪器架于测站点，进行对中整平后量取仪器高。按图7-17仪器显示，首先设置测站点，测站点为仪器安置位置点位，将仪器所在位置点位坐标及点号输入（图7-18）。测站点坐标的输入可以通过键盘输入和文件输入两种方式实现。选择"输入"时，通过键盘进行输入；也可通过选择"调取"和"查找"通过文件进行输入，"调取"和"查找"是指在前期事先将已知点和待放样点位输入仪器中。可通过这两种方式调取或者查找所需要的点位。

```
设置测站点
 >测站点：
 编码：
 仪器高：
 * 选择文件
 输入已知信息测出点
```

图 7-18 测站点输入

③ 将棱镜安置于后视点，转动全站仪，使全站仪十字丝中心对准棱镜中心。设置后视点，该步骤调取点与设置测站点的方法一致，将后视点坐标和点号输入仪器。设置后视点的作用是为了使仪器坐标与大地坐标产生联系，输入后视点坐标后，还需要瞄准后视点棱镜进行后视定向，操作时请务必瞄准后视点，照准后测量。确认后，仪器计算出后视点方位角，并将仪器的水平角显示成后视点方位角，由此建立仪器坐标与大地坐标的联系，此过程称为"设站"。

在输入或调取了后视点后，提示"请瞄准后视点"，确定要定向，按"ENT"键，否则按"ESC"键。按"ENT"键后，可显示后视坐标。按"保存"键保存后视点测量数据。

④ 以上步骤完成后，选择"点放样"（图 7-17），输入待放样点号及坐标（图 7-19）。

```
放样:XX
N
E
Z
回退测出点已知点确认
```

图 7-19 点放样设置

放样点既可以键盘输入也可以文件调取。如果选择"测出点"或者"已知点"，则坐标从已有文件中调取。系统将提示从文件列表中选择文件；或者在此使用★键选择文件。然后从文件中调取坐标。

⑤ 确认要放样的坐标后，按"ENT"键进入放样测量（图 7-20）。

```
HR:183°58′32″
dHR:0° 8′52″
HD:
dHD:
Dz:
 测量模式坐标下点
```

图 7-20 放样测量界面

通过功能键"F3"，放样结果可在距离与坐标之间切换。dHR 为负表示照准部顺时针旋转，可以找到期望的放样点位，否则逆时针旋转照准部；dHD 为正表示棱镜要向仪器方向移动才能到达待放样点位，反之则需要向背离仪器的方向移动。

"下点"：表示进行下一个点的放样，输入坐标或者调取，按"确认"即可直接使用进行该点放样。

小　结

（1）施工测量

各种工程在施工阶段所进行的测量工作称为施工测量。

（2）施工测量任务

施工测量的任务就是把图纸上设计的建（构）筑物的平面位置和高程，按照设计和施工的要求测设到施工作业面上和进行一系列的检查指导工作。

（3）施工测量的内容

施工测量包括：施工控制网的建立，建筑物的平面位置和高程标志测设、竣工图的编绘和沉降变形观测等项内容。

（4）测绘与测设的区别

测绘是研究如何将地表上的地物、地貌测量出来并表示到图纸上的问题；测设是研究如何将图纸上设计的建（构）筑物在地面上标定出来的问题。

（5）施工测量的特点

施工测量与测绘地形图不一样的特点有：测量精度要求高，而且复杂，进度计划与施工进度要求一致，测量标志必须稳固，测量工作随时注意安全等。

（6）测设的基本工作

测设已知水平距离，测设已知水平角和测设已知高程合称为测设的三项基本工作。

（7）点的平面位置测设

方法	适用条件	需要测设的数据
直角坐标法	施工场地上有主轴线或方格网	Δx、Δy
极坐标法	施工场地上有测量控制点	β、D 或 α_{AB}、α_{AP}、D_{AP}
距离交会法	精度要求不高、不便安仪器、距离不大	D_1、D_2
角度交会法	不便于测设距离	β_1、β_2、β_3
延长直线定点法	测设点位于已知直线延长线上	$\beta=180°$
确定直线上的点	所定点位于两点之间的直线上	$\beta=180°$

（8）视线高程法

视线高程法是在已知水准点与待测设高程点之间安置水准仪，在已知水准点上立尺，读出后视读数，计算出仪器的视线高程，并根据待测设点的高程计算应读前视读数，然后对准应读前视数测设高程标志。这种方法用于测设某一水平面时，可以减少移动仪器的次数和减少许多计算工作量。

（9）倾斜视线法

倾斜视线法测设坡度线，可以避免测设误差积累，保证中间测设各桩高程标志的精度均匀。采用倾斜视线法，首先在坡度线一个端点上放置好仪器，保证一个脚螺旋位于坡度线上，另两个脚螺旋连线与坡度线垂直，调整位于坡度线上的脚螺旋和微倾螺旋，使望远镜对准坡度线另一端点的尺读数等于仪器高，这样就获得一条平行于设计坡度线的倾斜视线，利用它就可以测设坡度线上各桩的高程标志。

思考题

1. 施工测量的任务、内容是什么？施工测量有何特点？
2. 测绘与测设有何区别？
3. 测设的基本工作包括哪些项目？试述每一项工作的操作方法。
4. 测设点的平面位置有哪些方法？各适用于什么场合？需要哪些测设数据？
5. 试举例说明视线高程法在高程测设中的作用。

6. 采用倾斜视线法测设坡度线有什么优点？怎样操作？

习 题

1. 欲在地面上测设一段长 49.000m 的水平距离，所用钢尺的名义长度为 50m，在标准温度 20℃ 时，其检定长度为 49.994m，测设时的温度为 13℃，所用拉力与检定时的拉力相同，钢尺的线膨胀系数为 1.25×10^{-5}，概量后测得两点间的高差为 $h = -0.55$m，试计算在地面上应测设的长度。

2. 欲在地面上测设一个直角 $\angle AOB$，先按一般测设方法测设出该直角，经检测其角值为 $90°01'36''$，若 $OB = 100$m，为了获得正确的直角，试计算 B 点的调整量并绘图说明其调整方向。

3. 某建筑场地上有一水准点 A，其高程为 $H_A = 138.416$m，欲测设高程为 139.000m 的室内 ± 0.000 标高，设水准仪在水准点 A 所立水准尺的读数为 1.034m，试说明其测设方法。

4. 设 A、B 为已知平面控制点，其坐标分别为 A（156.32m，576.49m）、B（208.78m，482.27m），欲根据 A、B 两点测设 P 点的位置，P 点设计坐标为 P（180.00m，500.00m）。试分别计算用极坐标法、角度交会法和距离交会法测设 P 点的测设数据，并绘出测设略图。

8 建筑施工控制测量

> **导读**
>
> 建筑物放样前,需在现场布设统一的平面和高程控制网。平面控制网布设形式有:导线网、建筑基线和建筑方格网。本章重点阐述后两种形式的测设要求、方法与步骤。高程控制网布设形式为:闭合水准路线、附合水准路线和结点水准网。

8.1 概述

在建筑施工场地上有各种建筑物、构筑物,且分布面较广,往往又不是同时开工兴建。为了保证施工测量的精度和速度,使各个建筑物、构筑物的平面位置和高程都能符合设计要求,互相连成统一的整体,因此,施工测量和测绘地形图一样,也要遵循"从整体到局部、先控制后碎部"的原则。即先在施工场地建立统一的平面控制网和高程控制网,然后以此为基础,测设出各个建筑物和构筑物的位置。

施工控制网可以利用在勘测阶段所建立的测图控制网。但由于在勘测阶段各种建筑物的设计位置尚未确定,再加上施工现场因平整场地,大量的土方填挖,往往会使原来布置的控制点受到破坏,测图控制网在位置、密度和精度上难以满足施工测量放线的要求。因此在工程施工之前,在原有测图控制网的基础上,为建筑物、构筑物的测设重新建立统一的施工控制网。施工控制网又分为平面控制网和高程控制网。

平面控制网的布设形式,应根据建筑总平面图、建筑场地的大小和地形、施工方案等因素来确定。对于地形起伏较大的山区或丘陵地区,常用三角网或三边网;对于地形平坦而通视较困难的地区或建筑物布置不很规则时,可采用导线网;对于地势平坦的、建筑物众多且布置比较规则和密集的工业场地或住宅小区,一般采用建筑方格网;对于地面平坦的小型施工场地,常布置一条或几条建筑基线,组成简单的图形。平面控制网,应根据等级控制点进行定位、定向和起算,其等级和精度应符合下列规定:

ⅰ. 建筑场地面积大于1km² 或重要工业区,宜建立相当于一级导线精度的平面控制网;

ⅱ. 建筑场地小于1km² 或一般性建筑区,可根据需要建立相当于二、三级导线精度的平面控制网;

ⅲ. 当原有控制网作为场区控制网时，应进行复测检查。

高程控制网应布设成闭合水准路线、附合水准路线或结点水准网形。高程测量的精度，一般不宜低于三等水准测量的精度要求。

8.2 建筑基线

8.2.1 建筑基线的布设方法

在面积不大、地势较平坦的建筑场地上，根据建筑物的分布、场地地形等因素，布设一条或几条轴线，以作为施工控制测量的基准线，简称建筑基线。建筑基线的布设形式有三点"一"字形、三点"L"字形、四点"T"字形及五点"十"字形等形式，如图8-1所示。布设时要求做到：建筑基线应平行或垂直于主要建筑物的轴线，以便用直角坐标法进行测设；建筑基线相邻点间应互相通视，且点位不受施工影响；为了能长期保存，各点位要埋设永久性的混凝土桩；基线点应不少于三个，以便检测建筑基线点有无变动。

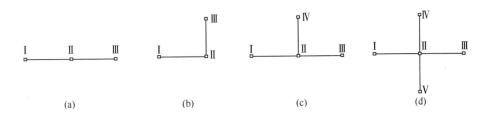

图 8-1 建筑基线

8.2.2 建筑基线的测设方法

(1) 根据建筑红线测设

在城市建设区，建筑用地的边界线（建筑红线）是由城市规划部门选定并由测绘部门现场测设的，可作为建筑基线放样的依据。一般情况下，建筑基线与建筑红线平行或垂直，故可根据建筑红线用平行线推移法测设建筑基线。如图8-2所示，AB、AC是建筑红线，从 A 点沿 AB 方向量取 d_2 定Ⅰ′点，沿 AC 方向量取 d_1 定Ⅰ″点。通过 B、C 作红线的垂线，并沿垂线量取 d_1、d_2 点得Ⅱ、Ⅲ点，则Ⅱ、Ⅰ″两点连线与Ⅲ、Ⅰ′两点连线相交于Ⅰ点。Ⅰ、Ⅱ、Ⅲ点即为建筑基线点。安置经纬仪于Ⅰ点，精确观测∠ⅡⅠⅢ，其角值与90°之差应不超过±10″，若误差超限，应检查推平行线时的测设数据，并对点位作相应调整。如果建筑红线完全符合作为建筑基线的条件时，也可将其作为建筑基线使用。

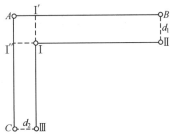

图 8-2 根据建筑红线测设基线

(2) 根据建筑控制点测设

对于新建筑区，在建筑场地上没有建筑红线作为依据时，可根据建筑基线点的设计坐标和附近已有控制点的关系，按前章所述测设方法算出放样数据，然后放样。如图8-3所示，Ⅰ、Ⅱ、Ⅲ为设计选定的建筑基线点，A、B 为其附近的已知控制点。首先根据已知控制点和待测设基线点的坐标关系反算出测设数据 β_1、d_1，β_2、d_2，β_3、d_3，然后用经纬仪和钢尺按极坐标法（也可用其他方法）测设Ⅰ、Ⅱ、Ⅲ点。

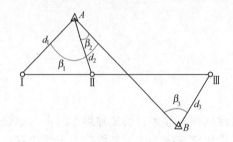

图 8-3 极坐标法测设建筑基线

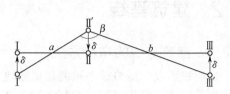

图 8-4 基线点的调整

由于存在测量误差，测设的基线点往往不在同一直线上，如图 8-4 中的Ⅰ′、Ⅱ′、Ⅲ′点，因而，还应在Ⅱ′点安置经纬仪，精确地检测出∠Ⅰ′Ⅱ′Ⅲ′。若此角值与180°之差超过限差±10″，则应对点位进行调整。调整时，应将Ⅰ′、Ⅱ′、Ⅲ′点沿与基线垂直的方向各移动相等的调整值δ。其值按下列公式计算，即

$$\delta = \frac{ab}{a+b}\left(90° - \frac{\beta}{2}\right)\frac{1}{\rho''} \tag{8-1}$$

式中　δ——各点的调整值，m；

　　　a——ⅠⅡ的长度，m；

　　　b——ⅡⅢ的长度，m；

　　　ρ''——常数，其值为 206265″。

除了调整角度以外，还应调整Ⅰ、Ⅱ、Ⅲ点之间的距离。先用钢尺检查Ⅰ、Ⅱ点与Ⅱ、Ⅲ点间的距离，若丈量长度与设计长度之差的相对误差＞1∶20000，则以Ⅱ点为准，按设计长度调整Ⅰ、Ⅲ两点。以上调整应反复进行，直到误差在允许范围之内为止。

对于图 8-1 中的（b）、（c）、（d）等形式的建筑基线，在确定出一条基线边后，可在Ⅱ点安置经纬仪，按极坐标法精确测设点位的方法测设出另一条垂直的基线边。

8.3　建筑方格网

在建筑物比较密集或大型、高层建筑的施工场地上，由正方形或矩形格网组成的施工控制网，称为建筑方格网。它是建筑场地常用的平面控制布网形式之一。如图 8-5 所示，建筑方格网是根据设计总平面图中建筑物、构筑物、道路和各种管线的位置，结合现场的地形情况来合理布设。

建筑方格网的布设，应根据建（构）筑物、道路、管线的分布位置，结合场地的地形情况，先选定方格网的主轴线，然后再全面布设方格网。布设要求除与建筑基线基本相同外，还必须要求做到：方格网的主轴线应尽量选在建筑场地的中央，并与总平面图上所设计的主要建筑物轴线平行或垂直；方

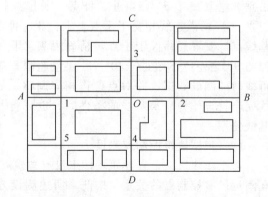

图 8-5 建筑方格网

格网的折角为 90°，其测设限差应在 90°±5″ 以内；方格网的边长一般为 100~300m。如图 8-5 所示，布设时，先选定方格网的主轴线 AOB 和 COD，并使其尽可能通过建筑场地中央且与主要建筑物轴线平行，然后再全面布设成方格网。方格网是施工场地建筑物测量放线的依据，其边长一般根据测设对象而定。下面简要介绍其测设步骤。

8.3.1 主轴线测设

如图 8-5 所示，AOB、COD 为建筑方格网的主轴线，A、B、C、D、O 是主轴线上的主位点，称主点。主点的施工坐标一般由设计单位给出，也可在总平面图上用图解法求得一点的施工坐标后，再按主轴线的长度推算其他主点的施工坐标。当施工坐标系与测量坐标系不一致时，在建筑方格网测设之前，应把主点的施工坐标换算成测量坐标。

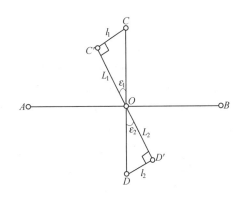

图 8-6　主轴线点的调整

根据附近已知控制点坐标与主轴线测量坐标计算出测设数据，测设主轴线点。测设方法如图 8-6 所示，先测设主轴线 AOB，其方法与建筑基线测设相同，要求测定 ∠AOB 的测角中误差不应超过 2.5″，直线度的限差应在 180°±5″ 以内；测设与主轴线 AOB 相垂直的另一主轴线 COD。将经纬仪安置于 O 点，瞄准 A 点，依次旋转 90° 和 270°，以精密量距初步定出 C' 和 D' 点。精确测出 $\angle AOC'$ 和 $\angle AOD'$，分别算出它们与 90° 之差 ε_1 和 ε_2，并按下式计算出调整值 l_1 和 l_2，即

$$l = L \frac{\varepsilon''}{\rho''} \tag{8-2}$$

式中　L——OC' 或 OD' 的长度。

由 C' 点沿垂直于 OC' 方向量取 l_1 长度得 C 点，由 D' 点沿垂直于 OD' 方向量取 l_2 长度得 D 点。点位改正后，应检查两主轴线交角和主点间水平距离，其均应在规定限差范围之内。测设时，各轴线点应埋设混凝土桩，桩顶安置一块 10cm×10cm 的钢板，以供调整点位之用。

8.3.2 建筑方格网点测设

如图 8-5 所示，在测设出主轴线之后，从 O 点沿主轴线方向进行精密量距，定出 1、2、3、4 点；然后，将两台经纬仪分别安置在主轴线上的 1、3 两点，均以 O 点为起始方向，分别向左和向右精密测设 90° 角，按测设方向交会出 5 点的位置。交点 5 的位置确定后，即可进行交角的检测和调整。同法，用方向交会法测设出其余方格网点，所有方格网点均应埋设永久性标志。

8.4　施工场地的高程控制测量

建筑施工场地的高程控制测量应与国家高程控制系统相连测，以便建立统一的高程系统，并在整个施工场地内建立可靠的水准点，形成水准网。水准点应布设在土质坚实、不受振动影响、便于长期使用的地点，并埋设永久标志；水准点亦可在建筑基线或建筑方格网点的控制桩面上，并在桩面设置一个突出的半球状标志。场地水准点的间距应小于 1km；水

准点距离建筑物、构筑物不宜小于 25m，距离回填土边线不宜小于 15m。水准点的密度（包括临时水准点）应满足测量放线要求，尽量做到设一个测站即可测设出待测的水准点。水准网应布设成闭合水准路线、附合水准路线或结点网形。中小型建筑场地一般可按四等水准测量方法测定水准点的高程；对连续性生产的车间，则需要用三等水准测量方法测定水准点高程；当场地面积较大时，高程控制网可分为首级网和加密网两级布设。

小 结

（1）建筑施工测量应遵循"从整体到局部、先控制后碎部"的原则。

（2）平面控制网可根据建筑总平面图、建筑场地的大小和地形、施工方案等因素布设成导线网、建筑基线、建筑方格网等形式。

（3）建筑基线是根据建筑物的分布、场地地形等因素，布设成一条或几条轴线，以此作为施工控制测量的基准线。

（4）建筑基线测设的依据：①根据建筑红线测设；②根据建筑控制点测设。

（5）建筑方格网的测设一般分两步走，先进行主轴线的测设，然后是方格网的测设。测设时须控制测角和测距的精度。

（6）水准网应布设成闭合水准路线、附合水准路线或结点网形，测量精度不宜低于三等水准测量的精度，测设前应对已知高程控制点进行认真检核。

思考题

1. 建筑场地为什么要建立施工测量控制网？
2. 在测设三点"一"字形的建筑物基线时，为什么基线点不应少于三个？当三点不在一条直线上时，为什么横向调整量是相同的？
3. 建筑场地平面控制网的形式有哪几种？它们各适合于哪些场合？

习 题

1. 如图 8-4，假定建筑基线 I'、II'、III' 三点已测设在地面，经检测 $\angle \beta = 179°59'30''$、$a = 100$m、$b = 150$m。试求调整值 δ，并说明应如何改正才能使三点成一直线。

2. 如图 8-6 所示，测设出直角 $\angle C'OB$ 后，用经纬仪精确地检测得其角值为 $90°00'40''$，并知 $OC' = 200.000$m。问 C' 点在 OC' 的垂直方向上改动多少距离才能使 $\angle COB$ 为 $90°$角？

9 民用建筑施工测量

导读

民用建筑施工测量是把在图纸上设计好的建筑物按照规定的精度要求,并运用一定的测量方法将建筑物的位置测设到地面上,其中包括:施工测量前的各种准备工作,建筑物的轴线定位与放线,基础施工中的基坑抄平、垫层中线的测设及基础标高的控制,墙体施工中的定位与标高控制,高层建筑施工测量中的轴线由基层向高层的投测和高程传递等。

9.1 编写施工测量方案

民用建筑是指住宅、办公楼、食堂、商场、俱乐部、医院和学校等建筑物。它分为单层、多层和高层等各种类型。施工测量的任务是按照设计的要求,把建筑物的位置测设到地面上,并配合施工的进程进行放样与检测,以确保工程施工质量。进行施工测量之前,应按照施工测量规范要求,选定所用测量仪器和工具,并对其进行检验与校正。与此同时,必须做好以下准备工作。

9.1.1 熟悉设计图纸

设计图纸是施工测量的依据,在测设前应认真阅读设计图纸及其有关说明,了解施工的建筑物与相邻地物间的位置关系,理解设计意图,对有关尺寸应仔细核对,以免出现差错。与测设有关的设计图纸主要如下。

① 建筑总平面图 它是建筑施工放样的总体依据,建筑物就是根据总平面图上所给的尺寸关系进行定位的,如图9-1所示。

② 建筑平面图 给出建筑物各定位轴线间的尺寸关系及室内地坪标高等,如图9-2所示。

③ 基础平面图 给出基础边线和定位轴线的平面尺寸和编号,如图9-3所示。

④ 基础详图 给出基础的立面尺寸、设计标高以及基础边线与定位轴线的尺寸关系,这是基础施工放样的依据。如图9-4所示。

⑤ 立面图和剖面图 在建筑物的立面图和剖面图中,可以查出基础、地坪、门窗、楼

板、屋面等设计高程，是高程测设的主要依据。

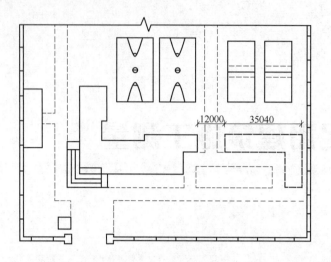

图 9-1　建筑总平面图

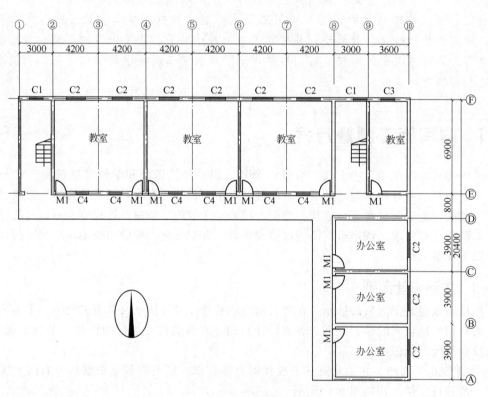

图 9-2　一层建筑平面图

在熟悉上述主要图纸的基础上，要认真核对各种图纸总尺寸与各部分尺寸之间的关系是否正确，防止测设时出现差错。

9.1.2　现场踏勘

现场踏勘的目的是为了掌握现场的地物、地貌和原有测量控制点的分布情况，弄清与施

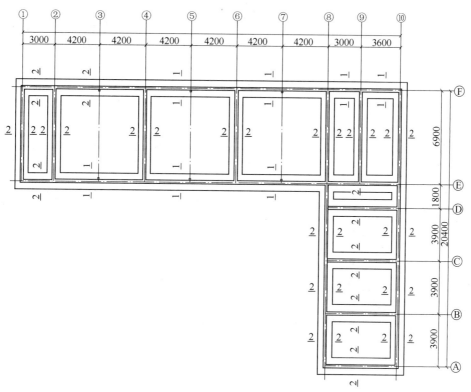

图 9-3 基础平面布置图

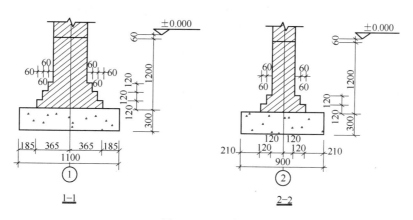

图 9-4 基础详图

工测量相关的一系列问题，对测量控制点的点位和已知数据认真检查与复核，为施工测量获得正确的测量起始数据和点位。

9.1.3 编写施工测量方案

施工测量方案主要包括：平面控制测量方案、高程控制测量方案、变形观测的测量方案等方面的内容，其中以平面控制测量方案为重点。

(1) 平面控制测量

平面控制测量包括平面控制网的布设、测设方法的选择、测设数据的计算以及测设点位的过程。

① 平面控制网的布设　根据总平面图和施工地区的地形条件来确定，可以布设三角网、

导线网、建筑方格网、建筑基线等形式。无论采用哪种形式，主要是从整体上控制拟建平面位置，将建筑物的外轮廓轴线控制下来。由于工程建设的现代化施工通常采用平行交叉作业的方式，有时会妨碍控制点之间的相互通视，因此，施工控制点的位置的分布及数量应视工程需要确定，以满足施工的精度要求为度。

② 测设方法的选择　基本方法有直角坐标法、极坐标法、距离交会法、角度交会法和前方交会法、侧方交会法等方法。具体在选择方法时，应综合考虑：拟建建筑物所在地区的条件；建筑物的大小、种类和形状；放样所要求的精度；施工的方法和速度；施工的阶段；测量人员的技术条件以及现有的仪器设备等，最终确定合理的测设方法。

③ 测设数据的计算　不同的测设方法，测设数据的计算是不同的。如直角坐标法需要计算纵横坐标增量，极坐标法需要计算角度和距离，而距离交会法需要计算两段距离，角度交会法需要计算角度等。因此数据的计算依据测设方法这一环节很重要，一旦数据计算错误，放线的结果也跟着错，所以为了避免错误发生，最好采取两个人各自单独计算，然后相互核对。

④ 测设点位的过程　这一环节的编写至关重要，它是实际放线的操作步骤。在编写过程当中，每条主轴线的测设过程，仪器的安置情况，测设的方法以及测设的距离和角度是多少，还有主轴线的检核过程都应该详细地写出来。

(2) 高程控制测量

此过程主要涉及层高的控制过程，门、窗洞口的标高控制过程，抄平的过程。当给定的水准点数量不够时，为了施工引测方便，常在建筑场地内每隔一段距离放样出±0.00标高。但必须注意，设计中各建筑物的±0.00的高程不一定相同。

(3) 变形观测

变形观测包括沉降观测、倾斜观测、裂缝观测和水平位移观测。在民用建筑中主要进行的是沉降观测。在沉降观测方案中主要说明观测点的埋设位置、观测周期、观测方法和基准点的设置位置等。沉降观测点是指最能代表沉降特征的点，在埋设时要与建筑物连接牢靠，低层或多层建筑通常在四角点、中点、转角处布设；但对高层建筑，应根据地质、结构形状、荷载等因素来考虑沉降观测点的布设位置。如：可以在地质条件改变处、后浇带处、基础形式改变处等。不论布设在什么位置，都要考虑布设在直接传力受力体上。当然，观测周期在施工进行阶段可以根据荷载的增加时间进行，在完工以后可以每隔1～2月观测一次，直至稳定为止。在观测方法方面应注意要有可比性，使仪器、工具、人员以及观测路线等条件相同，同时注意尽可能地设一个站观测以减少误差，只有这样才能得到准确的沉降数据，也才能分析出正确的结果。

某工程编写施工测量方案见本章阅读材料。

9.2　建筑物的定位和放线

9.2.1　建筑物的定位

建筑物的定位是根据设计图纸，将建筑物外墙的轴线交点（也称角点）测设到实地，作为建筑物基础放样和细部放线的依据。由于设计方案常根据施工场地条件来选定，不同的设计方案，其建筑物的定位方法也不一样，主要有以下三种情况。

(1) 根据与原有建筑物的关系定位

在建筑区内新建或扩建建筑物时，一般设计图上都给出新建筑物与附近原有建筑物或道路中心线的相互位置关系，如图9-5所示的几种情况。图中绘有斜线的是原有建筑物，没有斜线的是拟建建筑物。

如图 9-5(a) 所示，拟建的建筑物轴线 AB 在原有建筑物轴线 MN 的延长线上，可用延长直线法定位。为了能够准确地测设 AB，应先作 MN 的平行线 M′N′，即沿原有建筑物 PM 与 QN 墙面向外量出 MM′ 及 NN′，并使 MM′=NN′，在地面上定出 M′ 和 N′ 两点作为建筑基线。再安置经纬仪于 M′ 点，照准 N′ 点，然后沿视线方向，根据图纸上所给的 NA 和 AB 尺寸，从 N′ 点用钢尺量距依次定出 A′、B′ 两点。再安置经纬仪于 A′ 和 B′ 点，按 90°角和相关距离定出 A、C 和 B、D 点。

如图 9-5(b) 所示，可用直角坐标法定位。先按上法作 MN 的平行线 M′N′，然后安置经纬仪于 N′ 点，作 M′N′ 的延长线，并按设计距离，用钢尺量取 N′O 定出 O 点，再将经纬仪安置于 O 点测设 90°角，丈量 OA 值定出 A 点，继续丈量 AB 而定出 B 点。最后在 A、B 两点安置经纬仪测设 90°角，根据建筑物的宽度而定出 C 和 D 点。

如图 9-5(c) 所示，拟建建筑物与道路中心线平行，根据图示条件，主轴线的测设仍可用直角坐标法。先用拉尺分中法找出道路中心线，然后用经纬仪作垂线，定出拟建建筑物的轴线，再根据建筑物尺寸定位。

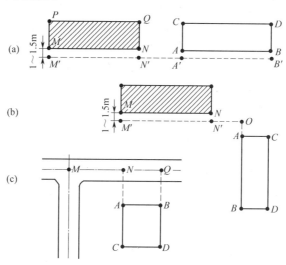

图 9-5 根据与原有建筑物关系定位方法

（2）根据建筑方格网定位

在建筑场地上，已建立建筑方格网，且设计建筑物轴线与方格网边线平行或垂直，则可根据设计的建筑物拐角点和附近方格网点的坐标，用直角坐标法在现场测设。如图 9-6 所示，由 A、B、C、D 点的坐标值可算出建筑物的长度 AB=a 和宽度 AD=b，以及 MA′、B′N 和 AA′、BB′ 的长度。测设建筑物定位点 A、B、C、D 时，先把经纬仪安置在方格网点 M 上，照准 N 点，沿视线方向自 M 点用钢尺量取 MA′ 得 A′ 点，量取 A′B′=a 得 B′ 点，再由 B′ 点沿视线方向量取 B′N 长度以作校核。然后安置经纬仪于 A′ 点，照准 N 点，向左测设 90°，并在视线上量取 A′A 得 A 点，再由 A 点沿视线方向继续量取建筑物的宽度 b 得 D 点。安置经纬仪于 B′ 点，同法定出 B、C 点。为了校核，应用钢尺丈量 AB、CD 及 BC、AD 的长度，看其是否等于建

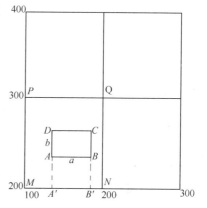

图 9-6 根据建筑方格网定位方法

筑物的设计长度。

(3) 根据控制点的坐标定位

在建筑场地附近，如果有测量控制点可以利用，应根据控制点坐标及建筑物定位点的设计坐标，反算出标定角度与距离，然后采用极坐标法或角度交会法将建筑物测设到地面上。

9.2.2 建筑物的放线

建筑物的放线是指根据已定位的外墙主轴线交点桩及建筑物平面图，详细测设出建筑物各轴线的交点位置，并设置交点中心桩；然后根据各交点中心桩沿轴线用白灰撒出基槽开挖边界线，以便进行开挖施工；由于基槽开挖后，各交点桩将被挖掉，为了便于在施工中恢复各轴线位置，还须把各轴线延长到基槽外安全地点，设置控制桩或龙门板，并做好标志。

(1) 测设建筑物定位轴线交点桩

根据建筑物的主轴线，按建筑平面图所标尺寸，将建筑物各轴线交点位置测设于地面，并用木桩标定出来，称交点桩。

如图9-7所示，M、N为通过建筑物定位所标定的主轴线点。将经纬仪安置于M点，瞄准N点，按顺时针方向测设90°角，沿此方向量取房宽定出R点。同样地可测出其余外墙轴线交点O、P、Q。R、O、P、Q各点可用木桩作点位标志。定出各角点后，要通过钢尺丈量、复核各轴线交点间的距离，与设计长度比较，其误差不得超过1/2000。然后再根据建筑平面图上各轴线之间的尺寸，测设建筑物其他各轴线相交的中心桩的位置，（如图9-7中1、2、3、…点），并用木桩标定。

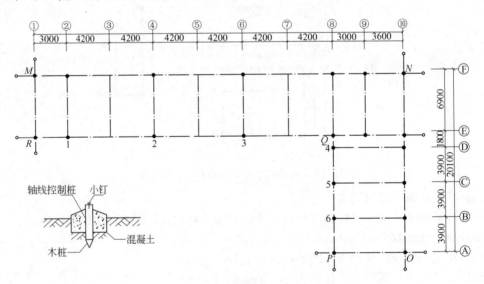

图9-7 测定位轴线交点

(2) 测设轴线控制桩

轴线控制桩设置在基槽外基础轴线的延长线上，离基槽外边线的距离可根据施工场地的条件来定。一般条件下，轴线控制桩离基槽外边线的距离可取2~4m，并用木桩作点位标志，如图9-7所示；为了便于多、高层建筑物向上引测轴线，便于机械化施工作业，可将轴线控制桩设在离建筑物稍远的地方，如附近有已建固定建筑物，最好把轴线投测到固定建筑物顶上或墙上，并做好标志。为了保证控制桩的精度，施工中最好将控制桩与交点桩一起测设。

(3) 设置龙门板

在一般民用建筑中，常在基槽开挖线以外一定距离处钉设龙门板，如图9-8所示。控制桩设在离建筑物稍远的地方,如附近有已建固定建筑物,最好把轴线投测到固定建筑物顶上或墙上,并做好标志。为了保证控制桩的精度,施工中最好将控制桩与交点桩一起测设。

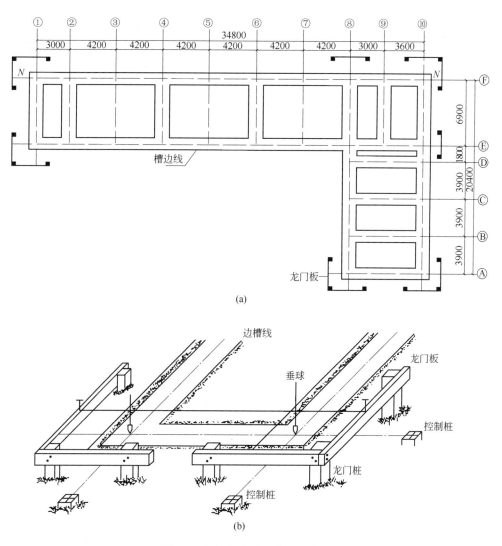

图 9-8 龙门板法测设建筑物轴线

设置龙门板的步骤和要求如下。

ⅰ. 在建筑物四角与内纵、横墙两端基槽开挖边线以外约 1~2m(根据土质情况和挖槽深度确定)处钉设龙门桩,龙门桩要钉得竖直、牢固,木桩侧面与基槽应平行。

ⅱ. 根据建筑物场地水准点,在每个龙门桩上测设±0.000 标高线。若遇现场条件不允许可时,也可测设比±0.000 标高高或低一定数值的标高线。但对于同一建筑物最好只选用一个标高。如地形起伏大,须选用两个标高时,一定要标注清楚,以免使用时发生错误。

ⅲ. 沿龙门桩上测设的高程线钉设龙门板,这样龙门板顶面的标高就在一个水平面上了。龙门板标高的测定容差为±5mm。

ⅳ. 根据轴线桩用经纬仪将墙、柱的轴线投到龙门板顶面上,并钉小钉标明,称为轴线钉。投点容差为±5mm。

ⅴ．用钢尺沿龙门板顶面检查轴线钉的间距，其相对误差不应超过1/2000。经检核合格后，以轴线钉为准，将墙宽、基槽宽标在龙门板上，最后根据基槽上口宽度拉线撒出基槽开挖灰线。

此外，由于建筑物的造型格调从单一的方形向"S"面形、扇面形、圆筒形、多面体形等复杂的几何图形发展，这样对建筑物的放样定位带来了一定的复杂性。针对这种情况，极坐标法是较为灵活且实用的放样定位方法。其具体做法是，首先将设计要素如轮廓坐标、曲线半径、圆心坐标等与施工控制网点建立关系，计算其方向角及边长，以施工控制网点作为工作控制点，按其计算所得的方向角和边长，逐一测定点位。将所有建筑物的轮廓点位定出后，再检查是否满足设计要求。

总之，根据施工场地的具体条件和建筑物几何图形的繁简情况，测量人员可选择最合适的工作方法进行放样定位。

9.3 建筑物基础施工放线

9.3.1 基槽开挖边线放线和基坑抄平

(1) 基槽开挖边线放线

在基础开挖前，按照基础详图上的基槽宽度和上口放坡的尺寸，由中心桩向两边各量出开挖边线尺寸，并做好标记；然后在基槽两端的标记之间拉一细线，沿着细线在地面用白灰撒出基槽边线，施工时就按此灰线进行开挖。

(2) 基坑抄平

为了控制基槽开挖深度，当基槽开挖接近槽底时，在基槽壁上自拐角开始，每隔3~5m测设一根比槽底设计高程提高0.3~0.5m的水平桩，作为挖槽深度、修平槽底和打基础垫层的依据。水平桩一般用水准仪根据施工现场已测设的±0.000标志或龙门板顶面高程来测设的。如图9-9所示，槽底设计高程为−1.700m，欲测设比槽底设计高程高0.500m的水平桩，首先在地面适当地方安置水准仪，立水准尺于±0.000标志或龙门板顶面上，读取后视读数为0.774m，求得测设水平桩的应读前视读数为0.774+1.700−0.500=1.974（m）。然后贴槽壁立水准尺并上下移动，直至水准仪水平视线

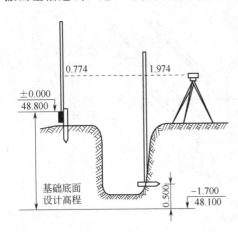

图9-9 基坑抄平方法

读数为1.974m时，沿尺子底面在槽壁打一小木桩，即为要测设的水平桩。

为砌筑建筑物基础，所挖地槽呈深坑状的叫基坑。若基坑过深，用一般方法不能直接测定坑底标高时，可用悬挂的钢尺来代替水准尺把地面高程传递到深坑内。

9.3.2 基础施工放线

基础施工包括垫层和基础墙的施工。

(1) 垫层中线的测设

在基础垫层打好后，根据龙门板上的轴线钉或轴线控制桩，用经纬仪或用拉绳挂锤球的方法（见图9-8），把轴线投测到垫层面上，并用墨线弹出墙中心线和基础边线，作为砌筑基础的依据。由于整个墙身砌筑均以此线为准，所以要进行严格校核。

(2) 垫层面标高的测设

垫层面标高的测设是以槽壁水平桩为依据在槽壁弹线，或在槽底打入小木桩进行控制。如果垫层需支架模板可以直接在模板上弹出标高控制线。

(3) 基础墙标高的控制

墙中心线投在垫层上，用水准仪检测各墙角垫层面标高后，即可开始基础墙（±0.000以下的墙）的砌筑，基础墙的高度是用基础皮数杆来控制的。基础皮数杆是用一根木杆制成，在杆上事先按照设计尺寸将每皮砖和灰缝的厚度一一画出，每五皮砖注上皮数（基础皮数杆的层数从±0.000m向下注记），并标明±0.000m和防潮层等的标高位置。如图9-10所示。

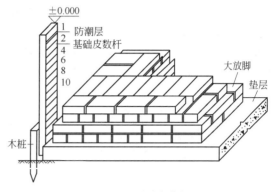

图9-10　基础皮数杆

立皮数杆时，可先在立杆处打一根木桩，用水准仪在木桩侧面定出一条高于垫层标高某一数值（10cm）的水平线，然后将皮数杆上标高相同于木桩上的水平线对齐，并用钉把皮数杆与木桩钉在一起，作为基础墙砌筑的标高依据。基础施工结束后，应检查基础面的标高是否符合设计要求。可用水准仪测出基础面上若干点的高程，并与设计高程相比较，容许误差为±10mm。

9.4 墙体施工测量

9.4.1 墙体轴线的投测

基础墙砌筑到防潮层后，利用轴线控制桩或龙门板上的轴线和墙边线标志，用经纬仪或用拉细线绳挂锤球的方法将轴线投测到基础面或防潮层上，然后用墨线弹出墙中线和墙边线。检查外墙轴线交角是否等于90°，符合要求后，把墙轴线延伸到基础墙的侧面上画出标志（见图9-11），作为向上投测轴线的依据。同时把门、窗和其他洞口的边线，也在外墙基础面上画出标志。

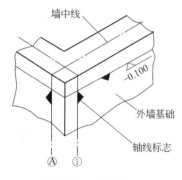

图9-11　轴线标志

9.4.2 墙体标高的控制

墙体砌筑时，墙体各部位标高常用墙身皮数杆来控制。在墙身皮数杆上根据设计尺寸，按砖和灰缝的厚度画线，并标明门、窗、过梁、楼板等的标高位置。杆上注记从±0.000m向上增加。如图9-12所示，墙身皮数杆一般立在建筑物的拐角和内墙处。为了便于施工，采用里脚手架时，皮数杆立在墙外边；采用外脚手架时，皮数杆应立在墙里边。

立皮数杆时，先在立杆处打入木桩，用水准仪在木桩上测设出±0.000标高位置，其测量允许误差为±3mm。然后，把皮数杆上的±0.000线与木桩上±0.000线对齐，并用钉钉牢。为了保证皮数杆稳定，可在皮数杆上加钉两根斜撑。

当墙砌到窗台时，要在外墙面上根据房屋的轴线量出窗台的位置。以便砌墙时预留窗洞的位置。一般在设计图上的窗口尺寸比实际窗的尺寸大2cm，因此，只要按设计图上的窗洞尺寸砌墙即可。

墙的竖直用托线板进行校正（见图9-13），把托线板的侧面紧靠墙面，看托线板上的垂球线是否与板的墨线重合，如果有偏差，可以校正砖的位置。

此外，当墙砌到窗台时，在内墙面上高出室内地坪15～30cm的地方，用水准仪标定出一条标高线，并用墨线在内墙面的周围弹出标高线的位置。这样在安装楼板时，可以用这条标高线来检查楼板底面的标高。使得底层的墙面标高都等于楼板的底面标高之后，再安装楼板。同时，标高线还可以作为室内地坪和安装门窗等标高位置的依据。

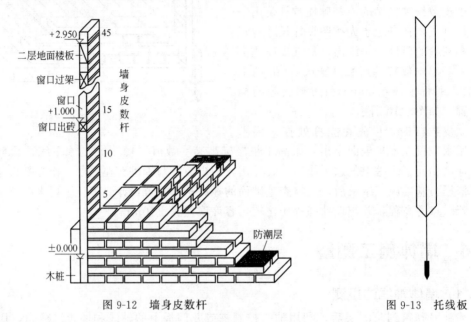

图9-12　墙身皮数杆　　　　　　　　　　　图9-13　托线板

楼板安装好后，二层楼的墙体轴线是根据底层的轴线，用垂球先引测到底层的墙面上，然后再用垂球引测到二层楼面上。在砌筑二层楼的墙时，要重新在二层楼的墙角外立皮数杆，皮数杆上的楼面标高位置要与楼面标高一致，这时可以把水准仪放在楼板面上进行检查。同样，当墙砌到二层楼的窗台时，要用水准仪在二层楼的墙面上测定出一条高于二层楼面15～30cm的标高线，以控制二层楼面的标高。

现代化建筑的特征是从小块砖石材料的砌筑过渡到大块材料。用大块材料建造房屋时，要按施工图进行装配。在施工图上应表示出墙上大块材料的说明及其位置。当基础建成以后，块料及其连接缝的放样，应在固定于基础上的木板上进行。此种木板设置在各个屋角和若干连接墙上，木板上的高程要用水准仪来测设。

在施工过程中，大块材料的安装要用悬锤与水准器来检核，用块料筑成的每一楼层都要用水准仪进行检核。

9.5　高层建筑施工测量

9.5.1　高层建筑施工测量的特点和任务

近年来，中国的高层建筑蓬勃兴起，高层民用住宅群也在各大、中型城市中悄然屹立。"质量第一"已成为建筑企业的立身之本。为了提高工程质量，高层建筑施工测量越来越受到广泛重视。高层建筑的特点是层数多，高度高，结构复杂。因结构竖向偏差直接影响结构受力情况，故在施工测量中要求竖向投点精度高，所选用的仪器和测量方法要适应结构类型、施工方法和场地情况。由于建筑结构复杂，设备和装修标准较高，特别是高速电梯的安装等，对施工测量精度要求亦高，一般情况在设计图纸中有说明，有各项容许偏差值，施工测量误差必须控制在容许偏差值以内。因此，面对建筑平面、立面造型的复杂多变，要求在工程开工前，先制定施工测量方案、仪器配置、测量人员的分工，并经工程指挥部组织有关专家论证后方可实施。

高层建筑施工测量的主要任务是将建筑物的基础轴线准确向高层引测，并保证各层相应的轴线位于同一竖直面内，要控制与检核轴线向上投测的竖向偏差每层不超过 5mm，全楼累计误差不大于 20mm；在高层建筑施工中，要由下层楼面向上层传递高程，以使上层楼板、门窗口、室内装修等工程的标高符合设计要求。

9.5.2 轴线投测

(1) 经纬仪投测法

高层建筑物的平面控制网和主轴线是根据复核后的红线桩或平面控制坐标点来测设的，平面网的控制轴线应包括建筑物的主要轴线，间距宜为 30~50m，并组成封闭图形，其量距精度要求较高，且向上投测的次数越多，对距离测设精度要求越高，一般不得低于 1/10000，测角精度不得低于 20″。

高层建筑物的基础工程完工后，须用经纬仪将建筑物的主轴线（或称中心轴线）精确地投测到建筑物底部侧面，并设标志，以供下一步施工与向上投测之用。另以主轴线为基准，重新把建筑物角点投测到基础顶面，并对原来所作的柱列轴线进行复核。然后再分量各开间柱列轴线间的距离，往返丈量距离的精度要求与基础轴线测设精度相同。

随着建筑物的升高，要逐层将轴线向上投测传递。如图 9-14 所示，向上投测传递轴线时，是将经纬仪安置在远离建筑物的轴线控制桩 3、3′和 c、c′上，分别以正、倒镜两个盘位照准建筑物底部侧面所设的轴线标志 a、a′和 b、b′，向上投测到每层楼面上，取正、倒镜两投测点的中点，即得投测在该层上的轴线点 a_1、a_1' 和 b_1、b_1'。$a_1 a_1'$ 和 $b_1 b_1'$ 两线的交点 O' 即为该层楼面的投测中心。

当建筑物层数增至相当高度时（一般为 10 层以上），经纬仪向上投测的仰角增大，则投点误差也随着增大，投点精度降低，且观测操作不方便。因此，必须将主轴线控制桩引测到远处的稳固地点或附近大楼的屋面上，如图 9-15 所示。所选轴线控制桩位置距建筑物宜在 $(0.8\sim1.5)H$（m）外（H 为建筑物总高），以减小仰角。

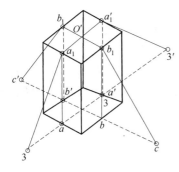

图 9-14 经纬仪投测轴线

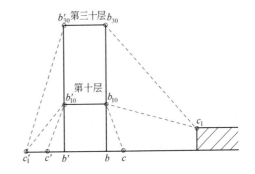

图 9-15 高层建筑经纬仪投测轴线

为了保证投测质量，使用的经纬仪必须进行检验校正，尤其是照准部水准管轴应精密垂直仪器竖轴。投测时，应精密整平。为避免日照、风力等不良影响，宜在阴天、无风时进行投测。南京金陵饭店（110m）、中央彩色电视中心（135m）均采用此种方法。

（2）铅垂仪投测法

激光铅垂仪是一种供铅直定位的专用仪器，适用于高层建筑、烟囱和高塔架的铅直定位测量。主要由氦氖激光器、竖轴、发射望远镜、管水准器和基座等部件组成，基本构造如图9-16所示。激光器通过两组固定螺钉固装在套筒内。仪器的竖轴是一个空心轴，两端有螺扣，激光器套筒安装在下端（或上端），发射望远镜装在上端（或下端），即构成向下（或向上）发射的激光铅直仪。仪器上设置有两个互成90°的管水准器，分划值一般为20″/mm，仪器配有专用激光电源。使用时利用激光器底端（全反射棱镜端）所发射的激光束进行对中，通过调节基座整平螺旋，使管水准器气泡严格居中，从而使发射的激光束铅垂。

为了把建筑物轴线投测到各层楼面上，根据梁、柱的结构尺寸，投测点距轴线500~800mm为宜。每条轴线至少需要两个投测点，其连线应严格平行于原轴线。为了使激光束能从底层直接打到顶层，在各层楼面的投测点处需预留孔洞，或利用通风道、垃圾道以及电梯升降道等。如图9-17所示，将激光铅垂仪安置在底层测站点O，进行严格对中、整平，接通电源，激光器发射铅垂激光束，作为铅垂基准线。通过发射望远镜调焦，使激光束会聚成红色耀目光斑，投射到上层施工楼面预留孔的绘有坐标网的接收靶P上，水平移动接收靶P，使靶心与红色光斑重合，靶心位置即为测站点O的铅垂投影位置，并以此作为该层楼面上的一个控制点。

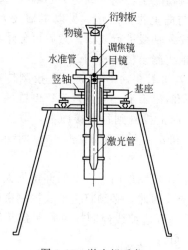

图9-16　激光铅垂仪

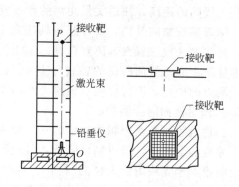

图9-17　激光铅垂仪投测轴线方法

当建筑物不太高（一般在100m以内），垂直控制测量精度要求不太高时，亦可用重锤法代替铅垂仪投测。悬挂重锤的钢丝表示铅垂线，重锤重量随施工楼面高度而异，高度在50m以内时约15kg，100m以内时约25kg，钢丝直径为1mm，投测时，重锤浸在废机油中并采取挡风措施，以减少摆动。此外，配有90°弯管目镜的经纬仪也可作为光学铅垂仪使用，其方法与激光铅垂仪一样，不同的是一个激光斑，一个是光学视线点。

9.5.3　高程传递

高层建筑物施工中，传递高程的方法有以下几种。

① 利用皮数杆传递高程　在皮数杆上自±0.000m标高线起，门、窗口、过梁、楼板等构件的标高都已注明。一层楼砌好后，则从一层皮数杆起一层一层往上接。

② 利用钢尺直接丈量　在标高精度要求较高时，可用钢尺沿某一墙角自±0.000m标高

处起向上直接丈量，把高程传递上去。然后根据由下面传递上来的高程立皮数杆，作为该层墙身砌筑和安装门窗、过梁及室内装修、地坪抹灰等控制标高的依据。

③ 悬吊钢尺法 在楼梯间悬吊钢尺，钢尺下端挂一重锤，使钢尺处于铅垂状态，用水准仪在下面与上面楼层分别读数，按水准测量原理把高程传递上去。

9.5.4 框架结构吊装

以梁、柱组成框架作为建筑物的主要承重构件，楼板置于梁上，此种结构形式为框架结构建筑物。若柱、梁为现浇时，要严格校正模板的垂直度。校核方法是首先用吊锤法或经纬仪投测法，将轴线投测到相应的柱面上，定出标志，然后在柱面上（至少两个面）弹出轴线，并以此作为向上传递轴线的依据。在架设立柱模板时，把模板套在柱顶的搭接头上，并根据下层柱面上已弹出的轴线，严格校核模板的位置和垂直度。按此方法，将各轴线逐层传递上去。

近年来国内高层民用建筑越来越多地采用装配式钢筋混凝土框架结构，其构件吊装中柱子的观测和校正是重要的环节，它直接关系到整个结构的质量。柱的观测校正方法详见第 10 章中"柱子安装测量"。此外还应注意以下几点。

ⅰ. 随着工序的进展，荷载的变化对每根柱子均需重复多次校正和观测垂直偏移值。先是在起重机脱钩以后、电焊以前对柱子进行初校。在多节柱接头电焊、梁柱接头电焊时，因钢筋收缩不均匀，柱子会产生偏移，尤其是在吊装梁及楼板后，柱子荷载增加，若荷载不对称时柱的偏移更为明显，此时还应进行观测。对数层一节的长柱，在每层梁、板吊装前后，也需观测柱的垂直偏移值，以使最终偏移值控制在容许范围内。

ⅱ. 多节柱分节吊装时，要确保下节柱的位置正确，否则可能会导致上层形成无法矫正的累积偏差。下节柱经校正后虽其偏差在容许范围内，但仍有偏差，此时吊装上节柱时，若根据标准定位中心线观测就位，则在柱子接头处钢筋往往对不齐；若按下节柱的中心线观测就位，则会产生累积误差。一般解决方法是上节柱的底部就位时，应对准标准定位中心与下柱中心线的中点；在校正上节柱的顶部时，仍应以标准定位中心线为准。

9.6 道路施工测量

道路施工测量就是利用测量仪器，根据设计图纸，测设道路中线、边桩、高程、宽度等工作。主要工作包括：施工前的测量工作和施工过程中的测量工作。

9.6.1 施工前的测量工作

（1）施工测量前的准备工作

在恢复道路路线前，测量人员需要熟悉设计图纸，了解设计意图，了解设计图纸招标文件及施工规范对施工测量精度的要求，并同原勘测人员一起到实地交桩，找出各导线点桩或各交点桩（转点桩）及主要的里程桩及水准点位，了解移动、丢失、破坏情况，商量解决办法。

（2）导线点、水准点的复测、恢复和加密

路线经过勘测设计后，往往要经过一段时间才施工，部分导线点或水准点可能造成移动或丢失。所以，施工前必须对导线点、水准点进行复测。对于检查中发生丢失和复测中发现移动的导线点和水准点，根据施工要求可以补测恢复或进行加密，满足施工测量需要。加密选点时，可根据地形及施工要求确定，精度根据《公路勘测规范》要求进行。

（3）恢复路线中桩的测量

施工现场实地察看后，根据设计图纸及已知导线点或交点资料，需要对路线中线进行测设,并与勘测阶段的中线进行比较和复核。发现相差较大时,及时上报建设单位并协商解决方法。同时将桥梁、涵洞等主要构筑物的位置在实地标定出来,对比设计图纸和设计意图,以免出现差错。

(4) 原地面纵、横断面的测量

施工前,必须测设原地面路线的纵、横断面以便计算路基土石方,并与设计图纸资料相比较,发现差错较大及时上报建设单位。

9.6.2 施工过程中的测量工作

9.6.2.1 路基放线

路基放线主要包括路基中线放线和纵横断面高程测设。路基中线放线与中线测量相同。一般情况下,在路基填筑过程中,可每填筑 3 层测设一次路基中线。如有特殊要求,则每填筑一层,测放一次路基中线。路基横断面高程测量则是每填筑一层测量一次。

9.6.2.2 路基边桩的测设

路基边桩的测设就是在地面上将每一个横断面的路基两侧的边坡线与地面的交点,用木桩测定在实地上,作为路基施工的依据。常用的方法有以下几种。

① 图解法 直接在路基设计的横断面图上,根据比例尺量出中桩至边桩的距离。然后在施工现场直接测量距离,此法常用在填挖不大的地区。

② 解析法 它是根据路基设计的填挖高(深)度、路基宽度、边坡率和横断面地形情况,计算路基中桩至边桩的距离,然后在施工现场沿横断面方向量距,测出边桩的位置。分平坦地面和倾斜地面两种。

(1) 平坦地面的边桩测设

填方路基称为路堤,如图 9-18(a);挖方路基称为路堑,如图 9-18(b) 所示,则

路堤 $$D=\frac{B}{2}+mh$$

路堑 $$D=\frac{B}{2}+S+mh$$

式中　D——路基中桩至边桩的距离;
　　　B——路基设计宽度;
　　　m——边坡率;
　　　h——填土高度或挖土深度;
　　　S——路堑边沟顶宽。

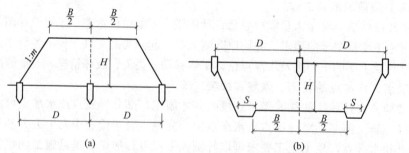

图 9-18　平坦地面的边桩测设

(2) 倾斜地面的边桩测设

倾斜地面的边桩测设如图 9-19 所示。

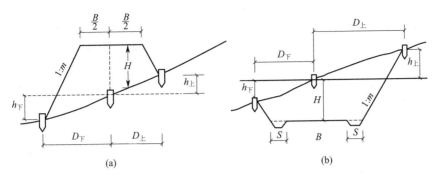

图 9-19 倾斜地面的边桩测设

路堤断面：
$$D_上 = \frac{B}{2} + m(H - h_上)$$
$$D_下 = \frac{B}{2} + m(H + h_下)$$

路堑断面
$$D_上 = \frac{B}{2} + S + m(H + h_上)$$
$$D_下 = \frac{B}{2} + S + m(H - h_下)$$

上式中 B、H、m 和 S 均为设计已知数据，故 $D_上$、$D_下$ 随 $h_上$、$h_下$ 而变化，$h_上$、$h_下$ 为斜坡上、下侧边桩与中桩的高差，在边桩未定出之前为未知数。在实际工作中，根据横断面图和地面实际情况，估计两侧边桩位置，实地测量中桩与估计边桩的高差，检核 $h_上$、$h_下$。当与估计相等，则估计边桩为实际边桩位置；若不相等，则根据实测资料重新估计边桩位置，重复上述工作，直至相符为止，该种方法称为逐渐趋近法测设边桩。

9.6.2.3 竖曲线的测设

在路线纵断面上两条不同坡度线相交的交点为变坡点。考虑行车的视距要求和行车的平稳，在变坡处一般采用圆曲线或二次抛物线连接，这种连接相邻坡度的曲线称为竖曲线。如图 9-20 所示，在纵坡 i_1 和 i_2 之间为凸形竖曲线，在纵坡 i_2 和 i_3 之间为凹形竖曲线。

图 9-20 竖曲线示意图

竖曲线基本上都是圆曲线，根据竖曲线设计时提供的曲线半径 R 和相邻坡度 i_1、i_2 可以计算坡度转角及竖曲线要素如图 9-20 所示。

(1) 坡度转角的计算

$$\alpha = \alpha_1 - \alpha_2$$

由于 α_1 和 α_2 很小，所以

$$\alpha_1 \approx \tan\alpha_1 = i_1$$
$$\alpha_2 \approx \tan\alpha_2 = i_2$$

得

$$\alpha = i_1 - i_2$$

其中 i 在上坡时取正，下坡时取负；α 为正时为凸曲线，α 为负时为凹曲线。

（2）竖曲线要素的计算

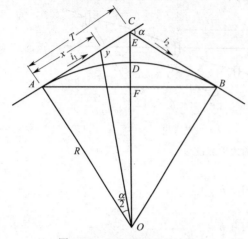

图 9-21 竖曲线要素的计算

切线长　　$T = R \dfrac{\tan\alpha}{2}$

当 α 很小时，$\dfrac{\tan\alpha}{2} \approx \dfrac{\alpha}{2} = \dfrac{i_1 - i_2}{2}$ 得

$$T = \frac{1}{2} R (i_1 - i_2)$$

曲线长　　$L \approx 2T = R(i_1 - i_2)$

外矢距　　$E = \dfrac{T^2}{2R}$

因 α 很小，故可以认为 y 坐标轴与半径方向一致，也认为它是曲线上点与切线上对应点的高程差，由图 9-21 得

$$(R + y)^2 = R^2 + x^2$$

即

$$2Ry = x^2 - y^2$$

因 y^2 与 x^2 相比，其值甚微，可略去不计，故有

$$2Ry = x^2$$

即

$$y = \frac{x^2}{2R}$$

经计算求得高程差 y 后，即可按下式计算竖曲线上任一点 P 的高程 H_P

$$H_P = H \pm y_P$$

式中　H_P——为该点在切线上的高程，也就是坡道线的高程；

y_P——为该点的高程改正值，当竖曲线为凸形曲线时，y_P 为负值，为凹形曲线时 y_P 为正值。

【例 9-1】 设某竖曲线半径 $R = 5000$m，相邻坡段的坡度 $i_1 = -1.114\%$，$i_2 = +0.154\%$，为凹形竖曲线，变坡点的桩号为 $K_1 + 670$，高程为 48.60m，如果曲线上每隔 10m 设置一桩，试计算竖曲线上各桩点的高程。

解　计算竖曲线元素，按以上公式求得：

$$L = 63.4\text{m}, \quad T = 31.7\text{m}, \quad E = 0.10\text{m}$$

起点桩号 $= K_1 + (670 - 31.7) = K_1 + 638.30$

终点桩号 $= K_1 + (638.3 + 63.4) = K_1 + 701.70$

起点高程 $= 48.6 + 31.7 \times 1.114\% = 48.95$（m）

终点高程 $= 48.6 + 31.7 \times 0.154\% = 48.65$（m）

按 $R = 5000$m 和相应的桩距，即可求得竖曲线上各桩的高程改正数 y_i，计算结果如表 9-1 所示。

9.6.2.4　路面放线

在路面底基层（或垫层）施工前，首先应进行路床放样。主要包括两方面内容：中线放样及中平测量，路床横坡放样。除路面面层外，各结构层横坡按直线形式放样。

路拱（面层、顶面横坡）类型有抛物线型、屋顶线型和折线型三种类型。

表 9-1 竖曲线上桩点高程计算表

桩 号	桩点至竖曲线起点或终点的平距 x/m	高程改正值 y/m	坡道高程 H'/m	曲线高程 H/m	备 注
$K_1+638.30$	0.0	0.0	48.95	48.95	竖曲线起点
+650	11.7	0.01	48.82	48.83	$i=-1.114\%$
+660	21.7	0.05	48.71	48.76	
K_1+670	31.7	0.10	48.60	48.70	变坡点
+680	21.7	0.05	48.62	48.67	$i=+0.154\%$
+690	11.7	0.01	48.63	48.64	
+701.7	0.0	0.0	48.65	48.65	竖曲线终点

9.6.2.5 侧石与人行道的测量放线

两侧路缘石与人行道的测量放线主要是先测设路线中线,再根据经纬仪法测量路基横断面,然后依据设计图上侧石与人行道距路线中线的距离,测设侧石与人行道的实际位置,并在实地标定出来。

9.6.3 道路立交匝道的测设

(1) 匝道的基本形式

立交是高等级公路和市政道路不可缺少的组成部分。立交的设置,可以提高道路交叉口的通行能力,减缓或消除交通拥挤和阻塞,改善道路交叉口的通行能力和安全。

组成立交的基本单元是匝道。匝道是指在立交处连接立交上、下道路而设置的单车道单方向的转弯道路。匝道的形式千变万化,但以转弯的行驶状况可划分为以下四种基本形式。

① 右转弯匝道 车辆从干线向右转弯驶出的匝道。如图 9-22 所示。

② 环形匝道 车辆左转弯行驶所采用的一种匝道形式。车辆自干线右侧驶出,右转弯约 270°,完成左转弯的行驶,如图 9-23 所示。

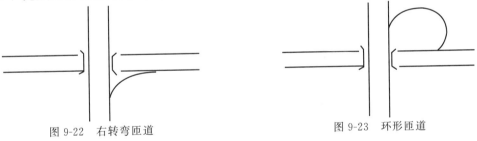

图 9-22 右转弯匝道　　　　　　　图 9-23 环形匝道

③ 定向式匝道 也称直接式匝道。车辆从干线左侧驶出,左转弯以短捷的路线直接驶入连接的干线,如图 9-24 所示。

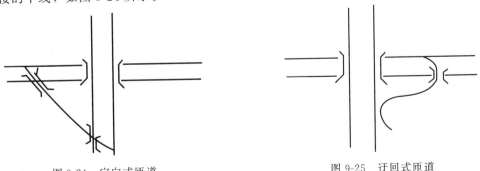

图 9-24 定向式匝道　　　　　　　图 9-25 迂回式匝道

④ 迂回式匝道　车辆从干线右侧驶出，向右迂回绕行以完成左侧转弯的行驶。如图 9-25 所示。

(2) 匝道的组成和匝道坐标的计算

一条路线是由直线段、圆曲线段及缓和曲线段组合而成的，每个路段称为曲线元。匝道是由直线元、圆曲线元和缓和曲线元组合而成的。曲线元与曲线元的连接点为曲线元的端点，如果一个曲线元的长度及两端点的曲率半径已经确定，则这个曲线元的形状和尺寸就可以确定。同时只要给出了匝道起点的直角坐标 X_0、Y_0 和起点切线与 X 轴的夹角 τ_0，以及各曲线元的分界点距路线起点的里程 S_i 和分界点的曲率半径 P_i，就可以计算出匝道上各点的坐标。计算步骤如下。

ⅰ. 根据曲线元两端点的曲率半径判别曲线元的性质，当曲线元两端点的曲率半径为无穷大时为直线元，相等时为圆曲线元；不等时为缓和曲线元。

ⅱ. 从匝道起点开始，按照曲线元的性质，运用相应的曲线参数方程，计算匝道各桩点的直角坐标。

(3) 匝道的测设

立交匝道的测设和点的平面位置测设相同，在计算出各条匝道各里程桩点的坐标后，利用电子全站仪采用极坐标法测设各条匝道上各里程桩点。

阅读材料　施工测量方案案例

（1）工程概况（略）

（2）测量准备

ⅰ. 对所有进场的仪器设备及人员进行初步调配，并对所有进场的仪器设备重新进行检定，主任工程师进行技术交底。

ⅱ. 向业主和项目收集进行测量工作所必需的原始测量资料、施工设计图纸及相关部门的原始文件和资料。

ⅲ. 请项目帮助解决进行测量工作需要的木桩等相关材料。

（3）建筑物轴线控制网的测设

① 建筑物轴线控制网布设原则及要求

ⅰ. 轴线控制应先从整体考虑，遵循先整体后局部，高精度控制低精度的原则。

ⅱ. 轴线控制网的布设要根据设计总平面图、现场施工平面布置图、基础及首层施工平面图进行。

ⅲ. 控制点应选在通视条件良好、安全、易保护的地方。

ⅳ. 控制桩必须用混凝土保护，需要时用钢管进行围护，并用红油漆做好测量标记。

② 轴线控制网的布设

ⅰ. 轴线控制测设依据及复测　本工程轴线控制点测设依据经业主确认的桩基施工单位提供的基准控制点 1#、2#、3# 进行。在进行轴线控制点测设前，对依据的三个基准控制点进行了复测，复测结果满足轴线定位的精度要求，复测结果见图 9-26。

ⅱ. 轴线控制点测设　根据基准控制点复测成果，为保证结构主体施工与桩基施工依据的一致性，经与业主、桩基施工单位协调确认，确定以基准控制点 1# 为基准点，基准控制点 3# 为后视方向，根据该点与建筑红线及建筑物的相对尺寸关系测设出本工程各建筑物的轴线控制点。

根据本工程的结构形式和施工现场的实际情况，确定主楼的 1 轴、4 轴、7 轴、10 轴、A 轴、H 轴、L 轴，辅楼 A 的 A 轴、C 轴、1 轴、4 轴、7 轴，辅楼 B 的 2 轴、7 轴为

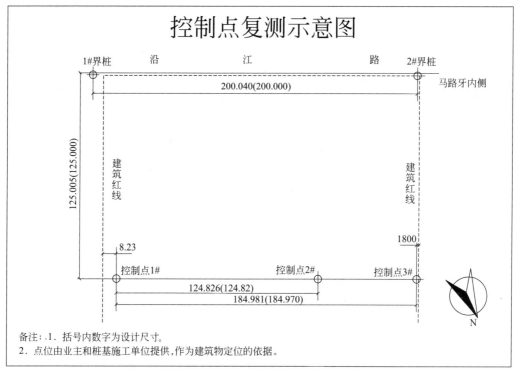

图 9-26 复测结果

相应建筑物的控制轴线，其中 A 轴、H 轴为主楼、辅楼 A、辅楼 B 的公用控制轴线。用 Topcon-601 全站仪直角坐标法测设各轴线控制点，并进行角度、距离校测，满足精度要求后作为本工程的轴线控制网。各建筑物轴线控制桩及相对尺寸关系如图 9-27 所示。

轴线控制网的精度技术指标必须符合表 9-2 的规定。

表 9-2 轴线控制网的精度技术指标

测角中误差/(″)	边长相对中误差
±5	1/10000

（4）高程控制网的建立

① 高程控制网的等级及观测技术要求

ⅰ. 高程控制网的等级为三等，水准测量技术要求如表 9-3。

表 9-3 三等水准测量技术要求

等级	高差全中误差/(mm/km)	路线长度/km	仪器型号	水准尺	与已知点联测次数	附合或闭合环线次数	平地闭合差/mm
三等	6	≤50	DS1 DS3	钢瓦双面	往返各一次	往返各一次	$12\sqrt{L}$

注：L 为往返测段附合水准路线长度（km）。

ⅱ. 水准观测主要技术指标见表 9-4。

表 9-4 水准观测主要技术指标

等级	仪器型号	视线长度	前后视较差/m	前后视累积差/m	最低地面高度/m	基辅或红黑读数差	基辅或红黑所测较差
三等	DS_1	100m	3	6	0.3	1.0mm	1.5mm
	DS_3	75m				2.0mm	3.0mm

ⅲ. 水准测量的内业计算应符合下列规定。

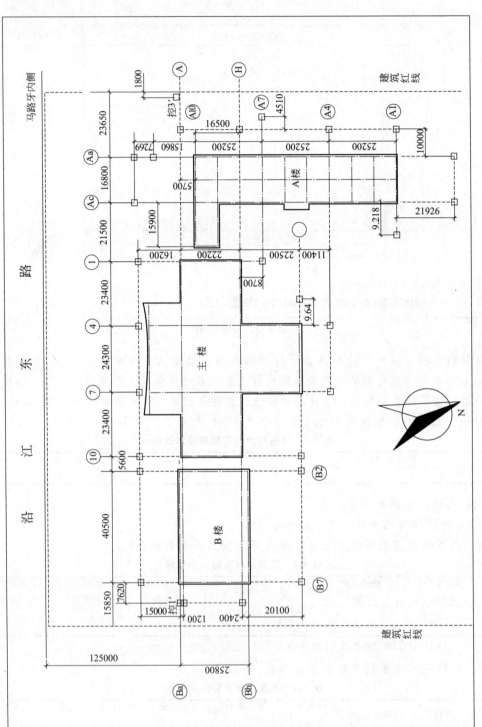

图 9-27 轴线定位示意图

ⅰ 水准线路应按附合路线和环形闭合差计算，每千米水准测量高差全中误差，按下式计算：

$$M_W = \sqrt{\frac{1}{N}\left[WW/L\right]}$$

式中　M_W——高差全中误差，mm；
　　　W——闭合差，mm；
　　　L——相应线路长度，m；
　　　N——附合或闭合路线环的个数。

ⅱ 内业计算最后成果的取值：三等精确至1mm。

② 高程控制网的布设　本工程的高程控制依据为业主指定的1#、2#建筑红线界桩，经复测，该两点在业主提供地形图上标注的高程误差为10mm，基本满足施工精度要求。为保证主体施工与桩基工程施工标高控制的一致性，采用2#界桩（高程134.12m）为本工程的标高控制基准点，向施工现场引测标高控制点（±0.000）。

为保证建筑物竖向施工的精度要求，在场区内布设三个标高控制点，建立高程控制网。控制点布设在通视良好的位置，距离基坑边线不小于15m，采用S3水准仪闭合水准路线测设。控制点间标高较差和水准路线闭合差满足相应路线等级精度要求。

(5) ±0.000以下施工测量

① 平面放样测量

ⅰ. 开挖线放样。首先根据轴线控制桩投测出控制轴线，然后根据开挖线与控制轴线的尺寸关系放样出开挖线，并撒出白灰线作为标志。当基槽开挖到接近槽底设计标高时，用经纬仪根据轴线控制桩投测出基槽边线和集水坑开挖边线，并撒出白灰线指导开挖。

ⅱ. 轴线投测。基础平面板混凝土浇筑并凝固后，根据基坑边上的轴线控制桩，将经纬仪架设在控制桩位上，经对中、整平后，后视同一方向桩（轴线标志），将控制轴线投测到作业面上。然后以控制轴线为基准，以设计图纸为依据，放样出其他轴线和柱边线、洞口边线等细部线。

ⅲ. 当每一层平面或每一施工段测量放线完后，必须进行自检，自检合格后及时填写楼层放线记录表并报监理验线，以便能及时验证各轴线的正确。

ⅳ. 验线时，允许偏差如表9-5。

表9-5　验线允许偏差

轴线间距	允许偏差/mm	轴线间距	允许偏差/mm
$L<30m$	±5	$60m<L\leqslant 90m$	±15mm
$30m<L\leqslant 60m$	±10mm	$L>90m$	±20mm

② ±0.000以下结构施工中的标高控制

ⅰ. 高程控制点的联测。在向基坑内引测标高时，首先联测标高控制点。经联测确认无误后，方可向基坑内引测所需的标高。

ⅱ. ±0.000以下标高的施测。为保证竖向控制的精度，对所需的标高临时控制点，必须正确测设，每一个独立坑所引测的标高临时控制点，不得少于三个，并作相互校核。校核后三点的较差不得超过3mm，取平均值作为该基坑的标高基准值，临时控制点应根据基坑情况设置在较稳定位置。

ⅲ．土方开挖标高控制。在土方开挖即将挖到设计底标高时，测量人员要对开挖深度进行实时测量，即以引测到基坑的标高临时控制点为依据，用 S3 水准仪抄测出挖土标高，并撒出白灰点指导清土人员按标高清土。

ⅳ．基础结构模板支好后，用水准仪在模板内壁定出基础面设计标高线控制混凝土浇筑。拆模后，在结构立面抄测结构 1m 线。

ⅴ．基坑标高传递示意如图 9-28。

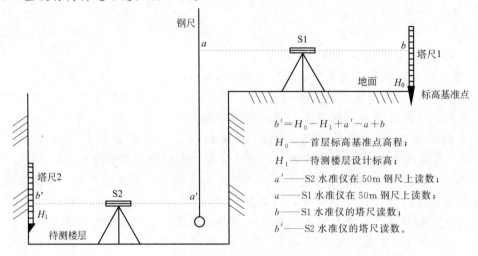

图 9-28　基坑标高传递示意图

（6）±0.000 以上施工测量

① 平面控制测量　建筑物±0.000 以上的轴线传递，采用激光经纬仪内控接力传递法进行轴线投测。

ⅰ．平面控制网的布设

① 内控点布设。平面内控点的布设，要根据施工流水段的划分进行，每一流水段至少布设 2 个点，作为该流水段的测量控制点。测量内控点根据工程施工到首层时现场实际情况和施工流水段划分情况进行布设。

② 埋件的埋设。内控点所在平面层楼板相应位置上需预先埋设铁件并与楼板钢筋焊接牢固。以后在各层施工浇筑混凝土顶板时，在垂直对应控制点位置上预留出 φ200mm 孔洞，以便轴线向上投测。

③ 预埋件作法。预埋铁件由 100mm×100mm×8mm 厚钢板制作而成，在钢板下面焊接φ12 钢筋，且与底板混凝土一起浇筑（图 9-29）。

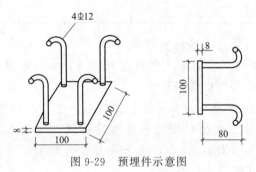

图 9-29　预埋件示意图

ⅳ 控制点的测设。待预埋件埋设完毕后，将内控点所在纵横轴线分别投测到预埋铁件上，并用 Topcon-601 全站仪进行测角、测边校核，精度合格后刻上标记作为平面控制依据。内控网的精度不低于轴线控制网的精度。

ⅴ 激光接收靶。激光接收靶由 300mm×300mm×5mm 厚有机玻璃制作而成，接收靶上由不同半径的同心圆及正交坐标线组成（图 9-30）。

图 9-30 激光接收靶示意图

ⅱ. 内控点竖向投测　如图 9-31 所示，首先将 TDJ2E 激光经纬仪安置在已作好的控制点上，对中整平后，置竖直度盘为 $0°00'00''$，仪器发射激光束，穿过楼板预留洞而直射到激光接收靶上，激光经纬仪操作人员转动仪器，使激光点在接收靶上形成圆圈，上面操作接收靶人员见光后移动接收靶，使靶交点与圆圈中点重合，此时固定靶位，接收靶中心即控制点位置。轴线投测时，测量人员互相之间用对讲机进行联络。

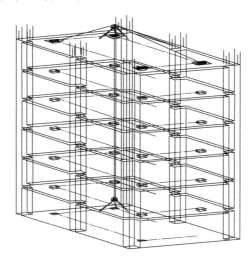

图 9-31 内控点竖向投测示意图

ⅲ. 竖向投测的允许误差见表 9-6。

表 9-6　竖向投测的允许误差

高度/m	允许误差/mm	高度/m	允许误差/mm
每层	±3	60m<H≤90m	±15
H<30m	±5	H>90m	±20
30m<H≤60m	±10		

ⅳ. 作业层轴线、细部线放样　轴线控制点投测到施工层后，将经纬仪分别置于各点上，检查相邻点间夹角是否为 90°，然后用检定过的 50M 钢尺校测每相邻两点间水平距离，检查控制点是否投测正确。控制点投测正确后依据控制点与轴线的尺寸关系放样出轴线。轴线测放完毕并自检合格后，以轴线为依据，依图纸设计尺寸放样出柱边线、墙边线等细部线。

ⅴ．支立模板时的测量控制

① 中心线及标高的测设。根据轴线控制点将中心线测设在靠近墙体底部的楼层平面上，并在露出的钢筋上抄测出楼层＋500mm或＋1000mm标高线，控制模板平面位置及高度。

ⅱ 模板垂直度检测。模板支立好后，利用吊线坠法校核模板的垂直度，并通过检查线坠与轴线间距离，来校核模板的位置。

② 高程的传递

ⅰ．首先从高程控制点将高程引测到首层便于向上竖直量尺处，校核合格后作为起始标高线，并弹出墨线，用红油漆标明高程数据。

ⅱ．标高的竖向传递，用钢尺从首层起始标高线竖直量取。钢尺需加拉力、尺长、温度三差改正。

ⅲ．施工层抄平之前，应先校测首层传递上来的三个标高点，当较差小于3mm时，取其平均高程引测水平线。抄平时，应尽量将水准仪安置在测点范围的中心位置。

(7) 人员组织及设备配置

① 人员组织　根据本工程测量放线的工作量和工作难度，本工程的测量人员安排如下：

测放部长1名，负责工作组织安排，设备管理，现场安全管理，工作质量，工作进度，技术方案实施，测放部长应具有助理工程师以上职称；

测量放线工2名，负责测量放线操作，在本工程测量放线操作的人员须具有测量放线岗位证书。

② 设备配置见表9-7。

表 9-7　设备配置

编号	设备名称	精度指标	数量	用途
1	Topcon-601 全站仪	$2mm+2\times10^{-6}$	1台	前期工程控制定位
2	TDJ2E 电子经纬仪	2	1台	施工放样
3	S3 水准仪	2mm	1台	标高控制
4	50m 钢尺	1mm	1把	施工放样
5	激光经纬仪	1/20000	1台	内控点竖向传递
6	对讲机	—	2部	通信联络

(8) 质量控制

① 质量过程控制

ⅰ．测放部长按施工进度和测量方案要求，安排现场测量放线工作，并做好施工测量日志。

ⅱ．现场使用的测量仪器设备应根据《测量仪器使用管理办法》的规定进行检校维护、保养并作好记录，发现问题后立即将仪器设备送检。

ⅲ．本工程的测量放线工作必须符合《建筑工程施工测量规程》(DBJ 01-21-95)的精度要求。

ⅳ．测量放线作业过程中，要严格执行"三检制"。

② 质量检验程序见图9-32。

9 民用建筑施工测量

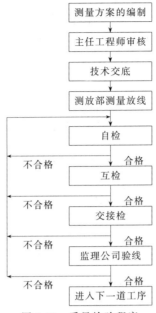

图 9-32 质量检验程序

小 结

民用建筑施工测量的内容、方法及步骤，见表 9-8。

表 9-8 测量的内容、方法及步骤

序号	施工测量的内容	施工测量的方法及步骤
1	施工测量的准备工作	(1)熟悉图纸　阅读设计图纸，理解设计意图，对有关尺寸应仔细核对 (2)现场踏勘　了解地形，掌握测量控制点情况，并对测设已知数据进行检核 (3)制定测设方案　按照建筑设计与测量规范要求，拟定测设方案，绘制施工放样略图
2	建筑物的定位与放线	(1)建筑物的定位　根据与原有建筑物的关系定位；根据建筑方格网定位；根据控制点的坐标定位 (2)建筑物的放线　测设建筑物定位轴线交点桩；测设轴线控制桩(或设置龙门板)
3	建筑物基础施工放线	(1)基槽开挖边线放线与基坑抄平　根据基槽宽度和上口放坡尺寸，放出基槽开挖边线，并用白灰撒出基槽边线，供施工时开挖用；当基槽开挖深度接近槽底时，用水准仪根据已测设的±0.000 标志或龙门板顶面标高测设高于槽底设计高程 0.3～0.5 m 的水平桩高程，以作为挖槽深度、修平槽底和打基础垫层的依据。若基坑过深，用一般方法不能直接测定坑底标高时，可悬挂的钢尺来代替水准尺把地面高程传递到深坑内 (2)基础施工放线　基础施工包括垫层和基础墙施工。垫层打好后应进行垫层中线的测设和垫层标高的测设；基础施工时，首先，将墙中心线投在垫层上，用水准仪检测各墙角垫层面标高后，即可开始基础墙(±0.000 以下的墙)的砌筑，基础墙的高度用基础皮数杆来控制
4	墙体施工测量	(1)墙体轴线的投测　在基础墙砌筑到防潮层以后，利用轴线控制桩或龙门板上的轴线和墙边线标志，用经纬仪等进行墙体轴线的投测 (2)墙体标高的控制　墙体砌筑时，墙体标高常用墙身皮数杆来控制
5	高层建筑施工测量	(1)轴线投测　包括经纬仪投测法和铅垂仪投测法两种。 　经纬仪投测法是将经纬仪安置在远离建筑物的轴线控制桩上，照准建筑物底部所设的轴线标志，向上投测到每层楼面上，即得投测在每层上的轴线点。随着经纬仪向上投测的仰角增大，投点误差也随着增大，投点精度降低，且观测操作不方便。为此，必须将主轴线控制桩引测到远处的稳固地点或附近大楼的屋面上，以减小仰角。测设前应对经纬仪进行严格检校。为避免日照、风力等不良影响，宜在阴天、无风时进行投测。 　铅垂仪投测法是利用发射望远镜发射的铅垂激光束到达光靶上，在靶上显示光点，从而投测定位。铅垂仪可向上投点，也可向下投点。其投点误差一般为 $\frac{1}{100000}$，有的可达 $\frac{1}{200000}$ (2)高程传递　利用皮数杆传递高程；利用钢尺直接丈量；采用悬吊钢尺法传递高程 (3)框架结构吊装　以梁、柱组成框架作为建筑物的主要承重构件，楼板置于梁上，此种结构形式

思考题

1. 民用建筑施工测量包括哪些主要测量工作？需要准备哪些图纸？从这些图纸可以获取哪些测设数据？
2. 试述基槽施工中控制开挖深度的方法。
3. 轴线控制桩和龙门板的作用是什么？如何设置？
4. 为了保证高层建筑物沿铅垂方向建造，在施工中需要进行垂直度和水平度观测，试问两者间有何关系？
5. 高层建筑物施工中如何将底层轴线投测到各层楼面上？

习 题

1. 建筑施工中，如何由下层楼板向上层传递高程？试述基础皮数杆和墙身皮数杆的立法。
2. 在图 9-33 中已给出新建筑物与原有建筑物的相对位置关系（墙厚 37 cm，轴线偏里），试述测设新建筑的方法和步骤。

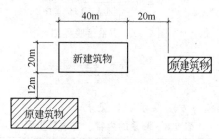

图 9-33　习题 2 附图

10 工业建筑施工测量

> **导 读**
>
> 工业建筑以厂房为主体。由于厂房内部柱列轴线之间要求有较高的测设精度,故在施工测量时,首先应在现场施工平面控制网的基础上,建立厂房矩形控制网,以作为测设厂房柱列轴线的依据,然后,根据测设的轴线控制桩,进行柱基及柱基高程的测设、基础模板的定位;最后,对柱子、吊车梁、吊车轨道及其他厂房构件与设备等进行安装测量。本章重点阐述厂房矩形控制网的测设,厂房柱列轴线与柱基的测设,柱子、吊车梁、吊车轨的安装测量等。

10.1 概述

工业建筑中以厂房为主体,分单层和多层厂房。目前,国内较多采用预制钢筋混凝土柱装配式单层厂房。其施工中的测量工作包括:厂房矩形控制网测设;厂房柱列轴线放样;杯形基础施工测量;厂房构件与设备的安装测量等。与民用建筑施工测量一样,在进行施工放样前,应做好准备工作,认真熟悉各种图纸。同时还必须做好以下两项工作。

10.1.1 制定厂房矩形控制网放样方案及计算放样数据

厂区已有控制点的密度和精度往往不能满足厂房放样的需要,因此,对于每幢厂房,还应在厂区控制网的基础上建立满足厂房外形轮廓及厂房特殊精度要求的独立矩形控制网,作为厂房施工测量的基础控制。

对于一般中、小型工业厂房,在其基础的开挖线以外约4m左右,测设一个与厂房轴线平行的矩形控制网,即可满足放样的需要。对于大型厂房或设备基础复杂的工业厂房,为了使厂房各部分精度一致,需先测设主轴线,然后根据主轴线测设矩形控制网。对于小型厂房,也可采用民用建筑定位的方法进行控制。

厂房矩形控制网的放样方案,是根据厂区平面图、厂区控制网和现场地形情况等资料制定的。主要内容包括确定主轴线、矩形控制网、距离指标桩的点位及其测设方法和精度要求等。在确定主轴线点及矩形控制网的位置时,必须保证控制点能长期保存,因此要避开地上和地下管线,并与建筑物基础开挖边线保持1.5~4m的距离。距离指标桩的间距一般等于柱子间距的整数倍，但不超过所用钢尺的长度。矩形控制网可根据厂区建筑方格网用直角坐标法进行放样。

10.1.2 绘制放样略图

根据设计总平面图和施工平面图，按一定比例绘制施工放样略图。图上标注厂房矩形控制网点相对于建筑方格网点的平面尺寸。

认真核对控制点点位及有关数据，进行现场踏勘，拟定施工放样计划，并对测量仪器进行检验与校正。

10.2 厂房矩形控制网的测设

10.2.1 厂房矩形控制网的设计

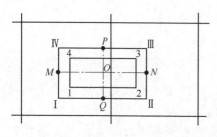

图 10-1 厂房矩形控制网

建立厂房矩形控制网时，首先要进行矩形控制网的设计。如图 10-1 所示，1、2、3、4 为厂房的四个角点，其设计坐标已经根据建筑方格网的坐标在设计图纸上给出；选定与厂房柱列轴线或设备基础轴线重合或平行的两条纵、横轴线作为主轴线，即图中的 MON、POQ 轴线；然后在基础开挖边线外，距离为 l(1.5~4m) 处，测设一个与厂房轴线平行的矩形控制网，如图中Ⅰ、Ⅱ、Ⅲ、Ⅳ所示。根据厂房角点 1、2、3、4 点坐标，即可推算出主轴线点 M、N、P、Q 点的坐标及矩形控制网点Ⅰ、Ⅱ、Ⅲ、Ⅳ的坐标。

10.2.2 矩形控制网测设

测设矩形控制网时，如图 10-2 所示，首先根据场区方格网或测量控制点，将长轴线 MON 测设于地面，再根据长轴线测设出短轴线 POQ，使纵横主轴之间的交角误差不大于±5″，然后进行方向改正。主轴线方向经调整后，以 O 为起点，通过精密量距，定出纵、横主轴线端点 M、N、P、Q 的位置，并埋设固定标石。主轴线长度相对误差应不超过 $\dfrac{1}{30000} \sim \dfrac{1}{20000}$。

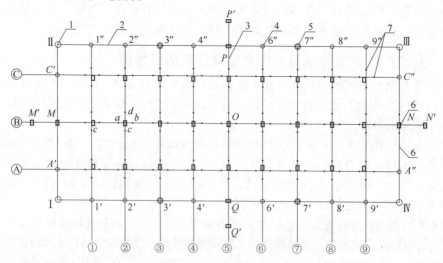

图 10-2 矩形控制网测设

主轴线确定后，就可根据主轴线测设矩形控制网。测设时，首先在纵横主轴线端点 M、N、P、Q 分别安置经纬仪，以 O 点作为起始方向，分别测设直角，交会定出Ⅰ、Ⅱ、Ⅲ、Ⅳ四个角点，然后再精密丈量 MⅠ、MⅡ、NⅢ、NⅣ、PⅡ、PⅢ和 QⅠ、QⅣ 的距离，其精度要求与主轴线相同，若量距误差所得角点位置与角度交会法定点所得的点位不一致时，则应调整。

为了便于以后进行厂房细部施工放线，在测定矩形控制网各边时，应按一定间距测设一些控制桩，称为距离指标桩，其间距一般是等于厂房柱子间距的整数倍（但以不超过使用尺子的长度为限），使指标桩位于厂房柱行列线或主要设备中心线方向上。

测设小型厂房矩形控制网时，可先根据测量控制点测设出矩形控制网的一条长边，然后以这条边为基线，测设出其他三条边。此种控制网的角度误差应不大于 $\pm 10''$，边长丈量相对误差不超过 $\frac{1}{25000} \sim \frac{1}{10000}$。

10.3 厂房柱列轴线和柱基测设

10.3.1 柱列轴线测设

根据厂房平面图上所注的柱间距和跨距尺寸，用钢尺沿矩形控制网各边量出各柱列轴线控制点的位置，如图 10-2 中 $1'$、$2'$、$\cdots$、$1''$、$2''$、$\cdots$、A'、M、$\cdots$，并打入大木桩，桩顶用小钉标示出点位，作为柱基测设和施工安装的依据。丈量时可根据矩形边上相邻的两个距离指标桩，采用内分法测设。

10.3.2 柱基测设

将两台经纬仪安置在两条互相垂直的柱列轴线的轴线控制桩上，沿轴线方向交会出每一个柱基中心的位置（即两轴的交点），此项工作叫柱基定位。如图 10-2 中，欲测设轴线 MN 和 $2'2''$ 的交点桩基，将经纬仪安置在 M 和 $2'$ 上，分别瞄准 N 和 $2''$ 点，则视线 MN 和 $2'2''$ 的交点即为柱基定位点。在距柱基开挖口 $0.5 \sim 1m$ 处，打入四个定位小木桩 a、b、c、d，在桩顶钉上小钉标示中线方向，供修坑立模之用。同法可放出全部柱基。再按基础平面图和大样图所注尺寸，顾及基坑放坡宽度，用特制的角尺放出基坑开挖边界，并撒出白灰线以便开挖。

在进行柱基测设时，应注意柱列轴线不一定都是柱基中心线。而一般立模、吊装等习惯用中心线，此时应将柱列轴线平移，定出柱子中心线。

10.3.3 柱基施工测量

如图 10-3 所示。当基坑挖到接近设计标高时，应在基坑四壁离坑底设计标高 $0.5m$ 处测设几个水平桩，作为基坑修坡和检查坑底标高的依据。此外，还应在基坑内测设垫层的标高，即在坑底设置小木桩，使桩顶高程恰好等于垫层的设计标高。

基础垫层打好后，根据柱列轴线桩用拉线的方法，吊锤球把柱基中心轴线投到垫层上，并弹出墨线，用红漆画出标记，作为柱基立模和布置钢筋用。立模板时，将模板底部中心线对准垫层上柱基中心轴线，并用垂球检查模板

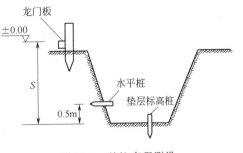

图 10-3 基坑高程测设

是否竖直。最后用水准仪将柱基的设计标高测设到模板的内壁上。在立杯底模板时，为了拆模后填高修平杯底，应使杯底顶面比设计标高低 3～5cm，作为抄平调整的余量。

10.4 厂房预制构件安装测量

10.4.1 柱子安装测量

(1) 柱子安装的精度要求

ⅰ．柱子中心线应与相应的柱列轴线保持一致，其容许偏差为±5mm。

ⅱ．牛腿顶面及柱顶面的实际标高应与设计标高一致，其容许误差为±5～8mm，柱高大于 5m 时为±8mm。

ⅲ．柱身垂直容许误差：当柱高≤5m 时为±5mm；当柱高 5～10m 时，为±10mm；当柱高超过 10m 时，则为柱高的 1/1000，但不得大于 20mm。

(2) 吊装前的准备工作

① 投测柱列轴线 在杯形基础拆模以后，依柱列轴线控制桩用经纬仪把柱列轴线投测在杯口顶面上（见图 10-4），并弹上墨线，用红漆画上"▲"标明，作为吊装柱子时确定轴线方向的依据。当柱列轴线不通过柱子中心线时，应在杯形基础顶面上加弹柱子中心线。

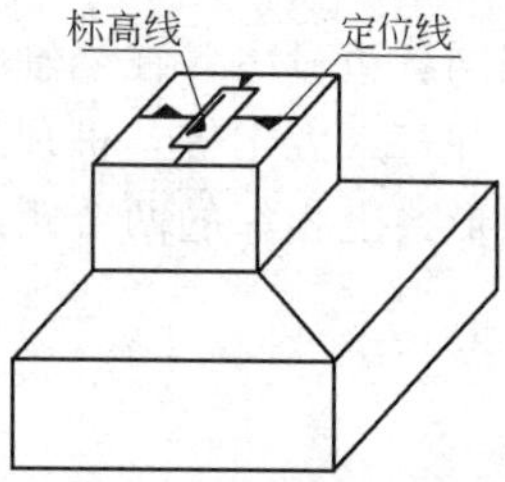

② 测设标高线在杯口内壁 用水准仪测设一条标高线，并用"▼"表示。从该线起向下量取一个整分米数即到杯底的设计标高，并用以检查杯底标高是否正确。

图 10-4 定位轴线投影

③ 柱身弹线 柱子吊装前，应将每根柱子按轴线位置进行编号，在柱身的三个侧面上弹出柱中心线，并在每条线的上端和近杯口处画上小三角形"▲"标志（见图 10-5），以供校正时照准。

(3) 柱长检查与杯底找平

通常柱底到牛腿面的设计长度 l 加上杯底高程 H_1 应等于牛腿面的高程 H_2，即 $H_2=H_1+l$，如图 10-6 所示。但柱子在预制时，由于模板制作和模板变形等原因，不可能使柱子的实际尺寸与设计尺寸一样，为了解决这个问题，往往在浇注基础时把杯形基础底面高程降低 2～5cm，然后用钢尺从牛腿顶面沿柱边量到柱底，根据这根柱子的实际长度，用 1∶2 水泥砂浆在杯底进行找平，使牛腿面符合设计高程。最后再用水准仪进行检测。

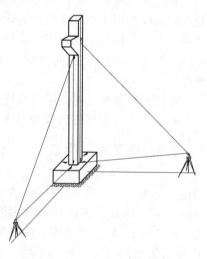

图 10-5 柱子竖直校正

(4) 柱子吊装时的测量工作

柱子吊装测量的目的是保证柱子平面和高程位置符合设计要求，并保证竖直。将柱子吊起把底部放进柱基杯口中，使柱子中心线对准杯口中心线，其偏差值不能超过±5mm。柱子立稳后，立即用水准仪检测柱身上的±0.000m 标高线，看其标高是否符合设计要求，其容许误差为±3mm。柱子用钢（或木）楔子暂时固定后，即可进行垂直校正。校正时，用两台经纬仪分别安置在柱列纵、横轴线上，离柱子的距离不小于柱高的 1.5 倍。用望远镜照准柱底中线，固定照准部后缓慢抬高望远镜，观测柱身上的中心标志或所弹的中心墨线，若同十字丝重合，则柱子在此方向是竖直的；若不重合，则应调整使柱子竖直，直到使两台经纬仪的十字丝竖丝均与柱子中心线重合为止。然后在杯口与柱子的隙缝中浇入混凝土，以固定柱子位置。

在实际工作中，常遇到把成排的柱子都竖起来，然后才进行校正。此时，经纬仪不能安置在柱列中线上，而是安置在轴线的一侧，一次可校正几根柱子（图 10-7）。要求仪器偏离中心轴线 3m 以内，且视准轴与轴线的夹角最好不要超过 15°。此时应注意经纬仪不能瞄准杯口中线，而要瞄准柱底中线。对于截面变化的柱子，其柱身中心标点不在同一面上，则应将仪器安置在纵、横轴线方向上进行校正。

柱子校正以后，应在柱子纵、横两个方向检测柱身的垂直度偏差值。符合要求后，要立即灌浆，固定柱子位置。

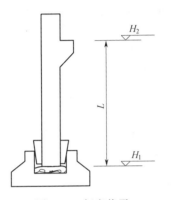

图 10-6 杯底找平

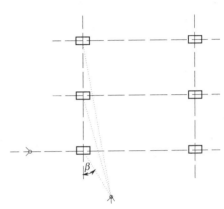

图 10-7 多根柱子竖直校正

(5) 柱子垂直校正的注意事项

ⅰ. 柱子垂直校正用的经纬仪必须进行检验和校正。因为在做柱子垂直校正时，往往只用盘左或盘右观测，仪器横轴不垂直于竖轴产生的误差对此影响很大。进行仪器的横轴是否垂直于竖轴检验时，照准目标的高度应大于柱身长度，以保证垂直度校正的精度。

ⅱ. 操作时，应注意使照准部的水准管气泡严格居中。

ⅲ. 校正时，除注意柱子垂直外，还应随时检查柱子中心线是否对准杯口柱列轴线标志，以防柱子吊装就位后，产生水平位移。

ⅳ. 当安装变截面的柱子时，经纬仪必须安置在轴线上进行垂直校正，否则容易产生差错。

ⅴ. 在日照下校正柱子的垂直度，要考虑温度的影响。因为柱子受太阳照射后，阴面与阳面形成温度差，柱子会向阴面弯曲，使柱顶产生水平位移，一般可达 3～10mm，细长柱子可达 40mm。故垂直校正工作宜在阴天或早、晚时进行。柱长小于 10m 时，一般不考虑温差影响。

10.4.2 吊车梁吊装测量

吊车梁的吊装测量主要是保证梁的上、下中心线与吊车轨道的设计中心线在同一竖直面内，以及梁面高程与设计高程一致。

安装前，先要用墨线弹出吊车梁中心线和吊车梁两端中心线，再将吊车轨道中心线投到牛腿面上。其步骤是利用厂房中心线 A_1A_1（见图 10-8），根据设计轨距在地面上测设出吊车轨道中心线 $A'A'$ 和 $B'B'$；然后分别安置经纬仪于吊车轨道中心线的一个端点 A'、B' 上，

瞄准另一端点 A'、B'，仰起望远镜，即可将吊车轨道中心线投测到每根柱子的牛腿面上并弹以墨线；最后，根据牛腿面上的中心线和梁端中心线，将吊车梁安装在牛腿上。吊车梁安装完毕，应检查其高程，可将水准仪安置在地面上，在柱子侧面测设 +50cm 标高线，再用钢尺从该线沿柱子侧面向上量出梁面的高度，检查梁面标高是否正确，然后在梁下用铁板垫块调整梁面高程，使之符合设计要求。

吊车梁安装后，可根据柱上高程线，用钢尺直接丈量以检查吊车梁的梁面高程。也可将水准尺直接放在梁面上，用水准测量的方法检查梁面高程。以便放置垫块，使梁面高程符合设计要求。

10.4.3 吊车轨道安装测量

安装吊车轨道前，须对梁上的中心线进行检测，此项检测一般采用平行线法。如图 10-8 所示，首先在地面上从吊车轨道中心线向厂房中心线方向量出长度 a（通常取 $a=1m$），得平行线 $A''A''$ 和 $B''B''$；然后安置经纬仪于平行线一端 A'' 上，瞄准另一端点 A''，固定照准部，仰起望远镜投测。此时另一人在梁上移动横放的木尺，当视线对准尺子的 1m 分划线时，尺子的零点分划线应与梁面上的中心线重合。如不重合应予以改正，可用撬杠移动吊车梁，使吊车梁中心线至 $A''A''$（或 $B''B''$）的间距等于 1m 为止。吊车轨道按中心线安装就位后，可将水准仪安置在吊车梁上，水准尺直接放在轨顶上进行检测，每隔 3m 测一点高程，与设计高程相比较，其误差应在 ±3mm 以内。最后用钢尺检查吊车轨道间距，误差应在 ±5mm 之内。

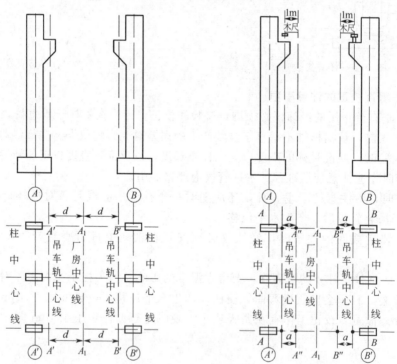

图 10-8 吊车轨道安装

阅读材料1　烟囱、水塔施工测量

烟囱和水塔的施工测量相似，现以烟囱为例加以说明。烟囱是一种特殊构筑物，其特点是基础面积小，筒身长，稳定性差。因此不论是砖结构还是钢混结构，施工测量时必须严格控制筒身中心的垂直偏差，以保证烟囱的稳定性。当烟囱高度 H 大于 100m 时，筒身中心线的垂直偏差应小于 $0.0005H$，烟囱砌筑圆环的直径偏差值不得大于 3cm。

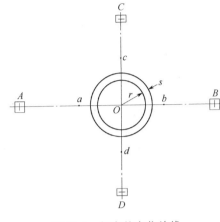

图 10-9 烟囱的定位放线

烟囱施工测量的主要任务是严格控制烟囱中心的位置，保证烟囱主体的竖直。以下介绍其施测步骤。

1. 烟囱的定位

施工以前，首先按图纸要求根据场地控制网，在实地定出烟囱的中心位置 O，如图 10-9 所示，然后再定出以 O 点为交点的两条相互垂直的定位轴线 AB 和 CD，同时定出第三个方向作为检核。为了便于在施工过程中检查烟囱的中心位置，可在轴线上多设置几个控制桩，各控制桩到烟囱中心点 O 的距离，视烟囱高度而定，一般为烟囱高度的 1.5 倍。烟囱中心点 O 处，常打入大木桩，上部钉一小钉，以示中心点位。

2. 基础施工测量

基坑的开挖方法依施工场地的实际情况而定。当现场比较开阔时，常采用"大开口法"进行施工。如图 10-9 所示，以 O 点为圆心，以烟囱底部半径 r 加上基坑放坡宽度 s 为半径（即 $r+s$），在地面上画圆，并撒灰线，以标明开挖边线；同时在开挖边线外侧定位轴线方向上钉四个定位小木桩，作为修坑和恢复基础中心用。当挖坑到设计深度时，在坑的四壁测设水平桩，作为检查挖坑深度和确定浇灌钢筋混凝土垫层标高用。浇灌钢筋混凝土时，根据定位小木桩，在垫层表面烟囱中心点处埋设铁桩作为标志。然后再根据定位轴线，用经纬仪把烟囱中心投到桩上，并刻上"＋"字，作为筒身施工时竖向投点和控制半径的依据。

3. 筒身施工测量

在烟囱筒身施工中，每提升一次模板或步架时，都要用吊垂线或激光导向，将烟囱中心垂直引测到施工的作业平台上，如图 10-10 所示。以引测的中心为圆心，以作业平台上烟囱的设计半径为半径，以木尺杆画圆，以检查烟囱壁的位置，并做下一步搭架或滑模的依据。吊垂线法是在施工工作面的木方上用细钢丝悬吊 8～12kg 的垂球（重量依高度而定），逐渐移动木方，当垂球尖对准基础中心时，钢丝在木方上的位置即为烟囱的中心。一般砖烟囱每砌一步架（约 1.2m）引测一次；混凝土烟囱升一次模板（约 2.5m）引测一次；每升高 10m，要用经纬仪检查一次。检查时把经纬仪安置在控制桩 A、B、C、D 上，瞄准相应定位桩 a、b、c、d，把各轴线投测到施工面上并做标记，然后按标记拉两根小线绳，其交点即为烟囱中心点。定出中心点后，与垂球引测的中心点相比较，以作检核。由于垂球容易摆动，此法仅适用于在 10m 以下的烟囱。

国内不少高大的钢筋混凝土烟囱，采用激光铅垂仪进行烟囱铅直定位。定位时，将激光铅垂仪安置在烟囱底部的中心标志上，在作业

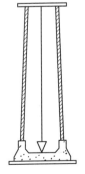

图 10-10 烟囱中心引测

平台中央安置接收靶，烟囱模板每滑升 25～30cm 浇灌一层混凝土，每次模板滑升前后各进行一次观测。观测人员在接收靶上可直接得到滑模中心对铅垂线的偏离值，施工人员依此调整滑模位置。在施工过程中要经常对仪器进行激光束的垂直度检验和校正，以保证施工质量。

烟囱筒身标高测设是先用水准仪在烟囱外壁上测设出＋0.5m 标高线，然后从该标高线起，用钢尺竖直量距，以控制烟囱砌筑的高度。

阅读材料2　管道施工测量

在现代城镇和工业企业中敷设给水、排水、燃气、热力、输电、输油等各种管道的越来越多。为了合理地敷设各种管道，首先进行规划设计，确定管道中线主点的位置并给出定位的数据，即管道的起点、转向点及终点的坐标、高程。然后将图纸上所设计的中线测设于实地，作为施工的依据。管道施工测量的主要任务，是根据工程进度的要求向施工人员随时提供中线方向和标高位置。

1. 准备工作

① 收集和熟悉管道的设计图纸　了解管道的性质和敷设方法对施工的要求，以及管道与其他建筑物的相互关系。认真核对设计图纸，了解精度要求和工程进度安排等。深入施工现场，熟悉地形，找出各桩点的位置。

② 校核中线　若设计阶段在地面上标定的中线位置就是施工时所需要的中线位置，且各桩点完好，则仅需校核一次，不重新测设。若有部分桩点丢损或施工的中线位置有所变动，则应根据设计资料重新恢复旧点或按改线资料测设新点。

③ 加密水准点　为了在施工过程中便于引测高程，应根据设计阶段布设的水准点，于沿线附近每隔约 150m 增设临时水准点。

2. 地下管道施工测量

（1）地下管道放线

① 测设施工控制桩　由于管道中线桩在施工时将被挖掉，为了便于恢复中线和附属构筑物的位置，应在不受施工干扰、便于引测和保存点位处测设施工中线控制桩。中线控制桩的位置，一般是测设在管道起终点及各转点处中心线的延长线上，附属构筑物控制桩则测设在管道中线的垂直线上，如图 10-11 所示。

② 槽口放线　管道中线控制桩定出后，就可按设计的开槽宽度，在地面上钉上边桩，沿开挖边线撒出灰线，以作为开挖的界线，如图 10-12 所示。

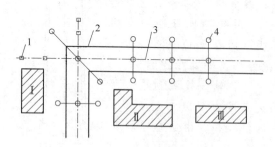

图 10-11　施工控制桩测设方法
1—控制桩；2—槽边线；3—中心线；
4—构筑物位置控制桩

槽口开挖宽度，视管径大小、埋设深度以及土质情况确定。若地表横断面上坡度比较平缓时，如图 10-12(a) 所示，槽口开挖宽度可用下列公式计算，即

$$D = d + 2mh \quad (10-1)$$

式中　d——槽底宽度；
　　　h——中线上的挖土深度；
　　　m——管槽放坡系数。

若地表横断面坡度较陡时，如图 10-12(b) 所示，中线两侧槽中宽度不等，半槽口

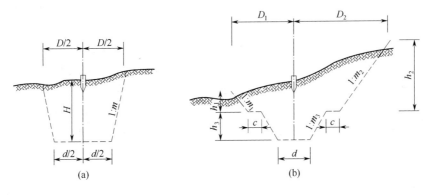

图 10-12 开挖边线的测设

开挖宽度按下式计算,即

$$D_1 = \frac{d}{2} + m_1 h_1 + m_3 h_3 + C \tag{10-2}$$

$$D_2 = \frac{d}{2} + m_2 h_2 + m_3 h_3 + C \tag{10-3}$$

若埋设深度较浅,土质坚实,管槽可垂直开挖。

(2) 地下管道施工测量

管道的埋设要按照设计的管道中线和坡度进行,因此在施工前要测设施工测量标志。

① 龙门板法 龙门板由坡度板和高程板组成,如图 10-13 所示。沿中线每隔 10~20m 以及检查井处应设置龙门板。中线测设时,根据中线控制桩,用经纬仪将管道中线投测到坡度板上,并钉小钉标定其位置,此钉叫中线钉。各龙门板中线钉的连线标明了管道的中线方向。在连线上挂垂球,可将中线位置投测到管槽内,以控制管道中线。为了控制管槽开挖深度,应根据附近的水准点,用水准仪测出各坡度板顶的高程。根据管道设计的坡度,计算该处管道的设计高程。则坡度板顶与管道设计高程

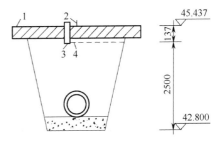

图 10-13 坡度钉的测设
1—坡度板;2—中线钉;
3—高程板;4—坡度钉

之差就是从坡度板顶向下开挖的深度,统称下返数。下返数往往不是一个整数,并且各坡度板的下返数都不一致,施工、检查很不方便。为使下返数成为一个整数 C,必须计算出每一坡度板顶向上或向下量的调整数 δ。其公式为

$$\delta = C - (H_1 - H_2) \tag{10-4}$$

式中 H_1——坡度板顶高程;
H_2——管底设计高程。

根据计算出的调整数 δ,用一块适当长度的木板,在上面画两条平行线,其间隔等于 δ。在一条线上钉一无头钉(称坡度钉),将另一条线与坡度板顶面对齐(要考虑 δ 的正负以确定坡度钉高于或低于坡度板顶面),然后将木板钉牢在坡度板上,这块木板称高程板。在上面标注:管道里程桩号、坡度钉标高、下返数、坡度钉至基础面的高差、坡度钉至槽底的高差。相邻坡度钉的连线即与设计管底的坡度平行,且相差为选定的下

返数 C。利用这条线来控制管道坡度和高程，便可随时检查槽底是否挖到设计高程。如挖深超过设计高程，绝不允许回填土，只能加厚垫层。现举例说明坡度钉设置的方法。见表 10-1，先将水准仪测出的各坡度板顶高程列入第五栏内。根据第二栏、第三栏计算出各坡度板处的管底设计高程，列入第四栏内。如 0+000 高程为 42.800，坡度 $i=-3‰$，0+000 至 0+010 之间距离为 10m，则 0+010 的管底设计高程为

$$42.800+10i=42.800-0.030=42.770\text{m}$$

用同样方法，可以计算出其他各处管底设计高程。第 6 栏为坡度板顶高程减去管底设计高程，例如 0+000 为

$$H_1-H_2=45.437-42.800=2.637\text{m}$$

其余类推。为了施工检查方便，选定下返数 C 为 2.500m，列在第 7 栏内。第 8 栏是每个坡度板顶向下量（负数）或向上量（正数）的调整数 δ，如 0+000 调整数为

$$\delta=2.500-2.637=-0.137\text{m}$$

表 10-1 坡度钉测设手簿

板号	距离	设计坡度	管底高程 H_1	板顶高程 H_2	H_1-H_2	选定下返数 C	调整数 δ	坡度钉高程
1	2	3	4	5	6	7	8	9
0+000			42.800	45.437	2.637		-0.137	45.300
0+010	10		42.770	45.383	2.613		-0.113	45.270
0+020	10		42.740	45.364	2.624		-0.124	45.240
0+030	10		42.710	45.315	2.605		-0.105	45.210
0+040	10	-3‰	42.680	45.310	2.630	2.500	-0.130	45.180
0+050	10		42.650	45.246	2.596		-0.096	45.150
0+060	10		42.620	45.268	2.648		-0.148	45.120

图 10-13 就是 0+000 处管道高程施工测量的示意图。

高程板上的坡度钉是控制高程的标志，所以在坡度钉钉好后，应重新进行水准测量，检查是否有误。施工中容易碰到龙门板，尤其在雨后，龙门板可能有下沉现象，因此还要定期进行检查。

② 平行轴腰桩法　当现场条件不便采用龙门板时，对精度要求较低的管道，可用本法测设施工控制标志。开工之前，在管道中线一侧或两侧设置一排平行于管道中线的轴线桩，桩位应落在开挖槽边线以外，如图 10-14 所示。平行轴线离管道中线为 d，各桩间距以 10~20m 为宜，各检查井位也相应地在平行线上设桩。

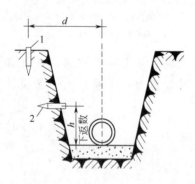

图 10-14　平行轴线桩测设
1—平行轴线桩；2—腰桩

为了控制管底高程，在槽沟坡上打一排与平行轴线桩相对应的桩，这排桩称为腰桩，如图 10-14 所示。先选定腰桩到管底的下返数 h 为某一整数，并通过管底设计高程计算出各腰桩的高程，然后再用水准仪测设各腰桩，并用小钉标出腰桩的高程位置。施工时只需用水准尺量取小钉到槽底的距离，与下返数 h 比较，便可检查是否挖到管底设计高程。此时各桩小钉的连线与设计坡度平行，并且小钉的高程与管底设计高程之差为一常数 h。

3. 架空管道施工测量

架空管道主点的测设与地下管道相同。架空管道的支架的基础开挖测量工作和基础模板的定位,与厂房柱子基础的测设相同。架空管道安装测量与厂房构件安装测量基本相同。每个支架的中心桩在开挖基础时均被挖掉,为此必须将其位置引测到互为垂直方向的四个定位桩上。根据定位桩就可确定开挖边线,进行基础施工。

4. 顶管施工测量

当地下管道需要穿越铁路、公路、或重要建筑物时,为了保证正常的交通运输和避免重要建筑物拆迁,往往不允许从地表开挖沟槽,此时常采用顶管施工方法。这种方法是在管道一端或两端事先挖好工作坑,在坑内安装导轨,将管筒放在导轨上,用顶镐将管筒沿中线方向顶入土中,然后将管内的土方挖出来。因此,顶管施工测量主要是控制好顶管的中线方向和高程。

为了控制顶管的位置,施工前必须做好工作坑内顶管测量的准备工作。例如,设置顶管中线控制桩,用经纬仪将中线分别投测到前、后坑壁上,并用木桩 A、B 或打钉作标志,如图 10-15 所示;同时在坑内设置临时水准点并进行导轨的定位和安装测量等。准备工作结束后,便可进行施工,转入顶管过程中的中线测量和高程测量。

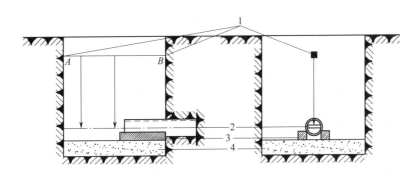

图 10-15 顶管施工测量
1—中线控制桩;2—木尺;3—导轨;4—垫层

(1) 中线测量

在进行顶管中线测量时,如图 10-15 所示,通过两坑壁顶管中线控制桩拉紧一条细线,线上挂两个垂球,垂球的连线即为管道中线的控制方向。这时在管道内前端,用水准器放平一中线木尺,木尺长度等于或略小于管径,读数刻划以中央为零点向两端增加。如果两垂球连线通过木尺零点,则表明顶管在中线上。若左右误差超过 1.5cm,则需要进行中线校正。

(2) 高程测量

在工作坑内安置水准仪,以临时水准点为后视点,在管内待测点上竖一根小于管径的标尺为前视点,将所测得的高程与设计高程进行比较,其差值超过 1cm 时,就需要进行校正。

在顶管过程中,为了保证施工质量,每顶进 0.5m,就需要进行一次中线测量和高程测量。距离小于 50m 的顶管,可按上述方法进行测设。当距离较长时,应分段施工,可每隔 100m 设置一个工作坑,采用对顶的施工方法,在贯通面上管子错口不得超过 3cm。若有条件,在顶管施工过程中,可采用激光经纬仪和激光水准仪进行导向,可加快施工进度,保证施工质量。

阅读材料3　激光定位仪器在施工中的应用

激光定位仪器主要由氦氖激光器和发射望远镜构成，这种仪器提高了一条空间可见的有色激光束。该激光束发散角很小，可成为理想的定位基准线。如果配以光电接收装置，不仅可以提高精度，还可在机械化、自动化施工中进行动态导向定位。基于这些优点，所以激光定位仪器得到了迅速发展，相继出现了多种激光定位仪器。下面介绍几种典型激光定位仪器及其应用。

1. 激光水准仪及其应用

（1）激光水准仪

激光水准仪是在普通 DS3 型水准仪望远镜筒上固装激光装置而制成的，激光装置由氦氖激光器和棱镜导光系统所组成。

图 10-16 为烟台光学仪器厂生产的 YJS3 型激光水准仪，其激光光路如图 10-17 所示。从氦氖气体激光器 1 发射的激光束，经四只反射棱镜 2、3、4、5 转向目镜，经望远镜系统的目镜组 6、十字丝分划板 7、调焦镜组 8 和物镜 9 射出激光束。

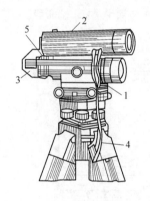

图 10-16　YJS3 型激光水准仪
1—S3 微倾式水准仪；2—激光器；3—棱镜座；4—激光电源线；5—压紧螺丝

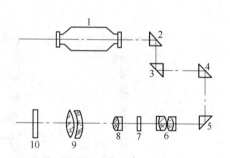

图 10-17　激光光路

使用激光水准仪时，首先按照水准仪的操作方法安置、整平仪器，并瞄准目标。然后接好激光电源，开启电源开关，待激光器正常起辉后，将工作电流调至 5mA 左右，这时将有最强的激光输出，目标上将得到明亮的红色光斑。当光斑不够清晰时，可调节镜管调焦螺旋，至清晰为止。如装上波带片，光斑即可变为十字形红线，故可提高读数精度。与一般水准测量不同，激光水准仪测量是由持尺人负责读尺并记录。

（2）激光水准仪的应用

目前一些大管道施工，经常采用自动化顶管施工技术，不仅减小了劳动强度，还可以加快掘进速度，是一种先进的施工技术。利用激光水准仪可以为自动化顶管施工进行动态导向，如图 10-18 所示，将激光水准仪安置在工作坑内，按照水准仪操作方法，调整好激光束的方向和坡度，用激光束监测顶管的掘进方向，在掘进机头上安装光电接收靶和自动装置。当掘进方向出现偏位时，光电接收靶就给出偏差信号，并通过液压纠偏装置自动调整机头方向，继续掘进。

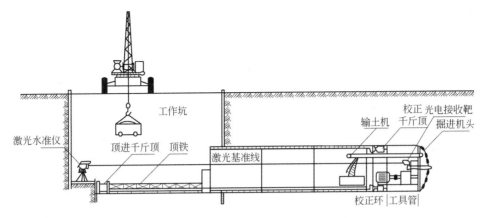

图 10-18 激光水准仪在自动化顶管施工的应用

2. 激光经纬仪及其应用

（1）激光经纬仪

激光经纬仪的构造和使用与激光水准仪相似。例如，瑞士 Wild 厂生产的激光经纬仪是利用配套的 GL01 激光附件装配在该厂 T14、T16 和 T2 型光学经纬仪上，组成激光经纬仪。激光附件有激光目镜、光导管、氦氖激光器和激光电源组成，换装激光附件比较简单，只要取下标准目镜，换上激光目镜，再将激光器和激光电源分别装在三脚架的两条腿上即可。这时能通过光导管就将激光束导入望远镜发射系统，这种激光附件还可以装在该厂生产的 N2 和 N3 型水准仪上，组成激光水准仪。这种激光装置由于采用光导管作为光线传递，重量轻且便于随望远镜转动瞄准任意目标，还可以通过望远镜目镜直接瞄准或观察激光光斑。

国产 2″级 J2-JD 型激光经纬仪是以 DJ2 光学经纬仪为基础，装上氦氖激光器、棱镜导光系统和激光电源箱等部件组成。图 10-19 是苏州第一光学仪器厂生产的 J2-JD 型激光经纬仪。

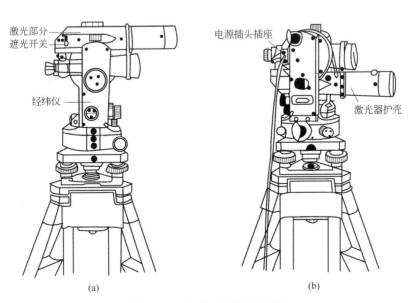

图 10-19 J2-JD 型激光经纬仪

（2）激光经纬仪的应用

激光经纬仪可用于定线、定位、测角、测设已知的水平角和坡度等，与光电接收器相配合可进行准直工作，亦可用于观测建筑物的水平位移。例如，激光经纬仪常用于检验墙角线是否垂直，检验建筑物的倾斜度，以及为自动化顶管施工进行动态导向等。

3. 激光铅垂仪及其应用

激光铅垂仪是一种专用的铅直定位仪器，适用于烟囱、高塔架和高层建筑的铅直定位测量。详见9.5.2节介绍。

4. 激光扫平仪及其应用

激光扫平仪是一种新型的平面定位仪器。激光扫平仪从主机的旋转发射筒中连续射出平行激光束，在扫描范围（工作半径100～300m）内提供水平面、铅垂面或倾斜面，能快速完成非常繁琐的平面测量工作，为施工和装修提供大范围的平面、立面和倾斜基准面。

激光扫平仪主要由激光准直器、转镜扫描装置、自动安平敏感元件和电源等部件组成。转镜扫描装置如图10-20所示，激光束沿五角棱镜旋转轴OO'入射时，出射光束为水平束；当五角棱镜在电动机驱动下水平旋转时。出射光束成为连续闪光的激光水平面，可以同时测定扫描范围内任意点的高程。

图10-21所示为日本索佳生产的LP3A型自动安平激光扫平仪主机和附件光电接收靶。光电接收靶上有条形受光板、液晶显示屏和受光灵敏度切换钮，此钮从水平转到竖直，受光感应灵敏度由低感度（±2.5mm）转到高感度（±0.8mm），可根据测量要求进行选择。受光器也可通过卡具安装在水准尺或测量杆上，用以测定扫描范围内任意点的标高或检测水平面。

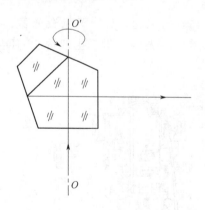

图 10-20　激光扫平仪
转镜扫描装置

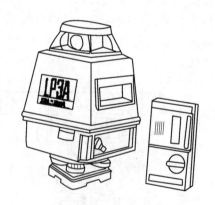

图 10-21　LP3A型自动
安平激光扫平仪

激光扫平仪能瞬间建立起大范围的基准面，广泛应用于机场、广场、体育场馆等大面积的土方施工及基础扫平作业；在室内装修工程中，用于测设墙裙水平线、吊顶龙骨架水平面和检测地坪平整度等，工效高并省去设置标桩等工序和原材料。

 阅读材料4　曲线形建筑物施工测量

随着改革开放的进一步深入，经济水平的迅猛增长，国内公共建筑、旅游建筑正在蓬勃发展，建筑物的平面由比较简单的矩形、方形等发展到圆弧形、椭圆形等曲线形式，曲线形建筑物（诸如住宅、办公楼、旅馆饭店、医院、体育馆建筑及交通性建筑等）得到了广泛的应用。曲线形建筑物的形式丰富多样，有的是整个建筑物为曲线形平面，有的是建筑物局部采用曲线形。曲线形建筑物具有平面布局紧凑、立面活泼富有动感、造型新颖美观等优点，但其施工较为复杂，施工测量难度大，精度要求高。因此，测量人员在施工放样前应认真熟悉图纸，仔细核算测设数据，组织好人员和测量设备，设计好工作程序。在放样时必须根据建筑设计总平面图的要求、曲线的变化规律，并利用现场的测量控制点和一定的测量方法，测设出建筑物的中心点和主要轴线，然后再依据主要轴线进行细部测设。

1. 圆弧形平面图形的施工测量

圆弧形平面图形的施工测量方法较多，根据圆弧形的大小及现场施工条件，有直接拉线法、坐标计算法以及经纬仪测角法等。

（1）直接拉线法

直接拉线法施工放线大多在圆弧半径较小的情况下采用。在定出建筑物（或构筑物）的中心桩位置后，即可进行施工放线操作。这种放线方法比较简单，一般操作工人都能掌握。

如图10-22所示，根据设计总平面图，实地测设出该圆的中心位置，并设置较为稳定中心桩（木桩或水泥桩），设置中心桩时应注意：

ⅰ．中心桩位置应根据总平面图要求，设置正确；

ⅱ．中心桩设置要牢固；

ⅲ．整个施工过程中，中心桩须多次使用，所以应妥善保护，同时，为防止中心桩因发生碰撞位移或因挖土被挖出等原因，四周设置辅助桩，以便于对中心桩加以复核或重新设置，确保中心桩位置正确；

ⅳ．使用木桩时，木桩中心处钉一圆钉，使用水泥桩时，水泥桩中心处应埋设标心；

ⅴ．依据设计半径，用钢尺套住中心桩上的圆钉或钢筋头，画圆弧即可测设出圆曲线。钢尺应松紧一致，不允许有时松时紧现象，不宜用皮尺进行画圆操作。

如图10-23所示，某一工厂幼儿园建筑为半圆形，根据总平面图上位置及主要尺寸，用直线拉线法进行现场施工放线，其放线步骤如下。

图10-22 设置中心桩

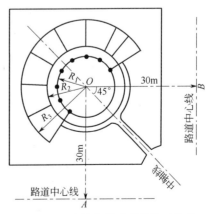

图10-23 直接拉线法现场施工放线

ⅰ．根据厂区道路中心线确定圆弧形建筑物的圆心O，并按照图10-22要求，设置较为稳定的中心桩。

ii. 置经纬仪于 O 点，后视 B 点（或 A 点），然后转角 $45°$，确定圆弧形建筑物的中轴线。

iii. 在中轴线上从 O 点量取 R_1（8400mm）、R_2（11400mm）、和 R_3（18000mm），定出建筑物柱廊、前沿墙和后沿墙的轴线尺寸。

iv. 用钢尺套住中心桩上的圆钉或钢筋头，分别以 R_1、R_2、R_3 画圆，所画出之三圆弧即为建筑物柱廊、前沿墙和后沿墙的轴线位置。

v. 置经纬仪于 O 点，根据半圆中柱廊六等分的设计要求，定出各开间的放射线形中心轴线。

vi. 在各放射中心轴线的内、外侧钉好龙门板，然后再定出挖土、基础、墙身等结构尺寸和局部尺寸。

（2）坐标计算法

坐标计算法适用于半径较大的圆弧形平面曲线图形的施工放线，由于半径较大，圆心越出建筑物平面以外甚远，无法用直接拉线法或几何作图法来进行施工放线，而采用坐标计算法，则能获得较高的施工精度且施工操作方法也较简便。坐标计算法，一般将最终计算结果列成表格，供放线人员使用，因此，实际现场施工放线工作比较简单。

① 坐标计算方程式　如图 10-24(a) 所示，设圆弧上任意一点 $M(x,y)$ 与圆心 $O'(a,b)$ 的距离 $O'M$ 等于 R，则由坐标计算公式，可得

$$R=\sqrt{(x-a)^2+(y-b)^2}$$

将上式两边平方，便可得到圆的标准方程式，即

$$R^2=(x-a)^2+(y-b)^2$$

当圆心 O' 与坐标原点 O 重合时，如图 10-24(b) 所示，$a=0$，$b=0$，此时圆的坐标方程式为

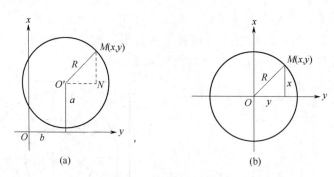

图 10-24　坐标计算法

$$R^2=x^2+y^2$$

由上可知，圆弧形平面曲线是一组二次曲线。当 R 一定时，变量 x 和 y 只要知道其中的一个数值，便可求得圆弧曲线上任何一个数值，即

$$y=\sqrt{R^2-x^2},\ x=\sqrt{R^2-y^2}$$

② 坐标计算与施工放线　设计图上的大半径圆弧形平面曲线，既有整根圆弧曲线，也有等分圆弧曲线。根据不同的设计要求，采取不同的坐标计算方法和施工放线

方法。

ⅰ. 等分圆弧弦法坐标计算。在大半径圆弧形平面曲线的施工放样中，常先对圆弧所对的弦进行等分，然后再求取各点相应的矢高值的方法来确定圆弧形平面曲线。当弦的等分点越多，放线时所求得的圆弧形曲线越精确。

如图 10-25 所示，已知一段半径为 10m 的圆弧曲线，其弦长为 10m，求在弦上 10 等分处各点的矢高值 h。计算步骤如下。

① 作圆弧曲线 AMB，其半径 $OB=10m$，弦长 $AB=10m$。

② 以圆心 O 为原点建立直角坐标系，x 轴正交 AB 弦于 N 点，交 AB 弧于 M 点。

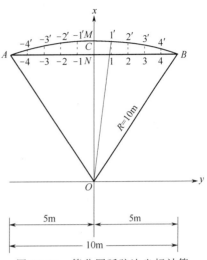

图 10-25　等分圆弧弦法坐标计算

③ 以 MN 为对称轴线，将 AB 弦作 10 等分，其等分点分别为 1、2、3、4、B 和 -1、-2、-3、-4、A。

④ 由各等分点作 AB 弦的垂直线，分别交 AB 弧于 $1'$、$2'$、$3'$、$4'$ 和 $-1'$、$-2'$、$-3'$、$-4'$ 各点。

⑤ 由 $1'$ 点向 x 轴作垂直线，交 x 轴于 C 点，在直角三角形 ONB 中，根据勾股定理可得

$$ON=\sqrt{(OB)^2-(NB)^2}=\sqrt{10^2-5^2}=8.660 \text{ (m)}$$
$$h_{MN}=OM-ON=10-8.660=1.340 \text{ (m)}$$

式中　h_{MN}——AB 弦上的最大矢高值。

⑥ 在直角三角形 $OC1'$ 中，由勾股定理得

$$OC=\sqrt{(O1')^2-(C1')^2}=\sqrt{10^2-1^2}=9.950 \text{ (m)}$$

则 $h_{11'}=OC-ON=9.950-8.660=1.290$ (m)

同理可得

$h_{22'}=1.138m$；$h_{33'}=0.879m$；$h_{44'}=0.505m$。

由对称性可知

$h_{-1-1'}=h_{11'}=1.290m$；
$h_{-2-2'}=h_{22'}=1.138m$；
$h_{-3-3'}=h_{33'}=0.879m$；
$h_{-4-4'}=h_{44'}=0.505m$。

⑦ 以 MN 为中心两边对称，将上述各数列成一表格，见表 10-2。

表 10-2　等分圆弧弦法坐标计算值

弦分点	A	-4	-3	-2	-1	N	1	2	3	4	B
h/m	0	0.505	0.879	1.138	1.290	1.340	1.290	1.138	0.879	0.505	0

ⅱ. 等分弧顶切线法坐标计算。在半径较大的圆弧形平面曲线的施工放样中，有时圆弧所对应的弦在现场难以标示出来，这时可采用以等分过圆弧顶点切线的方法，求取切线

到圆弧的垂直距离来求作圆弧曲线。

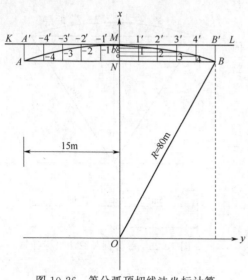

图 10-26 等分弧顶切线法坐标计算

如图 10-26 所示,已知半径为 80m 的一段圆弧曲线,其弦长为 30m,求作圆弧曲线。计算步骤如下。

ⅰ 作圆弧线 AMB,其半径 $OB=80$m,弦长 $AB=30$m。

ⅱ 以圆心 O 为原点建立直角坐标系,x 轴正交 AB 弦于 N 点,交 AB 弧于 M 点。

ⅲ 过 M 作圆弧切线 KL,并在切线 KL 上取 A'、B' 两点,使得 $\overline{A'B'}=\overline{AB}$。

ⅳ 将切线 $A'B'$ 作 10 等分,其等分点为 $1'$、$2'$、$3'$、$4'$、B' 和 $-1'$、$-2'$、$-3'$、$-4'$、A'。

ⅴ 过各等分点作切线 KL 的垂直线,分别交 AMB 弧于 1、2、3、4、B 和 -1、-2、-3、-4、A 各点。

ⅵ 由图可知

$$BB'=NM=OM-ON$$

在直角三角形 OBN 中,根据勾股定理可知

$$ON=\sqrt{OB^2-NB^2}=\sqrt{80^2-15^2}=78.581 \text{ (m)}$$
$$BB'=R-ON=80-78.581=1.419 \text{ (m)}$$

同理可得

$h_{11'}=0.056$m;$h_{22'}=0.223$m;$h_{33'}=0.508$m;$h_{44'}=0.905$m;$h_{BB'}=1.419$m。

由对称性可知:

$h_{-1-1'}=h_{11'}=0.056$m;

$h_{-2-2'}=h_{22'}=0.223$m;

$h_{-3-3'}=h_{33'}=0.508$m;

$h_{-4-4'}=h_{44'}=0.905$m;

$h_{AA'}=h_{BB'}=1.419$m。

ⅶ 以 MN 为中心两边对称,将上述各数列成一表格,见表 10-3。

表 10-3 等分弧顶切线法坐标计算值

弧顶切线分点	A'	$-4'$	$-3'$	$-2'$	$-1'$	M	$1'$	$2'$	$3'$	$4'$	B'
h/m	1.419	0.905	0.508	0.223	0.056	0	0.056	0.223	0.508	0.905	1.419

ⅲ. 实地放样。

① 根据设计总平面图的要求,先在地面上定出圆弧弦 AB(或圆弧顶切线 $A'B'$)的两端点 A、B(或 A'、B'),在圆弧弦 AB(或圆弧顶切线 $A'B'$)上测设出各分点的实地点位。

② 根据表 10-2 和表 10-3 计算数据,用直角坐标法测设出各弧分点的实地位置,将各弧分点用光滑的圆弧线连接起来,得到圆弧线 AMB。

(3) 经纬仪测角法

当圆曲线的半径较大、曲线长度又较长时，一般不宜采用坐标计算法进行现场施工放样。这时，常借助于经纬仪测角法对圆弧曲线进行施工放样工作。经纬仪测角法的原理主要是利用弦切角等于该弦所对圆心角的一半，因此，用经纬仪测角法作圆弧曲线施工放样时，常将圆弧曲线分成若干等分，求出每段圆弧所对的圆心角和弦长，然后用经纬仪测角确定其等分点，最后将各点顺滑连接起来，即可得出所求的圆弧曲线。等分点越多，所作的圆弧曲线越准确。

如图 10-27（a）所示，一圆弧半径 $R=100$m，圆心角 $\alpha=60°$，对其施工放样。

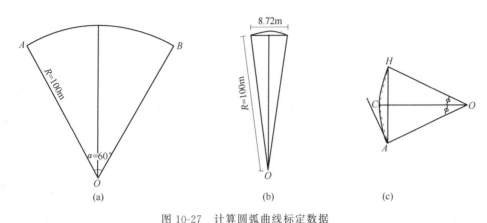

图 10-27　计算圆弧曲线标定数据

① 计算放样数据

i．将圆弧 AB 作 12 等分（根据实际情况定等分点数），那么每段圆弧所对的圆心角 ϕ 为

$$\phi=60°/12=5°$$

ii．计算圆弧 AB 和弦 AB 的长度，即

$$AB(弧)=2\pi R \times \frac{\angle AOB}{360°}=2\pi \times 100 \times \frac{60°}{360°}=104.72 \text{（m）}$$

$$AB(弦)=2R \times \sin\left(\frac{\angle AOB}{2}\right)=2 \times 100 \times \sin 30°=100 \text{（m）}$$

iii．计算每等分圆弧的长度和弦长，如图 10-27（b）所示，即

$$弧长=\frac{104.72}{12}=8.73 \text{（m）}$$

$$弦长=2R \times \sin\left(\frac{\phi}{2}\right)=2 \times 100 \times \sin 2.5°=8.72 \text{（m）}$$

iv．计算每等分圆弧的弦心距及矢高，即

$$弦心距=2R \times \cos\left(\frac{\phi}{2}\right)=100 \times \cos 2.5°=99.90 \text{（m）}$$

$$矢高=R-弦心距=100-99.90=0.1 \text{（m）}$$

② 实地放样

i．根据设计总平面图的要求，先测设出弦 AB 的两端点 A，B。

ii．将经纬仪安置在 A 点，对中整平后，先瞄准 B 点，拨 AB 与第一分弦间的角度为 $2°30''$，并在此视线上精确量取 8.72m，得到第一分点（如 C 点）。

iii．将经纬仪安置于第一分点（如 C 点），先瞄准 A 点，然后拨两分弦间的夹角 $175°$，同样在视线上精确量取 8.72m，得到第二分点（D 点），如图 10-27（c）所示。

ⅳ. 其余各点以此类推，直到各等分点全部测定出为止。

为消除经纬仪测角时的误差影响，采用盘左、盘右的方法测设各等分点。

在测设时为了减少经纬仪的搬动次数，在各点通视和丈量距离比较方便的情况下，也可以将经纬仪架设于 A 点，当确定第一个等分点 C 后，依次拨相应角度和弦长，定出其他各分点。

2. 椭圆形建筑物的施工测量

具有椭圆形平面图形的建筑较多地被使用于公共建筑中，尤其是大型体育场馆。椭圆形平面图形的体育场馆能够使观众席获得良好的视觉质量，在各个方位的席位都具有良好的清晰度，能获得比较均匀的深度感和高度感。

椭圆形平面的施工放样方法很多，常用的方法有直接拉线方法、几何作图法和坐标计算法等。

(1) 直接拉线法

直接拉线施工放样方法多适用于椭圆形平面尺寸较小的情况，这种放样方法操作比较简单，施工放样速度快，只要工作认真，可以获得一定的精确度。

例如，某纪念碑建筑的外围围墙形状为一椭圆形，其椭圆长轴的设计尺寸 $a=15\mathrm{m}$，短轴尺寸 $b=9\mathrm{m}$。试用直接拉线法进行现场施工放样。其操作步骤如下：

ⅰ. 根据总平面设计图，确定纪念碑平面图形中心点位置和主轴线（即椭圆的长、短轴）方向，并正确放出长、短轴位置，如图 10-28 所示。

ⅱ. 根据已知的长、短轴设计参数 $a=15\mathrm{m}$，$b=9\mathrm{m}$，定出椭圆形平面的四个顶点位置，即 $A(-15,0)$、$B(15,0)$、$C(0,9)$、$D(0,-9)$。并计算出椭圆的焦点和确定焦点的位置。

$$\text{焦距} \quad c=\sqrt{a^2-b^2}=\sqrt{15^2-9^2}=12 \text{（m）}$$

ⅲ. 在焦点 F_1 和 F_2 处建立较为稳固的木桩或水泥桩。

ⅳ. 找细铁丝一根，其长度等于 F_1c+F_2c，两端固定于 F_1、F_2 上，然后用圆的铁棍或木棍套住细铁丝后在长轴两边画曲线，即可得到一条符合设计要求的椭圆形曲线，如图 10-29 所示。

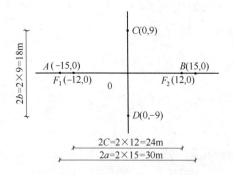

图 10-28 放出椭圆长短轴坐标

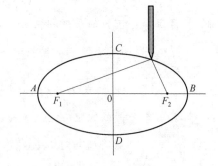

图 10-29 完成椭圆曲线

用直接拉线法作椭圆形平面曲线的现场施工放线，应注意以下问题：

① 两焦点上设置的桩，位置应正确，设置应稳固，施工中应妥善保护；

② 所用拉线材料不应有伸缩性，在描绘曲线过程中，应始终拉紧，不应有时紧时松的现象。

(2) 坐标计算法

当椭圆形平面曲线的尺寸较大,或是不能采用直接拉线法和几何作图法进行施工放样时,常采用坐标计算法进行现场施工放样。计算方法和圆弧曲线的坐标计算法相同。通过坐标计算,最终列成表格,供现场人员使用,施工操作较为简单,能获得较好的施工精度。

以上例所述的某纪念碑建筑为例,采用坐标计算法进行椭圆形平面的施工放样。

① 坐标计算

ⅰ. 根据已知条件,椭圆长轴的设计尺寸 $a=15\mathrm{m}$,短轴设计尺寸 $b=9\mathrm{m}$,列出该椭圆的标准方程式

$$\frac{y^2}{15^2}+\frac{x^2}{9^2}=1$$

ⅱ. 把方程式变为

$$x=\pm\frac{9}{15}\sqrt{15^2-y^2}$$

ⅲ. 将 $y=0、1、2、\cdots、15$ 各点代入方程式,求出相应的 x 值,最后将计算结果列成表格,见表 10-4。

表 10-4 椭圆形平面曲线坐标计算值

y/m	0	1	2	3	4	5	6	7	8	9	10	11	12	13	14	15
x/m	9	8.98	8.92	8.82	8.67	8.48	8.43	7.96	7.61	7.20	6.71	6.12	5.40	4.49	3.32	0

注:x 值为正负对称值。

② 实地放样

ⅰ. 根据总平面图设计,确定纪念碑椭圆形平面的中心点位置和主轴线(短轴)方位。

ⅱ. 以主轴线为 x 轴,以中心点为原点,建立直角坐标系,y 轴即为椭圆形平面的长轴线。

ⅲ. 在 y 轴线上分别取 $y=1、2、3、\cdots、15$ 各点,并通过上述各点作垂线,根据表 10-4 所列数值,分别量取各点 x,即 $x_0=\pm9$;$x_1=\pm8.98$;$x_2=\pm8.92$;$\cdots$;$x_{15}=0$,如图 10-30 所示。

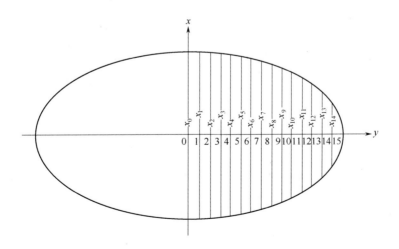

图 10-30 椭圆平面曲线实地放样

ⅳ. 根据椭圆曲线的对称原理,可确定左侧半边,即 $y=0\sim-15$ 范围的各点的 x 值。

ⅴ. 将各点比较顺滑地连接起来,即可得到一条符合设计要求的椭圆曲线(即围墙中心线)。和圆弧形曲线的坐标计算法一样,当 y 轴上取的点数越多,所求作的椭圆形曲线也就越顺滑,越精确。

小　结

(1) 预制钢筋混凝土柱装配式单层厂房的施工测量工作程序为:厂房矩形控制网测设;厂房柱列轴线放样;杯形基础施工测量;厂房构件与设备的安装测量等。

(2) 矩形控制网是为厂房建筑施工和设备安装测量建立的平面控制网,与厂房轴线平行。其测设方法一般是先选定与厂房柱列轴线或设备基础轴线重合或平行的两条纵、横轴线作为主轴线,然后根据主轴线在厂房基础开挖边线外测设矩形控制网。

(3) 距离指标桩是为了厂房细部施工放线而在测定矩形控制网各边时按一定间距测设的一些控制桩。其间距一般等于厂房柱子间距的整数倍,且位于厂房柱行列线或主要设备中心线方向上。

(4) 柱列轴线测设方法是根据相邻距离指标桩采用内分法测设。

(5) 柱基定位方法是将两台经纬仪安置在两条互相垂直的柱列轴线的轴线控制桩上,沿轴线方向交会出每一个柱基中心的位置。注意柱列轴线不一定都是柱基中心线。

(6) 柱子安装时应保证柱子中心线与相应的柱列轴线保持一致,牛腿顶面及柱顶面的实际标高与设计标高一致。其精度应满足设计规范要求。

(7) 柱子吊装前的准备工作主要包括投测柱列轴线,测设杯口内壁标高线,柱身弹线。

(8) 柱子吊装测量的目的是保证柱子平面和高程位置符合设计要求,并保证竖直。安装时,用两台检验过的经纬仪分别安置在柱列纵、横轴线上,离柱子的距离不小于柱高的 1.5 倍。用望远镜照准柱底中线,固定照准部后缓慢抬高望远镜,观测柱身上的中心标志或所弹的中心墨线,使柱子中心线与经纬仪十字丝竖丝重合。

(9) 吊车梁的吊装测量主要是保证梁的上、下中心线与吊车轨道的设计中心线在同一竖直面内,以及梁面高程与设计高程一致。

(10) 在吊车轨道安装测量时,应首先采用平行线法对梁上的中心线进行检测,然后,将吊车轨道按中心线安装就位。此后可将水准仪安置在吊车梁上,水准尺直接放在轨顶上进行检测,并与设计高程相比较,其误差应在 ±3mm 以内。最后用钢尺检查吊车轨道间距,误差应在 ±5mm 之内。

思考题

1. 预制钢筋混凝土柱装配式单层厂房施工时有哪些测量工作?
2. 试述厂房矩形控制网的测设方法。
3. 如何根据厂房矩形控制网进行杯形基础放样?试述柱基础施工测量的方法。
4. 试述柱子吊装测量的工作内容和方法。
5. 如何进行柱子垂直度校正测量?应注意哪些事项?
6. 试述吊车梁吊装测量的工作内容和方法。

习 题

已知某厂加工车间两个相对房角的坐标为 $x_1 = 8551.00$m；$x_2 = 8486.00$m；$y_1 = 4332.00$m；$y_2 = 4440.00$m。测设时顾及基坑开挖范围，拟将矩形控制网设置在厂房角点以外 6m 处，如图 10-31 所示，求出厂房控制网四角点 T、U、R、S 的坐标值。

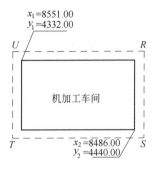

图 10-31 矩形控制网

11 建筑物变形观测和竣工总平面图编绘

> **导读**
>
> 各类建（构）筑物在施工过程和使用初期，由于荷载的不断增加及外力的作用，会引起建筑物的沉降和变形。为了了解并控制建筑物的下沉与变形，保证建筑物的正常使用和安全，本章主要介绍在施工期间及工程竣工后一段时间内应进行沉降、倾斜、裂缝和位移等变形观测方法，以及竣工总平面图的编绘。

11.1 建筑物变形观测的基本知识

高层建筑、重要厂房和大型设备基础在施工期间和使用初期，由于建筑物基础的地质构造不均匀、土壤的物理性质不同、大气温度变化、地基的塑性变形、地下水位季节性和周期性的变化、建筑物本身的荷重、建筑物的结构及动荷载的作用，引起基础及其四周地形变形，而建筑物本身因基础变形及外部荷载与内部应力的作用，也要发生变形。这种变形在一定限度内应视为正常的现象，但如果超过了规定的限度，则会导致建筑物结构变形或开裂，影响其正常使用，严重的还会危及建筑物的安全。为了建筑物的安全使用，研究变形的原因和规律，为建筑物的设计、施工、管理和科学研究提供可靠的资料，在建筑物的施工和使用初期，必须要对其进行变形观测。

建筑物的变形包括建筑物的沉降、倾斜、裂缝和平移。建筑物变形观测的任务是周期性地对设置在建筑物上的观测点进行重复观测，求得观测点位置的变化量。建筑物变形观测能否达到预定的目的要受很多因素的影响，其中最基本的因素是变形测量点的布设、变形观测的精度与频率。

变形测量点，宜分为基准点、工作基点和变形观测点。其布设应符合下列要求。

ⅰ. 每个工程至少应有三个稳固可靠的点作为基准点。

ⅱ. 工作基点应选在比较稳定的位置。对通视条件较好或观测项目较少的工程，可不设工作基点，在基准点上直接测定变形观测点。

ⅲ. 变形观测点应设立在变形体上能反映变形特征的位置。

变形观测的精度要求，取决于某建筑物预计的允许变形值的大小和进行观测的目的，必须满足《工程测量规范》的要求。若为建筑物的安全监测，其观测中误差应小于容许变形值的 $\frac{1}{20}\sim\frac{1}{10}$；若是为了研究建筑物的变形过程和规律，则其中误差应比这个数值小得多，即精度要求要高得多。通常以当时能达到的最高精度作为标准来进行观测。但一般还是从工程实用出发，如对于钢筋混凝土结构、钢结构的大型连续生产的车间，通常要求观测工作能反映出 1mm 的沉降量；对一般规模不大的厂房车间，要求能反映出 2mm 的沉降量。因此，对于观测点高程的测定误差，应在 ±1mm 以内。而为了科研目的，则往往要求达到 ±0.1mm 的精度。

为了达到变形观测的目的，应在工程建筑物的设计阶段，在调查建筑物地基负载性能、预估某些因素可能对建筑物带来影响的同时，就着手拟定变形观测的设计方案并立项，由施工者和测量者根据需要与可能，确定施测方案，以便在施工时就将标志和设备埋置在变形观测的设计位置上，从建筑物开始施工就进行观测，一直持续到变形终止。每次变形观测前，对所使用的仪器和设备，应进行检验校正并做出详细的记录；每次变形观测时，应采用相同的观测路线和观测方法，使用同一仪器和设备，固定观测人员，并在基本相同的环境和条件下开展工作。

变形观测的频率，应根据建筑物、构筑物的特征、变形速率、观测精度要求和工程地质条件等因素综合考虑。观测过程中，可根据变形量的变化情况做适当的调整。对于平面和高程监测网，应定期检测。在建网初期，宜每半年检测一次；点位稳定后，检测周期可适当延长。当对变形成果发生怀疑时，应随时进行检核。

变形观测的内容主要有沉降观测、倾斜观测、裂缝和位移观测等。

11.2 沉降观测

建筑物的沉降是地基、基础和上层结构共同作用的结果。沉降观测就是测量建筑物上所设观测点与水准点之间的高差变化量。研究解决地基沉降问题和分析相对沉降是否有差异，以监视建筑物的安全。

11.2.1 水准点和观测点的设置

建筑物的沉降观测是根据埋设在建筑物附近的水准点进行的，所以水准点的布设要把水准点的稳定、观测方便和精度要求综合起来考虑，合理地埋设。为了相互校核并防止由于个别水准点的高程变动造成差错，一般要布设三个水准点，它们应设在受压、受震范围以外，埋设深度在冻土线以下 0.5m，才能保证水准点的稳定性，但又不能离开观测点太远（不应大于 100m），以便提高观测精度。

观测点的数目和位置应能全面反应建筑物沉降的情况，这与建筑物的大小、荷重、基础形式和地质条件有关。建筑物、构筑物的沉降观测点，应按设计图纸埋设，一般建筑物四角或沿外墙每隔 10～15m 处或每隔 2～3 根柱基上布置一个观测点；另外在最容易变形的地方，如设备基础、柱子基础、裂缝或伸缩缝两旁、基础形式改变处、地质条件改变处等也应设立观测点；对于烟囱、水塔和大型贮藏罐等高耸构筑物的基础轴线的对称部位，每一构筑物不得少于 4 个观测点。观测点的埋设要求稳固，通常采用角钢、圆钢或铆钉作为观测点的标志，并分别埋设在砖墙上、钢筋混凝土柱子上和设备基础上，如图 11-1 所示。

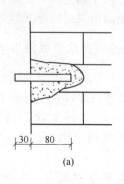 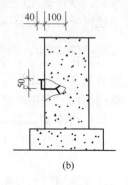 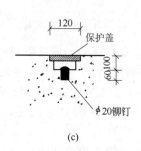

图 11-1 沉降观测点的布设

11.2.2 观测时间、方法和精度要求

施工过程中，一般在增加较大荷重前后，如基础浇灌、回填土、安装柱子和屋架、砌筑砖墙、安装吊车、设备运转等都要进行沉降观测。当基础附近地面荷重突然增加，周围大量积水及暴雨后，或周围大量挖方等均应观测，施工中如中途停工时间较长，应在停工时及复工前进行观测。工程完工后，应连续进行观测，观测时间的间隔可按沉降量的大小及速度而定，开始时可每隔 1~2 月观测一次，以每次沉降量在 5~10mm 为限，否则要增加观测次数。以后随着沉降速度的减慢，再逐渐延长观测周期，直至沉降稳定为止。

水准点的高程须以永久性水准点为依据来精确测定，同时应往返观测，并经常检查有无变动。对于重要厂房和重要设备基础的观测，要求能反映出 1~2mm 的沉降量。因此，必须应用 S1 级以上精密水准仪和精密水准尺进行往返观测，其观测的闭合差不应超过 $\pm 0.6\sqrt{n}$ mm（n 为测站数），观测应在成像清晰、稳定的时间内进行。对于一般厂房建筑物，精度要求可放宽些，可以使用四等水准测量的水准仪进行往返观测，观测闭合差应不超过 $\pm 1.4\sqrt{n}$ mm。

11.2.3 沉降观测的成果整理

沉降观测采用专用的外业手簿。每次观测结束后，应检查观测手簿中的记录数据和计算是否正确，精度是否符合要求。然后把历次各观测点的高程列入表 11-1 中，计算两次观测之间的沉降量和累计沉降量，并注明观测日期和沉降-荷重-时间关系曲线图。如图 11-2 所示。

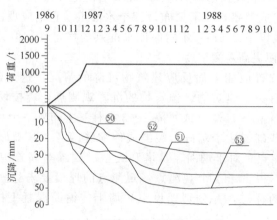

图 11-2 沉降-荷重-时间关系曲线

表 11-1 沉降观测记录手簿

日期	荷重/t	观测点 50			51			52			53		
		高程/m	沉降量/mm	累计沉降量/mm	高程/m	沉降量/mm	累计沉降量/mm	高程/m	沉降量/mm	累计沉降量/mm	高程/m	沉降量/mm	累计沉降量/mm
1986.9.10		44.624			44.528			44.652			44.666		
1986.10.10		44.621	3	3	44.519	9	9	44.651	1	1	44.661	5	5
1986.11.10	400	44.613	8	11	44.511	8	17	44.646	5	6	44.651	10	15
1986.12.10		44.603	10	21	44.505	8	25	44.644	2	8	44.643	8	23
1987.1.10	800	44.595	8	29	44.501	4	29	44.641	3	11	44.639	4	27
1987.2.10	1200	44.589	6	35	44.497	4	33	44.635	6	17	44.638	1	28
1987.3.10		44.585	4	39	44.494	3	36	44.634	1	18	44.636	2	30
1987.4.10		44.582	3	42	44.492	2	38	44.631	3	21	44.635	1	31
1987.5.10		44.580	2	44	44.490	2	40	44.629	2	23	44.632	3	34
1987.6.10		44.577	3	47	44.488	2	42	44.626	3	26	44.627	5	39
1987.7.10		44.574	3	50	44.487	1	43	44.623	3	29	44.625	2	41
1987.8.10		44.572	2	52	44.486	1	44	44.622	1	30	44.623	2	43
1987.9.10		44.571	1	53	44.485	1	45	44.621	1	31	44.622	1	44
1987.10.10		44.570	1	54	44.485	0	45	44.620	1	32	44.621	1	45
1987.12.10													
1988.2.10		44.569	1	55	44.484	1	45	44.619	1	33	44.620	1	46
1988.4.10													
1988.6.10		44.569	0	55	44.484	0	45	44.619	0	33	44.620	0	46
1988.8.10													
1988.10.10		44.569	0	55	44.484	0	45	44.619	0	33	44.620	0	46

11.3 倾斜观测

基础不均匀的沉降将使建筑物倾斜，对于高大建筑物影响更大，严重的不均匀沉降会使建筑物产生裂缝甚至倒塌。因此，必须及时观测、处理以保证建筑物的安全。根据建筑物高低和精度要求不同，倾斜观测可采用一般性投点法、倾斜仪观测法和激光铅垂仪法等。

11.3.1 一般投点法

(1) 一般建筑物的倾斜观测

对需要进行倾斜观测的一般建筑物，要在几个侧面观测。如图 11-3，在距离墙面大于

墙高的地方选一点 A 安置经纬仪瞄准墙顶一点 M，向下投影得一点 M_1，并作标志。过一段时间，再用经纬仪瞄准同一点 M，向下投影得 M_2 点。若建筑物沿侧面方向发生倾斜，M 点已移位，则 M_1 点与 M_2 点不重合，于是量得水平偏移量 a。同时，在另一侧面也可测得偏移量 b，以 H 代表建筑物的高度，则建筑物的倾斜度为

$$i = \sqrt{\frac{a^2+b^2}{H}} \tag{11-1}$$

（2）圆形构筑物的倾斜观测

当测定圆形构筑物，如烟囱、水塔等的倾斜度时，首先要求得顶部中心 O' 点对底部中心 O 点的偏心距，见图 11-4 中的 OO'。其做法如下。

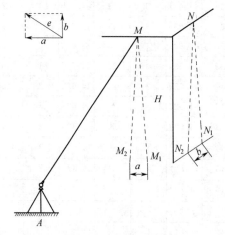

图 11-3 倾斜观测

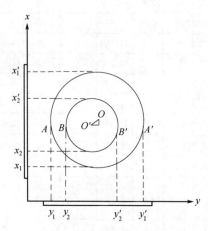

图 11-4 圆形构筑物的倾斜观测

如图 11-4 所示，在烟囱底部边沿平放一根标尺，在标尺的垂直平分线方向上安置经纬仪，使经纬仪距烟囱的距离不小于烟囱高度的 1.5 倍。用望远镜瞄准底部边缘两点 A、A' 及顶部边缘两点 B、B'，并分别投点到标尺上，设读数为 y_1、y_1' 和 y_2、y_2'，则烟囱顶部中心 O' 点对底部中心 O 点在 y 方向的偏心距为

$$\delta_y = \frac{y_2 + y_2'}{2} - \frac{y_1 + y_1'}{2} \tag{11-2}$$

同法再安置经纬仪及标尺于烟囱的另一垂直方向（x 方向），测得底部边缘和顶部边缘在标尺上投点读数为 x_1、x_1' 和 x_2、x_2'，则在 x 方向上的偏心距为

$$\delta_x = \frac{x_2 + x_2'}{2} - \frac{x_1 + x_1'}{2} \tag{11-3}$$

烟囱的总偏心距为

$$\delta = \sqrt{\delta_x^2 + \delta_y^2} \tag{11-4}$$

烟囱的倾斜方向为

$$\alpha_{OO'} = \arctan^{-1} \frac{\delta_y}{\delta_x} \tag{11-5}$$

式中　$\alpha OO'$——以 x 轴作为标准方向线所表示的方向角。

以上观测，要求仪器的水平轴应严格水平。因此，观测前仪器应进行检验与校正，使观测误差在允许误差范围以内，观测时应用正倒镜观测两次取其平均数。

11.3.2 倾斜仪观测法

常见的倾斜仪有水准管式倾斜仪、气泡式倾斜仪和电子倾斜仪等。倾斜仪一般具有能连续读数、自动记录和数字传输等特点，有较高的观测精度，因而在倾斜观测中得到广泛应用。下面就气泡式倾斜仪作简单介绍。

气泡式倾斜仪由一个高灵敏度的气泡水准管 e 和一套精密的测微器组成，如图 11-5 所示。气泡水准管固定在架 a 上，可绕 c 转动，a 下装一弹簧片 d，在底板 b 下为置放装置 m，测微器中包括测微杆 g、读数盘 h 和指标 k。将倾斜仪安置在需要的位置上，转动读数盘，使测微杆向上（向下）移动，直至水准管气泡居中为止。此时在读数盘上读数，即可得出该处的倾斜度。

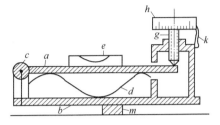

图 11-5 气泡式倾斜仪

中国制造的气泡式倾斜仪灵敏度为 $2''$，总的观测范围为 $1°$。气泡式倾斜仪适用于观测较大的倾斜角或量测局部地区的变形，例如：测定设备基础和平台的倾斜等。

11.3.3 激光铅垂仪法

激光铅垂仪法是在顶部适当位置安置接收靶，在其垂线下的地面或地板上安置激光铅垂仪或激光经纬仪，按一定的周期观测，在接收靶上直接读取或量出顶部的水平位移量和位移方向。作业中仪器应严格置平、对中。

当建筑物立面上观测点数量较多或倾斜变形比较明显时，也可采用近景摄影测量的方法进行建筑物的倾斜观测。

建筑物倾斜观测的周期，可视倾斜速度的大小，每隔 1~3 个月观测一次。如遇基础附近因大量堆载或卸载，场地降雨长期大量积水而导致倾斜速度加快时，应及时增加观测次数。施工期间的观测周期与沉降观测周期应取得一致。倾斜观测应避开强日照和风荷载影响大的时间段。

11.4 裂缝和位移观测

11.4.1 裂缝观测

当建筑物发生裂缝时，应进行裂缝变化的观测，并画出裂缝的分布图，根据观测裂缝的发展情况，在裂缝两侧设置观测标志；对于较大的裂缝，至少应在其最宽处及裂缝末端各布设一对观测标志。裂缝可直接量取或间接测定，分别测定其位置、走向、长度、宽度和深度的变化。

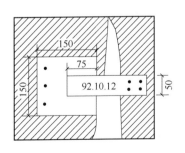

图 11-6 建筑物的裂缝观测

如图 11-6 所示，观测标志可用两块白铁皮制成，一片为 150mm×150mm，固定在裂缝的一侧，并使其一边和裂缝边边缘对齐；另一片为 50mm×200mm，固定在裂缝的另一侧，并使其一部分紧贴在 150mm×150mm 的白铁皮上，两块白铁皮的边缘应彼此平行。标志固定好后，在两块白铁皮露在外面的表面涂上红色油漆，并写上编号和日期。标志设置好后如果裂缝继续发展，白铁皮将逐渐拉开，露出正方形白铁皮上没有涂油漆部分，它的宽度就是裂缝加大的宽度，可以用尺子直接量出。

11.4.2 位移观测

位移观测是根据平面控制点测定建筑物在平面上随时间而移动的大小及方向。首先，在建筑物纵横方向上设置观测点及控制点。控制点至少3个，且位于同一直线上，点间距离宜大于30m，埋设稳定标志，形成固定基准线，以保证测量精度。如图11-7所示，A、B、C为控制点，M为建筑物上牢固、明显的观测点。

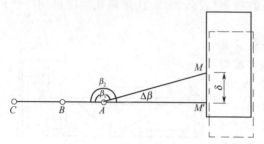

图 11-7 建筑物的位移观测

水平位移观测可采用正倒镜投点的方法求出位移值，亦可用测水平角的方法。设在 A 点第一次所测角度为 β_1，第二次测得角度为 β_2，两次观测角度的差为

$$\Delta\beta = \beta_2 - \beta_1 \tag{11-6}$$

则有建筑物的水平位移值为

$$\delta = \overline{AM}\tan\Delta\beta \tag{11-7}$$

观测精度视需要而定，通常观测误差的容许值为±3mm。

在测定大型工程建筑物的水平位移时，也可利用变形影响范围以外的控制点，用前方交会法或后方交会法进行测定。

11.5　竣工总平面图的编绘

竣工总平面图是设计总平面图在施工后实际情况的全面反映。由于在施工过程中可能会因设计时没有考虑到的问题而使设计有所变更，所以设计总平面图不能完全代替竣工总平面图。编绘竣工总平面图的目的：首先是把变更设计的情况通过测量全面反映到竣工总平面图上；其次是将竣工总平面图应用于对各种设施的管理、维修、扩建、事故处理等工作，特别是对地下管道等隐蔽工程的检查和维修；同时还为企业的扩建提供了原有各项建筑物、构筑物、地上和地下各种管线及交通线路的坐标、高程资料。

通常采用边竣工边编绘的方法来编绘竣工总平面图。

竣工总平面图的编绘，包括室外实测和室内资料编绘两方面的内容。

11.5.1　竣工测量的内容

在每一个单项工程完成后，必须由施工单位进行竣工测量。提出工程的竣工测量结果，作为编绘竣工总平面图的依据。其内容包括以下各方面。

① 工业厂房及一般建筑物　包括房角坐标、各种管线进出口的位置和高程，并附房屋编号、结构层数、面积和竣工时间等资料。

② 铁路与公路　包括起终点、转折点、交叉点的坐标，曲线元素，桥涵、路面、人行道等构筑物的位置和高程。

③ 地下管网　窨井、转折点的坐标，井盖、井底、沟槽和管顶等的高程，并附注管道及窨井的编号、名称、管径、管材、间距、坡度和流向。

④ 架空管网　包括转折点、结点、交叉点的坐标，支架间距，基础面高程等。

⑤ 特种构筑物 包括沉淀池、烟囱、煤气罐等及其附属建筑物的外形和四角坐标，圆形构筑物的中心坐标，基础面标高，烟囱高度和沉淀池深度等。

竣工测量完成后，应提交完整的资料，包括工程的名称、施工依据和施工成果，作为编绘竣工总平面图的依据。

11.5.2 竣工总平面图的编绘

竣工总平面图上应包括建筑方格网点、水准点、建（构）筑物辅助设施、生活福利设施、架空及地下管线、铁路等建筑物或构筑物的坐标和高程，以及相关区域内空地等的地形。有关建筑物、构筑物的符号应与设计图例相同；有关地形图的图例应使用国家地形图图式符号。

建筑区地上和地下所有建筑物、构筑物绘在一张竣工总平面图上时，往往因线条过于密集而不醒目，为此可采用分类编图。如综合竣工总平面图、交通运输总平面图和管线竣工总平面图等等。比例尺一般采用1∶1000。如不能清楚地表示某些特别密集的地区，也可在局部采用1∶500的比例尺。

当施工的单位较多，工程多次转手，造成竣工测量资料不全，图面不完整或与现场情况不符时，需要实地进行施测，这样绘出的平面图，称为实测竣工总平面图。

小 结

(1) 建筑物变形主要是指建筑物的沉降、倾斜、裂缝和平移。

(2) 变形观测的目的是通过对建筑物变形观测的数据来研究变形的原因和规律，为建筑物的设计、施工、管理和科学研究提供可靠的资料。

(3) 变形观测的任务是周期性地对设置在建筑物上的观测点进行重复观测，求得观测点位置的变化量。

(4) 变形观测的精度是根据观测的目的和要求进行，取决于该建筑物预计的容许变形值的大小。

(5) 变形观测的内容主要有沉降观测、倾斜观测、裂缝和位移观测等。

(6) 沉降观测是根据建筑物附近的水准点并通过精密水准测量测设出建筑物上观测点的高程。精度要求应依据观测目的和要求，做到水准点稳固且不少于3个，距观测点距离近，观测精度严格按《工程测量规范》要求进行；观测点的位置和数量应牢固、适量与实用；观测实施时，应注意观测的时间和次数，观测人员的组织，仪器的使用和要求及观测路线选定等。

(7) 倾斜观测应根据建筑物的高低和精度要求不同，采用一般性投点法、倾斜仪观测法和激光铅垂仪法等实施。

(8) 裂缝观测应根据裂缝的发展情况，在裂缝处设置观测标志，系统地进行裂缝变化的观测，并画出裂缝的分布图，量出每一裂缝的长度、宽度和深度。

(9) 位移观测是根据平面控制点测定建筑物在平面上随时间而移动的大小及方向。其测定方法可按需要的精度要求，采用投点法、水平角测定法、前方交会法及后方交会法等。

(10) 竣工测量是指建筑工程在竣工验收时所进行的测量工作。竣工总平面图是设计总平面图在施工后实际情况的全面反映。竣工总平面图的编绘是通过竣工测量及室内资料的编绘完成的。

思考题

1. 为什么要对建筑物进行变形观测？主要观测哪些项目？
2. 建筑物沉降观测点应如何布置？
3. 试述建筑物沉降观测的观测方法与精度要求。

习 题

1. 试述建筑物倾斜观测的方法。
2. 为什么要编绘竣工总平面图？竣工总平面图包括哪些内容？如何进行编绘？
3. 用水准测量进行沉降观测时应注意哪些问题？并分析其原因。
4. 烟囱经检测其顶部中心在两个互相垂直方向上各偏离底部中心 49mm 及 68mm，设烟囱的高度为 100m，试求烟囱的总偏心距及其倾斜方向的倾角，并画图说明。

附录

附录 1　我国水准仪系列分级及主要技术参数

技术参数项目	水准仪系列型号			
	DS5	DS1	DS3	DS10
每公里往返平均高差中误差	≤0.5mm	≤1mm	≤3mm	≤10mm
望远镜放大率	≥40倍	≥40倍	≥30倍	≥25倍
望远镜有效孔径	≥60mm	≥50mm	≥42mm	≥35mm
符合水准器格值	10″/2mm	10″/2mm	20″/2mm	20″/2mm
圆水准器格值			8′/2mm	8′/2mm
十字水准器格值	3′/2mm	3′/2mm		
测微器有效量测范围	5mm	5mm		
测微器最小分划值	0.05mm	0.05mm		
附:国外相应等级的仪器	蔡司 004　威特 N_2　苏联 HB-2	蔡司 007　威特 N_2　苏联 HA-1	蔡司 030　威特 N_1　苏联 HB-1	蔡司 060　威特 N_{64}

附录 2　我国经纬仪系列分级及主要技术参数

技术参数项目		经纬仪系列型号		
		DJ2	DJ6	DJ15
水平方向测量一测回方向中误差	≤	±2″	±6″	±15″
望远镜放大率	≥	30倍	25倍	20倍
物理镜有效孔径	≥	40mm	35mm	30mm
水准管分划值　≤	水平度盘	20″/2mm	30″/2mm	60″/2mm
	垂直度盘	20″/2mm	30″/2mm	30″/2mm

附录 3　建筑施工测量的主要技术要求

表 1　建筑方格网的主要技术要求

等级	边长/m	测角中误差/(″)	边长相对中误差
Ⅰ	100～300	5	≤1/30000
Ⅱ	100～300	8	≤1/20000

表 2　建筑方格网角度观测的主要技术要求

方格网等级	经纬仪型号	测角中误差/(″)	测回数	测微器两次读数差/(″)	半测回归零差/(″)	一测回中两倍照准差变动范围/(″)	各测回方向较差/(″)
Ⅰ级	DJ1	5	2	≤1	≤6	≤9	≤6
	DJ2	5	3	≤3	≤8	≤13	≤9
Ⅱ级	DJ2	8	2	—	≤12	≤18	≤12

表 3　建筑物施工放样的主要技术要求

建筑物结构特征	测距相对中误差	测角中误差/(″)	在测站上测定高差中误差/mm	根据起始水平面在施工水平面上测定高程中误差/mm	竖向传递轴线点中误差/mm
金属结构、装配式钢筋混凝土结构、建筑物高度100～120m或跨度30～36m	1/20000	5	1	6	4
15层房屋、建筑物高度60～100m或跨度18～30m	1/10000	10	2	5	3
5～15层房屋、建筑物高度15～60m或跨度6～18m	1/5000	20	2.5	4	2.5
5层房屋、建筑物高度15m或跨度6m及以下	1/3000	30	3	3	2
木结构、工业管线或公路铁路专用线	1/2000	30	5	—	—
土工竖向整平	1/1000	45	10	—	—

参 考 文 献

[1] 李生平. 建筑工程测量. 武汉：武汉工业大学出版社，1997.
[2] 姚伯金，王亮. 建筑工程测量. 南京：河海大学出版社，1998.
[3] 邹永廉. 建筑工程测量. 武汉：武汉大学出版社，1995.
[4] 哈尔滨建筑工程学院，等. 建筑工程测量学. 北京：中国建筑工业出版社，1994.
[5] 吴来瑞，邓学才. 建筑施工测量手册. 北京：中国建筑工业出版社，1997.
[6] 文登荣，宛梅华. 测量学. 北京：中央广播电视大学出版社，1985.
[7] 汤浚淇. 测量学. 北京：中央广播电视大学出版社，1994.
[8] 合肥工业大学，等. 测量学. 北京：中国建筑工业出版社，1990.
[9] 章书寿，陈福山. 测量学教程. 北京：测绘出版社，1997.
[10] 陆之光. 建筑测量. 北京：中国建筑工业出版社，1987.
[11] 郭宗河. 房地产测量学. 东营：石油大学出版社，1997.
[12] 熊春宝，姬玉华. 测量学. 天津：天津大学出版社，2001.
[13] 谭荣一. 测量学. 北京：人民交通出版社，2000.
[14] 建筑施工手册. 3 版. 北京：中国建筑工业出版社，1997.
[15] 马文来. 建筑工程测量. 徐州：中国矿业大学出版社，1999.
[16] 吕云麟，杨龙彪，林风明. 建筑工程测量. 北京：中国建筑工业出版社，1997.
[17] 刘玉珠. 土木工程测量. 广州：华南理工大学出版社，2001.
[18] 张丕. 建筑工程测量. 北京：人民交通出版社，2008.
[19] 魏静. 建筑工程测量. 北京：机械工业出版社，2008.
[20] 薛新强. 建筑工程测量. 北京：中国水利水电出版社，2008.
[21] 金荣耀. 建筑工程测量. 北京：清华大学出版社，2008.
[22] 周建郑. 建筑工程测量. 北京：中国建筑工业出版社，2008.